U1012645

计算机网络应用技术

主 编 杨 芳

副主编 马丽香 李茂林 高爽爽 杨中秋

路 博 张 铮 康 茜 黄 茜

电子科技大学出版社

University of Electronic Science and Technology of China Press

·成都·

图书在版编目(CIP)数据

计算机网络应用技术 / 杨芳主编. -- 成都 : 成都电子科大出版社，2025. 9. -- ISBN 978-7-5770-1616-0

Ⅰ. TP393

中国国家版本馆CIP数据核字第20252J2F93号

计算机网络应用技术

JISUANJI WANGLUO YINGYONG JISHU

杨　芳　主编

策划编辑　张　鹏　胡　梅
责任编辑　胡　梅
责任校对　兰　凯
责任印制　梁　硕

出版发行　电子科技大学出版社
　　　　　成都市一环路东一段159号电子信息产业大厦九楼　邮编　610051
主　　页　www.uestcp.com.cn
服务电话　028-83203399
邮购电话　028-83201495

印　　刷　成都新恒川印务有限公司
成品尺寸　185 mm×260 mm
印　　张　18
字　　数　450千字
版　　次　2025年9月第1版
印　　次　2025年9月第1次印刷
书　　号　ISBN 978-7-5770-1616-0
定　　价　68.00元

写在前面

近年来，随着《职业教育提质培优行动计划（2020—2023）》《国家职业教育改革实施方案》及《关于推动现代职业教育高质量发展的意见》等文件的出台，国家把现代职业教育的整体发展水平提升到了关系现代产业建设和国民经济发展的新高度，2022年4月20日，第十三届全国人民代表大会常务委员会第三十四次会议审议通过新修订的《中华人民共和国职业教育法》，并于2022年5月1日起正式实施。这是该法继1996年职业教育法颁布施行26年来的首次重大修订，也是我国职业教育领域一次全面、系统的法律修订，从国家层面确立了现代职业教育的新类型及其特点，并推动中国职业教育进入全面提质培优的新进程。对于我国的职业教育发展具有深远的意义。

新修订的《中华人民共和国职业教育法》，创建了更加系统的职业教育体系。从国家法律层面上打破了职业教育只存在于中等专科、高等专科层次教育体制的局限性，把我国综合性职业教育体系进一步划分为中等职业教育、高等专科职业教育及高等本科职业教育。

本科层次职业教育培养，是根据我国当前的社会发展水平和技术进步需求，对新阶段我国各类高等职业学校人才培养所提出来的一种新的要求。这不仅是为了适应我国职业教育的发展需要，也是加快建设更加完备、科学的现代应用型职业人才培养新制度体系的客观要求，是对我国高等教育体系的有力补充。

本书针对职业本科的学生编写，以培养高层次技术技能人才为目标，并贯穿“中高本”一体化的教学理念，在培养过程中注重知识、能力、素质的统一，促使三者协同发展。

本书有以下特色：

1. 本书采用活页式教材体例，将“岗课赛证”合理融入教材：以“课”定授课内容；以“岗”定工作任务；将职业技能大赛中的考核点分解后作为课程小规模考核“赛”项；以华为HCIA为基础，融入职业资格“证”考核，达到“岗课赛证”融通的教学设计。

2. 本书以国产系统作为基础平台，并融入课程思政内容，可以极大地增强学习者的爱国热情，并提升其民族自信心和自豪感。

3. 本书注重培养学生的实际动手能力和应用能力，发挥学生的创造力。通过对具有代表性的示例进行简明、清晰的讲解，使学生加深对理论知识的理解，从而更高效地掌握相关知识，为后续课程的学习奠定基础。

本书主编杨芳为山西工程科技职业大学教师、副教授，负责教材统筹规划及项目组织，并编写项目1、项目3；

路博为山西工程科技职业大学教师，参与编写项目2；
杨中秋为运城职业技术大学教师，编写项目4；
李茂林为运城职业技术大学教师、副教授，编写项目5；
高爽爽为麒麟软件有限公司高级工程师，编写项目6；
张铮为山西工程科技职业大学教师，编写项目7；
康茜为山西工程科技职业大学教师，编写项目3部分内容；
黄茜为山西工程科技职业大学教师，参与编写项目5部分内容；
马丽香为山西工程科技职业大学教师、副教授，参与全书内容整理及图片美化。

本书编写团队教师主要来自职业本科院校，长年从事职业教育一线教学工作，深刻理解高等职业教育与普通高等教育的区别。团队教师多次指导学生参加各项国家级及省级职业技能大赛并获奖，部分教师也作为参赛选手参加各类技能大赛，将企业一线实践经验融入课堂教学，并注重总结提升。

由于编者水平有限，书中难免存在不足之处，恳请广大读者批评指正。

编　者
2025年1月

目 录 CONTENTS

项目1

走进网络世界

小李初入职场，进入一家创业公司。公司刚成立，一切欣欣向荣，充满活力，他对创业公司的发展充满向往。但是新环境中的诸多方面并不完善，公司办公新址的网络就还未开通，小李决定通过自学来连接公司的网络。尽管他的专业不是计算机相关的，但他想通过这个机会提升自己在网络方面的能力。随即，他开始积极查找相关资料，并希望与大家一起学习。

项目导读

网络，可以理解为一个存在且虚拟的平行空间，我们可以通过网络交友、购物，也能抒发自己的情感，甚至建立网上银行、商店、诊所等。网络已成为我们离不开的一个崭新又神奇的世界。它是目前人们获取信息的主要工具，不仅改变了人们的工作效率和生活方式，而且，未来人们还将在工作、学习和生活上得到它的更多帮助，这条“信息高速公路”使我们坐在家里或办公室的计算机前，只需上网就可浏览网上的各种信息，如文献资料、学术论文、产品广告、时事新闻、报纸杂志等。喜欢看电影或听音乐，抑或是聊天、下棋、玩游戏，你都可以和几千甚至几万里以外的人一起分享。现在，就让我们一起来开启网络空间的大门，认识网络是如何存在于我们周围，并为我们服务的。

项目目标

知识目标	能力目标	素质目标
1. 认识什么是计算机网络； 2. 了解计算机网络的发展历程； 3. 掌握计算机网络的组成部分； 4. 掌握计算机的分类及计算机网络的主要功能	1. 理解并掌握计算机网络的基本概念，能够清晰地说明构成网络的几个基本要素； 2. 理解并掌握网络拓扑结构，并通过相应工具完成网络结构的绘制	激发学生学习网络的兴趣，培养学生遇到抽象问题时自主探究、自主学习的能力

任务1-1 计算机网络的形成与发展

现在，我们已经进入信息社会，计算机网络对信息的收集、传输、存储和处理起着非常重要的作用，“信息高速公路”更是离不开它。因此，计算机网络对整个信息社会都有极其深刻的影响。计算机网络是20世纪50年代的一项新技术，任何一项新技术的出现与发展须具备两个基本条件：一是强烈的社会需求，二是前期的技术储备。计算机网络的形成与发展是计算机技术与通信技术高度发展并紧密结合的产物。

（一）计算机网络的发展过程

计算机网络是技术与需求相互促进并快速发展的典范之一。根据不同阶段的应用需求与技术特色，通常将计算机网络的发展划分为四个阶段，分别是计算机网络的初级阶段、计算机网络的通信阶段、标准与开放的计算机网络阶段以及高速与智能的计算机网络阶段。

1946年，诞生了世界上第一台电子数字计算机，从而开创了向信息社会迈进的新纪元。20世纪50年代，美国利用计算机技术建立了半自动化的地面防空系统（semi-automatic ground environment，SAGE），它将雷达信息和其他信号经远程通信线路送至计算机进行处理，第一次实现了通过计算机网络进行远程集中控制，这是计算机网络的雏形。

1969年美国国防部的高级研究计划局建立了世界上第一个分组交换网——阿帕网（advanced research projects agercy network，ARPA Net），即互联网（Internet）的前身，这是一个只有4个节点的采用存储转发方式的分组交换广域网，1972年在首届国际计算机通信会议上首次公开展示了ARPA Net的远程分组交换技术。

1976年，美国Xerox公司开发了基于载波监听多路访问/冲突检测（CSMA/CD）原理的局域网，该局域网用同轴电缆连接多台计算机，取名以太网（Ethernet）。计算机网络是半导体技术、计算机技术、数据通信技术和网络技术相互渗透、相互促进的产物。数据通信的任务是利用通信介质传输信息。通信网为计算机网络提供了便利而广泛的信息传输通道，同时计算机和计算机网络技术的发展也促进了通信技术的进步。

1. 第一代计算机网络——计算机网络的雏形

早期的计算机系统由于其昂贵的造价，计算机资源非常匮乏且放置集中，所有的设备都安装在单独的机房中。使用计算机的用户必须亲自携带程序，到放置计算机的机房进行手工操作，如果被占用，只能在机房内排队等候，待系统空闲时才可使用，这为用户使用计算机带来了极大的不便。为了解决这个问题，人们通过通信线路将计算机与终端相连，以便通过终端进行数据的发送和接收。这种“终端-通信线路-计算机”的模式被称为远程联机系统（图1-1），后来又出现了批处理和分时系统。分时系统所连接的多个终端连接着主计算机，这样就可以让多个用户同时使用计算机资源。到了20世纪50年代中后期，许多系统将地理上分散的多个终端通过通信线路连接到一台中心计算机上，由此开始了计算机和通信技术相结合的时代，这就是第一代计算机网络。

当时的计算机网络定义为“以传输信息为目的而连接起来，以实现远程信息处理或进一步达到资源共享的计算机系统”，这样的计算机系统已具备通信的形态。

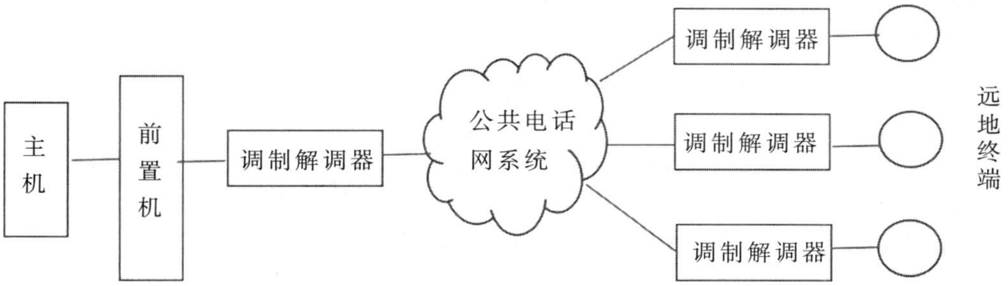

图1-1 远程联机系统

2. 第二代计算机网络——计算机网络的发展

第二代计算机网络将多个主机通过通信线路互连起来，为用户提供服务，兴起于20世纪60年代后期。此时出现了大型主机，因而也提出了对大型主机资源进行远程共享的要求。同时，以程控交换为特征的电信技术的发展为这种远程通信需求提供了实现手段。在这种网络中，主机之间不是直接用线路相连的，而是由接口报文处理机（interface message processor，IMP）转接后互连的。IMP和它们之间互连的通信线路一起负责主机间的通信任务，构成通信子网。通信子网互连的主机负责运行程序，提供资源共享，组成了资源子网。

两个主机之间要想通信，就必须对传送信息的理解方式、信息的表示形式，以及各种情况下的应答信号遵守一个共同的约定，这就是“协议”。

现代意义上的计算机网络是从1969年美国国防部高级研究计划局建成ARPA Net开始的。该网络当时只有4个节点，以电话线路为主干网络，两年后，建成了15个节点，进入工作阶段后规模不断扩大，到20世纪70年代后期，网络节点数量已超过60个，主机数量达100多台，地理范围跨越美洲大陆，连通了美国东部和西部的许多大学和研究机构，而且通过通信卫星与夏威夷和欧洲地区的计算机网络相互连通。在ARPA Net中，将协议按功能分成了若干层次。如何分层，以及各层中具体采用的协议总和，称为网络体系结构。

20世纪70年代后期是通信网络大力发展的时期，各发达国家的政府部门、研究机构和电报电话公司都在发展分组交换网络。这些网络都以实现计算机之间的远程数据传输和信息共享为主要目的，通信线路大多租用电话线路，少数铺设专用线路，这一时期的计算机网络被称为第二代计算机网络，以远程大规模互联为主要特点。

第二代计算机网络开始以通信子网为中心（图1-2），是以能够相互共享资源为目的，互联起来的具有独立功能的计算机的集合体。在简单的“终端-通信线路-计算机”这样的单机系统中，主计算机负担较重，既要进行数据处理，又要承担通信功能。为了减轻主计算机负担，20世纪60年代出现了在主计算机和通信线路之间设置通信控制处理机的方案，由前端机专门负责通信控制的功能。计算机-计算机网络是20世纪60年代中期发展起来的，它是由若干台计算机相互连接起来的系统，即利用通信线路将多台计算机连接起来，实现了计算机与计算机之间的通信。

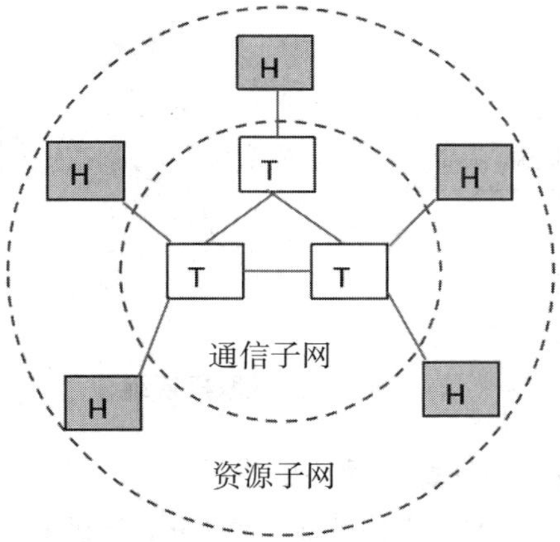

图1-2　第二代计算机网络

3. 第三代计算机网络——计算机网络的标准化

随着计算机网络技术的成熟，网络应用越来越广泛，网络规模增大，通信变得很复杂。各大计算机公司纷纷制定了自己的网络技术标准。1974年，IBM推出了系统网络结构（systerms network architecture，SNA），为用户提供能够互连的成套通信产品；1975年，DEC宣布了其开发的数字网络体系结构(digital network architecture，DNA)；1976年，UNIVAC宣布了该公司的分布式通信体系结构（distributed communication architecture，DCA）。

但是，这些网络技术标准只是在一个公司范围内有效，只有同一公司生产的同构型设备才能遵从共同的标准，才能够互连。网络通信市场这种各自为政的状况使得用户在投资方向上无所适从，也不利于多厂商之间的公平竞争。1977年，ISO组织开始着手制定开放系统互连参考模型。

开放系统互连参考模型（open system interconection reference model，OSI-RM）的出现标志着第三代计算机网络的诞生。此时的计算机网络在共同遵循OSI-RM标准的基础上，形成了一个具有统一网络体系结构，并遵循国际标准的开放式和标准化的网络。OSI-RM把网络划分为七个层次，并规定，计算机之间只能在对应层之间进行通信，大大简化了网络通信原理，成为公认的新一代计算机网络体系结构的基础，为普及局域网奠定了基础。

4. 第四代计算机网络——局域网的发展，互联网的出现

20世纪80年代末，局域网技术发展成熟，出现了光纤及高速网络技术，整个网络就像一个对用户透明的、大规模的计算机系统。以Internet为代表的计算机网络获得了高速发展，这就是直到现在还在发展的第四代计算机网络时期。

此时，计算机网络的定义为“将多个具有独立工作能力的计算机系统，通过通信设备和线路互连在一起，由功能完善的网络软件实现资源共享和数据通信的系统”。20世纪90年代后期，Internet以惊人的速度发展。从此，网络技术蓬勃发展并迅速走向市场，走进了平民百姓的生活。

局域网是继远程网之后发展起来的小型计算机网络，它继承了远程网的分组交换技术和计算机的I/O总线结构技术，并具有结构简单、经济实用、功能强大和方便灵活等特点，是随着微型计算机的广泛应用而发展起来的。

20世纪70年代末至80年代初，微型计算机得到了广泛的应用，各机关和企业、事业单位为了适应办公自动化的需要，迫切要求将自己拥有的为数众多的微机、工作站、小型机等连接起来，以达到资源共享和相互传递信息的目的，而且迫切要求降低联网费用，提高数据传输效率。为此，有力地推动了计算机局域网的发展。同时，局域网的发展也导致了计算机模式的变革。早期的计算机网络是以主计算机为中心的，主要强调对计算机资源的共享，主计算机在计算机网络系统中处于绝对的支配地位，计算机网络的控制和管理功能都是集中式的，也称为集中式计算模式。微机是构成局域网的基础，特别是随着个人计算机（personal computer，PC）功能的增强，用户就可以在微机上处理所需要的作业，PC方式呈现出的计算能力已发展成为独立的平台，从而导致了一种新的计算结构——分布式计算模式的诞生。这个时期，虽然不断出现的各种网络极大地推动了计算机网络的应用，但是众多不同的专用网络体系标准给不同网络间的互联带来了很大的不便。鉴于这种情况，国际标准化组织ISO于1977年成立了专门的机构从事“开放系统互连”问题的研究，目的是设计一个标准的网络体系模型。OSI参考模型的提出引导着计算机网络走向开放的标准化的道路，同时也标志着计算机网络的发展步入了成熟的阶段。

5. 下一代计算机网络——网络的智能化

随着技术的发展，目前已经实现以电话网（包括移动通信网）为代表的传统电信网、以因特网（Internet）为代表的数据通信网。以有线电视网为代表的广播电视网的融合，即三网融合。而下一代电信网（next-generation network，NGN）也是一种融合，即互联网、移动通信网络、固定电话通信网络的融合。其主要思想是在一个统一的网络平台上以统一管理的方式提供多媒体业务，在整合现有的市内固定电话、移动电话的基础上，增加多媒体数据服务及其他增值型服务。其中，语音的交换将采用软交换技术，而平台的主要实现方式为IP技术。NGN正朝着具有定制性、多媒体性、可携带性和开放性的方向发展。

近年来，随着通信技术，尤其是光纤通信技术的发展，计算机网络技术得到了迅猛的发展。光纤作为一种高速率、高带宽、高可靠性的传输介质，在各国的信息基础设施建设中被使用得越来越广泛，这为建立高速的网络奠定了基础。千兆位乃至万兆位传输速率的以太网已经被越来越多地用于局域网和城域网中，而基于光纤的广域网链路的主干带宽也已达到10 Gbps数量级。网络带宽的不断提高，更加刺激了网络应用的多样化和复杂化，2006年，基于IP网络和光网络的融合方案逐步成熟，于是超宽带网络开始进入融合发展阶段。超宽带网络的带宽可以支持包括语音、数据和多媒体等各种业务的综合开放的网络构架，因而多媒体应用在计算机网络中所占的份额越来越高。同时，用户不仅对网络的传输带宽提出了越来越高的要求，对网络的可靠性、安全性和可用性等也提出了新的要求。为了向用户提供更高的网络服务质量，网络管理也逐渐进入了智能化阶段，包括网络的配置管理、故障管理、计费管理、性能管理和安全管理等在内的网络管理任务都可以通过智能化程度很高的网络管理软件来实现。计算机网络已经进入了高速、智能化的发展阶段。毫无疑问，新一代计算机网络将提高人们的生活质量，为消费者提供种类更丰富、质量更高的话音、数据和多媒体业务。

（二）计算机网络的定义和特点

1. 计算机网络的定义

经过几十年的发展，首先我们看到计算机网络是计算机的一个群体，是由多台计算机构成的；其次，它们之间是互联的，即它们之间能彼此交换信息。其基本思想：通过网络环境实现计算机相互之间的通信和资源共享（包括硬件资源、软件资源和数据信息资源）。而且群体中的每一台计算机是自治的，即每台计算机的工作是独立的，对任何一台计算机的操作（如计算机启动、关闭或控制其运行等）都不能干预其他计算机的工作，任何两台计算机之间均没有主从关系。概括起来说，一个计算机网络必须具备以下三个基本要素：

① 至少有两台具有独立操作系统的计算机，且它们之间有相互共享某种资源的需求；

② 两个独立的计算机之间必须有某种通信手段将其连接；

③ 网络中的各个独立的计算机之间要能相互通信，必须制定相互可确认的规范标准或协议。

以上三个基本要素是组成一个网络的必要条件，缺一不可。在计算机网络中，能够提供信息和服务能力的计算机是网络的资源，而索取信息和请求服务的计算机则是网络的用户。由于网络资源与网络用户之间的连接方式、服务类型及连接范围的不同，从而形成了不同的网络结构及网络系统。

通过以上的一些特性，可以将计算机网络定义为：计算机网络就是通过线路连接起来的、自治的计算机集合。确切地讲，就是将分布在不同地理位置上的具有独立功能的计算机、终端及其附属设备，用通信设备和通信线路连接起来，在网络操作系统、网络管理软件及网络通信协议的管理和协调下，实现计算机资源共享和数据通信的计算机系统的集合。这是对计算机网络较为精确的定义。

在计算机通信网络发展标准化阶段，计算机用户对网络提出了更高的要求，既希望共享网内的计算机系统资源，又希望调用网内几个计算机系统共同完成某项任务。这就要求用户对计算机网络的资源像使用自己的主机系统资源一样方便。为了实现这个目的，除要有可靠的、有效的计算机和通信系统外，还要求制定一套全网一致遵守的通信规则以及用来控制协调资源共享的网络操作系统。

2. 现代网络结构的特点

在现代的广域网结构中，随着使用主机系统的用户的减少，资源子网的概念已经有了变化。目前，通信子网由交换设备与通信线路组成，它负责完成网络中数据传输与转发任务。交换设备主要是路由器与交换机。随着微型计算机的广泛应用，接入局域网的微型计算机数目日益增多，它们一般是通过路由器将局域网与广域网联接的。

另外，从组网的层次角度看网络的组成结构，也不一定是一种简单的平面结构，而可能变成一种分层的立体结构。在一个典型的三层网络结构中，最上层称为核心层，中间层称为分布层，最下层称为访问层，为最终用户接入网络提供接口。在后续的章节中会具体讲到。

（三）计算机网络的基本组成

计算机网络作为计算机应用的高级形态，为用户提供了一个透明化的数据传输环境。用户无须了解网络的具体实现细节即可访问所需资源。

1. 组成部分

从组成结构来看，计算机网络主要涵盖硬件系统、软件系统以及通信协议这三大核心部分，三者相互协作、紧密配合，共同实现高效的数据传输与广泛的资源共享。

（1）硬件系统。

网络硬件系统是指构成计算机网络的各类硬件设备，涵盖了各种计算机硬件终端设备及通信设备，常见的网络硬件包括计算机主机、网络终端、传输介质、网卡、集线器、交换机、路由器等。

①计算机主机系统承担着数据信息的收集、存储、处理以及输出等核心任务，是网络中各类资源的提供者。根据其在网络中的用途，可分为主计算机和终端两类。主计算机负责数据处理和网络控制，是构成网络的关键资源。主计算机又称主机，从规模和性能角度可分为大型机、中型机以及微机（个人计算机）。

②网络终端是网络中数量大、分布广的设备，是用户进行网络操作、实现人机交互的工具。其中，既能够作为网络终端使用，又具备独立计算机功能的设备被称为工作站。

③传输介质包括双绞线、同轴电缆、光纤等物理载体，负责信号的物理传输。光纤凭借其高带宽、低衰减的特性成为骨干网首选，而双绞线因成本优势广泛应用于接入层。

④网卡作为计算机与网络的物理接口，通过MAC地址实现数据链路层的通信控制。其类型涵盖有线网卡与无线网卡。

⑤集线器是一种工作于物理层的共享设备，通过广播方式转发数据包。其缺陷在于所有端口共享带宽，易导致冲突域扩大，目前已基本被交换机取代。

⑥交换机为数据链路层设备，通过MAC地址表实现点对点数据转发。核心优势包括全双工通信、微秒级延迟及具备VLAN虚拟局域网划分能力，能显著提升网络效率与安全性。

⑦路由器为网络层设备，基于IP路由表实现跨网段数据转发。

（2）软件系统。

软件系统是实现网络功能的重要组成部分，包括实现资源共享的软件和方便用户使用的工具软件（如网络操作系统、邮件收发程序、FTP程序、聊天程序等）。从功能架构上看，网络软件系统主要包含网络通信协议、网络操作系统以及各类网络应用系统。

常见的网络软件系统可分为服务器操作系统、工作站操作系统、网络通信协议、设备驱动程序、网络管理系统软件、网络安全软件、网络应用软件等。

网络操作系统是网络的核心和灵魂，它是一种特殊的操作系统，专门用于向网络计算机提供服务。网络操作系统运行在服务器计算机上，它并非独立于计算机操作系统存在，而是在计算机操作系统的基础上，增加了网络操作所需的功能模块。这些功能模块使得服务器能够支持多用户并发访问、资源共享、文件管理、安全管理等网络功能。联网的计算机用户通过客户端软件访问服务器上的资源和服务，这些用户被称为客户。

（3）通信协议。

通信协议是计算机网络的核心，专为解决主机和主机之间，以及主机与子网中各节点之间的通信问题而设计，它是通信双方事先约定好的和必须遵守的一系列规则集合。这些规则规定了网络传输数据时所遵循的各项规范。

2. 按功能组成

按照数据通信和数据处理的功能，计算机网络由通信子网和资源子网组成。

（1）通信子网。

网络系统以通信子网为中心，通信子网处于网络的内层，由网络中的通信控制处理机、其他通信设备、通信线路和用作信息交换的计算机组成，负责完成网络数据传输、转发等通信处理任务。目前的通信子网，一般由路由器、交换机、通信线路和其他网络设备组成。

通信控制处理机在网络拓扑结构中被称为网络节点。它可以是资源子网内主机与终端设备连接入网的接口；也可以是完成通信子网中数据分组存储转发的节点，完成数据分组的接收、校验、存储、转发等功能，实现数据报文从源主机到目的主机的转发。

通信线路为通信控制处理机与通信控制处理机、通信控制处理机与主机之间提供通信信道。计算机网络采用了多种通信线路，如电话线、双绞线、同轴电缆、光缆以及无线通信信道、微波和卫星通信信道等。

（2）资源子网。

资源子网位于网络的外围区域，主要由主机系统、终端、终端控制器、外部设备，以及各种软件资源和信息资源等构成。它是计算机网络中负责实现全网面向应用的数据处理和网络资源共享的核心部分，由多种硬件和软件协同组成。

主机系统作为资源子网的关键组成部分，通过高速通信线路与通信子网的通信控制处理器相连。普通用户终端可借助主机系统接入网络。主机系统是资源子网的主要组成单元，装有本地操作系统、网络操作系统、数据库、用户应用系统等软件。

终端是用户访问网络的界面。终端可以是简单的输入、输出终端，也可以是具有微处理器的智能终端。智能终端除具有输入、输出信息的功能外，本身还具有存储与处理信息的能力。终端可以通过主机系统连入网内，也可以通过终端设备控制器、报文分组组装与拆卸装置或通信控制处理机连入网内。

网络操作系统（network operating system，NOS）是建立在各主机操作系统之上的操作系统，用于实现不同主机之间的用户通信，以及全网硬件和软件资源的共享，并向用户提供统一的、方便的网络服务接口，便于用户使用网络。

网络数据库系统（network database system，NDBS）是建立在网络操作系统之上的一种数据库系统，可以集中驻留在一台主机上（集中式网络数据库系统），也可以分布在每台主机上（分布式网络数据库系统），它向网络用户提供存取、修改网络数据库的服务，以实现网络数据库的共享。

应用系统（application system，AS）是建立在上述部件基础之上的具体应用，以实现用户的需求。图1-3表示了主机操作系统、网络操作系统、网络数据库系统和应用系统之间的层次关系。

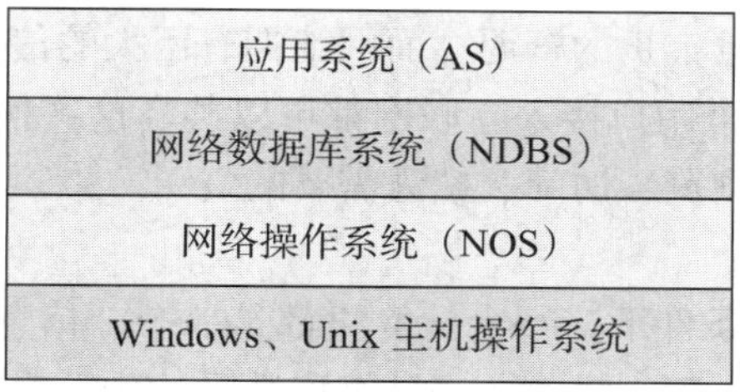

图1-3 各系统之间的层次关系

任务1-2 计算机网络的功能及应用

（一）计算机网络的主要功能

由计算机网络的定义可以得知，计算机网络的主要目的在于实现“资源共享”，即所有用户均能享受网络内其他计算机所提供的软、硬件资源和数据信息。除此之外，随着计算机网络规模的增大，网络内各具特色的计算机系统越来越多，这极大地丰富了网络的功能。目前，计算机网络所具备的基本功能主要包括以下五种。

1. 实现资源共享

资源是指构成系统的所有要素，包括计算机系统内的各种软、硬件资源，数据资源和信道资源。由于受经济和其他因素的制约，并不是所有用户都能够独立拥有这些资源。而计算机网络的资源共享功能，则使得普通用户也可以借助大型计算机或数据库系统等高成本资源来解决自己的问题，极大地提高了计算机软、硬件的利用率，使系统的性能价格比得到改善。

硬件资源的共享，即连接在网络上的用户可以共享使用的各种不同类型的硬件设备。共享硬件资源的好处是显而易见的。一个低性能的计算机可以通过网络使用高性能的设备，充分发挥资源的潜能，提高了资源的利用率。硬件资源包括各种设备，如打印机、传真机、调制解调器（modem）、通信信道等。

可被共享的还有网络上丰富的软件资源，如网络操作系统、应用软件、工具软件等，以及各种数据资源和信道资源。共享软件允许多个用户同时调用服务器的各种软件资源，并且保持数据的完整性和统一性。用户可以通过使用各种类型的网络应用软件，共享远程服务器的软件资源，包括网络数据库和各种办公软件，也可以将共享软件下载到本机使用。

2. 及时数据通信

作为现代通信技术和计算机技术相结合的产物，计算机网络能够使分布在不同地区的计算机系统通过通信线路及时、迅速地传递各种信息，并通过通信线路将计算机网络中各个节点之间进行连接。用户可以在网上传送包括图形、图像、声音、视频流等各种多媒体及文件数据信息，因而用户可以收发电子邮件、发布新闻消息，也可以进行电子购物、电子贸易、远程电子教育等各种活动。

信息是一种非常重要且宝贵的资源。而网络拥有巨大的信息资源宝库，其内容十分丰富，涉及各个领域。每个用户接入互联网都可以共享这些信息资源，可以任何时间、任何地点、以任何形式去浏览、访问、搜索需要的资源。

3. 便于集中管理

计算机在没有联网的条件下，每台计算机都是一个“信息孤岛”。在管理这些计算机时，必须分别进行管理，逐一排查；当计算机数量达到一定规模后，管理计算机是一项非常辛苦且重复度非常高的工作。而计算机联网后，可以在某个中心位置实现对整个网络的管理，如数据库情报检索系统、交通运输部门的订票系统、军事指挥系统等。这样不仅减轻了系统管理的工作强度，也极大程度地降低了管理成本。

4. 分布式处理及负载均衡

当计算机遇到难以解决的复杂问题时，可以采用合适的算法，将计算任务分散到网络内不同的计算机上进行分布式处理，以减少解决问题所要花费的时间。而这种利用网络技术将计算机连成高性能的分布式系统，以此来扩展计算机的处理能力，提高计算机解决复杂问题能力的方式，便成为计算机网络的一项重要功能。

通过计算机网络，海量的数据处理任务可以被分配到分散在全球各地的计算机上。例如，一个大型互联网内容提供商（internet content provider，ICP）的网络访问量相当大，为了支持更多的用户访问其网站，它在全世界多个地方部署了相同内容的WWW服务器，并通过一定技术使不同地域的用户看到放置在离其最近的服务器上相同内容的页面，这样可以实现各服务器的负载均衡，并使得通信距离缩短。

5. 提高系统的可靠性和可用性

在计算机网络中，当网络内的某一部分发生故障时，可利用其他的路径来完成数据传输或将数据转至其他系统内代为处理，以保证用户的正常操作。例如，当数据库内的信息丢失或遭到破坏时，还可调用另一台计算机内的备份数据库来完成数据处理工作，并恢复遭到破坏的数据库，从而提高系统的可靠性和可用性。

（二）计算机网络的应用场景

计算机网络是信息产业的基础，在各行各业都获得了广泛的应用，常见的应用场景如下。

1. 办公自动化系统

办公自动化是指通过先进的科学技术（信息技术、系统科学和行为科学）完成各种办公业务。

办公自动化系统（office automation system，OAS）的核心是通信和信息。通过将办公室的计算机和其他办公设备连接成网络，可充分有效地利用信息资源，以提高生产效率、工作效率和工作质量，更好地辅助决策。

2. 管理信息系统

管理信息系统（management information system，MIS）是基于数据库的应用系统。在计算机网络的基础上建立管理信息系统，是企业管理的基本前提。例如，通过使用MIS，企业可以实现各部门动态信息的管理、查询和部门间信息的传递，可以大幅提高企业的管理水平和工作效率。

3. 电子数据交换

电子数据交换（electronic data interchange，EDI），是将贸易、运输、保险、银行、海关等行业信息用一种国际公认的标准格式，通过计算机网络，实现各企业之间的数据交换，并完成以贸易为中心的业务全过程。电子商务系统（EB或EC）是EDI的进一步发展。

4. 现代远程教育

现代远程教育是一种利用在线服务系统，开展学历或非学历教育的一种全新的教学模式。远程教育的基础设施是网络，其主要作用是向学员提供课程软件及主机系统，支持学员完成在线课程，并负责行政管理、协同合作等。

5. 电子银行

电子银行是一种在线服务，是一种由银行提供的基于计算机和计算机网络的新型金融服务系统，其主要功能有金融交易卡服务、自动存取款服务、销售点自动转账服务、电子汇款与清算等。

任务1-3 计算机网络的分类

计算机网络经过多年的发展和变化，所采用的网络技术、传输介质、通信方式等各方面已经变得多样化。因此，了解计算机网络的分类方法、类型特征和应用范围便成为我们掌握网络技术，学习网络知识的基础。

（一）依据覆盖的地理范围分类

按计算机网络覆盖范围的大小，可以将计算机网络分为局域网（LAN）、城域网（MAN）、广域网（WAN）等。

1. 局域网

局域网是在一个局部的地理范围内（如一个学校、工厂或机关内），一般是方圆几千米以内，将各种计算机、外部设备和数据库等互相连接起来组成的计算机通信网，如

图1-4所示。其网络传输速率高，一般为10～100 Mbps，甚至可以达到100 Gbps。它可以通过数据通信网或专用数据电路与远方的局域网、数据库或处理中心相连接，构成一个较大范围的信息处理系统。局域网可以实现文件管理、应用软件共享、打印机共享、扫描仪共享、工作组内的日程安排、电子邮件和传真通信服务等功能。局域网严格意义上是封闭型的，可以由几台甚至几百台计算机组成。

局域网的特点是网络内不同计算机间的分布距离较近、连接费用低、数据传输可靠性高等，并且组网较为方便，是目前计算机网络中发展最为活跃的分支。

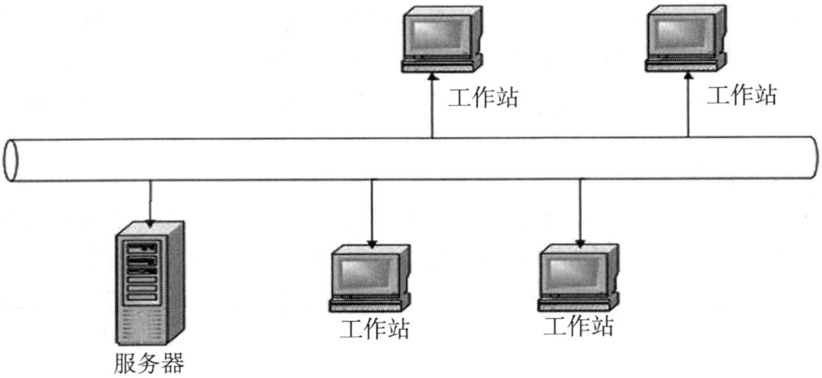

图1-4　局域网

2. 城域网

城域网是在一个城市范围内所建立的计算机通信网，属宽带局域网，如图1-5所示。它的传输媒介主要是光缆，传输速率在100 Mbps以上。城域网的典型应用即为宽带城域网，就是在城市范围内，以互联网协议（internet protocol，IP）为基础，以光纤作为传输媒介，集数据、语音、视频服务于一体的高带宽、多功能、多业务接入的多媒体通信网络。

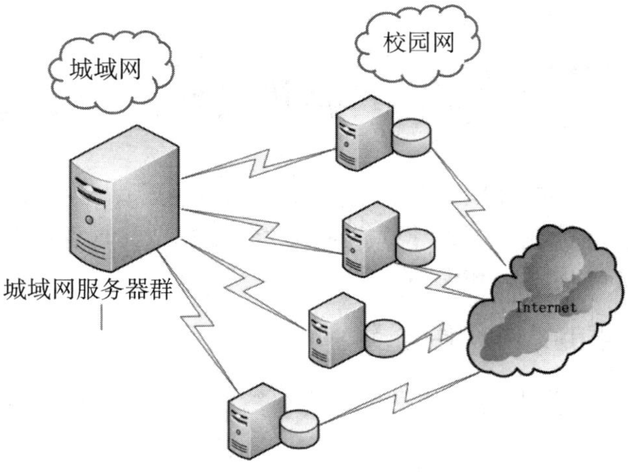

图1-5　城域网

宽带城域网能满足政府机构、金融保险机构、大中小学校、公司企业等单位对高速率、高质量数据通信业务日益旺盛的需求，特别是快速发展起来的互联网用户群对宽带高速上网的需求。宽带城域网的发展经历了一个漫长的时期，从传统的语音业务到图像和视频业务，从基础的视听服务到各种各样的增值业务，从64 kbps的基础服务到2.5 Gbps、10 Gbps等的租线业务。随着技术的发展和需求的不断增加，业务的种类也不断发展、变化。目前，我国逐步完善的城市宽带城域网已经给人们的生活带来了许多便利，高速上网、视频点播、视频通话、网络电视、远程教育、远程会议等这些人们正在使用的各种互联网应用，背后正是城域网发挥着巨大作用。

城域网的特点是传输介质相对复杂、数据传输距离相对于局域网要长、信号容易受到外界因素的干扰，组网较为复杂且成本较高。

3. 广域网

广域网，也称“远程网”，通常跨接很大的物理范围，所覆盖的范围从几十千米到几千千米不等，它能连接多个城市或国家，甚至横跨几个洲，并提供远距离通信服务，形成国际性的远程网络，如图1-6所示。

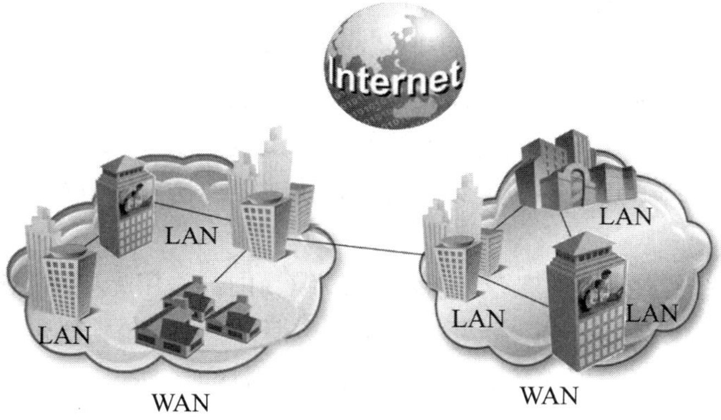

图1-6 广域网

广域网覆盖的范围比局域网和城域网更为广阔。其通信子网主要使用分组交换技术，可以利用公用分组交换网、卫星通信网和无线分组交换网等作为通信手段，它将分布在不同地区的局域网或计算机系统互联起来，达到资源共享的目的。例如，因特网就是世界范围内最大的广域网之一。

广域网的主要作用是实现远距离计算机之间的数据传输和资源共享。

广域网的特点是传输介质极为复杂，并且由于传输距离较长，使得数据的传输速率较低、容易出现错误，所以采用的技术最为复杂。

在以上三种计算机网络中，局域网或广域网通常是为一个单位或系统服务的，而城域网则是为整个城市服务。建设局域网或广域网包括建设资源子网和建设通信子网。而城域网的建设主要集中在通信子网上，其中包含两个方面：一是城市骨干网，它与中国的骨干网相连；二是城市接入网，它把本地所有的联网用户与城市骨干网相连。

（二）依据网络传输介质分类

根据计算机网络所采用的传输介质，可以将其划分为有线网和无线网两类。

1. 有线网

有线网主要是指采用有线线缆作为传输通道，依据线缆传输信号的种类又分为电缆和光缆。在有线网中常用的传输信道有同轴电缆、双绞线电缆及光缆。

（1）同轴电缆。

同轴电缆是由一根空心的外圆柱导体和一根位于中心轴线的内导线组成，内导线和圆柱导体及外界之间用绝缘材料隔开。按直径的不同，可分为粗缆和细缆两种。同轴电缆在解决传输距离长、性能好但成本高、网络安装、维护困难等方面问题时具有较好的优势。

（2）双绞线电缆。

双绞线电缆是将一对以上的导线封装在一个绝缘外套中，为了降低信号的干扰程度，电缆中的每一对导线一般是由两根绝缘铜导线相互缠绕而成，因此把它称为双绞线。双绞线分为非屏蔽双绞线（unshielded twisted pair，UTP）和屏蔽双绞线（shielded twisted pair，STP）。双绞线的优点是价格便宜、安装方便且较为灵活，是目前局域网内最常见的传输介质；缺点是容易受到干扰，且传输距离比同轴电缆要短。

（3）光缆。

光缆是由光纤经过一定的工艺而形成的线缆，内部采用光导纤维作为传输介质，其特点是传输距离长、传输率高、抗干扰能力强，且不会受到电子监听设备的监听，是高安全性网络的理想选择。但由于光纤的成本较高，且需要高水平的安装技术，因而常用于网络的主干部分。

2. 无线网

无线网是对一类利用无线电技术传输数据的网络的总称，是指无须布线就能实现各种通信设备互联的网络。无线网络技术涵盖的范围很广，包括远距离无线连接的全球语音和数据网络，以及近距离无线连接的红外线及射频技术。无线网一般被应用在使用电磁波的遥控信息传输系统，如LTE、Wi-Fi等。无线网依据传输距离也可以分为无线广域网（WWAN）、无线局域网（WLAN）、无线城域网（WMAN）及无线个人区域网（WPAN）。

（三）依据网络交换方式分类

按照计算机网络的交换方式，可以将计算机网络分为电路交换网、报文交换网和分组交换网三种类型。

1. 电路交换网

电路交换网最早出现在电话系统中，是早期计算机网络经常采用的数据传输方式。在电路交换网中，数字信号必须转换为模拟信号后才能进行联机传输。

2. 报文交换网

报文交换网是一种数字化网络。当通信开始时，数据发送者会将包含数据及目的地址的报文发送至交换机内，而交换机则根据报文的目的地址选择合适的路径以完成报文的发送。

3. 分组交换网

分组交换在报文交换的基础上，将不定长的报文划分为定长的报文分组，以分组作为传输的基本单位。这不仅简化了对计算机存储器的管理，也加快了信息在网络内的传播速度。与上面的两种交换方式相比，由于分组交换具有许多优点，已经成为目前计算机网络内主要的数据传输方式。

（四）依据网络通信方式分类

根据网络通信方式的不同，可以将计算机网络分为广播式传输网络和点到点传输网络两种类型。

1. 广播式传输网络

广播式传输网络的特点是网络内的所有计算机共享一个通信信道，即数据在公用介质内进行传输，因此所有计算机都能够接收到网络内的数据，这大大降低了网络的安全性能。此外，共享公用介质还使得同一时间内只能有一台计算机发送信息，因此该类型网络的数据传输效率较低。

在广播式网络中，仅有一条通信通道，网络上的所有计算机都共享这一条公共通信通道。当一台计算机在信道上发送分组或数据包时，网络中的每台计算机都会接收到这个分组或数据包，并且将自己的地址与分组中的目的地址进行比较，如果相同，则处理分组，否则将其丢弃。常用的三种通信方式如下。

（1）单播（unicast）：发送的信息中包含明确的目的地址，所有节点都检查该地址。如果与自己的地址相同，则处理该信息；如果不同，则忽略。

（2）组播（multicast）：将信息传输给网络中的部分节点。

（3）广播（broadcast）：在发送的信息中使用一个指定的代码标识目的地址，将信息发送给所有的目标节点。当使用这个指定代码传输信息时，所有节点都接收并处理该信息。

2. 点到点传输网络

点到点传输网络是指数据以点到点的方式在计算机或通信设备内进行传输。与广播式传输网络相反，在点到点传输网络中，每条物理线路连接两台计算机。假如计算机之间没有直接连接的线路，那么它们之间的分组传输只能通过一个或多个中间节点的接收、存储、转发来实现。与广播式传输网络不同的是，点到点传输网络内的每条物理线路连接一对计算机（或通信设备），极大地提高了网络的数据传输效率。

（五）依据网络服务方式分类

按照计算机在网络内所扮演角色的不同，可以将计算机网络分为客户机/服务器网络和对等网络两种类型。

1. 客户机/服务器网络

这是由客户机向服务器发出请求并以此获得服务的一种较为常用且比较重要的网络类型，不仅适合于同类型的计算机进行联网，也适合于不同类型的计算机联网（如IBM兼容机和Mac机的混合联网等）。客户机/服务器网络的特点是网络内至少要有一台专用服务器，且所有的客户机都必须以服务器为中心，由服务器统一进行管理。

2. 对等网

对等网的特征是网络内不需要专用的服务器，网络中的计算机节点地位平等。在对等网中，每台接入网络的计算机既是服务器也是客户机，拥有绝对的自主权。例如，不同计算机之间实现互访，进行文件交换或使用其他计算机上的共享打印机等。

（六）依据网络拓扑结构分类

1. 计算机网络拓扑结构概念

“拓扑”就是把研究的实体抽象成与其大小、形状无关的“点”，而把实体之间的联系抽象成“线”，进而以“图”的形式来表示和研究这些点与线之间的关系的一种数学方法。这种表示点和线之间的关系的“图”被称为拓扑结构图，简称“拓扑图”。拓扑图所描述的拓扑结构与几何图形所描述的几何结构属于两个不同的数学概念。在几何图形中，我们考察的是点、线之间的几何结构，强调的是点与线所构成的几何形状。而在拓扑图中，我们关注的是点、线之间的连接关系。举例来讲，作为几何图形，圆、梯形和平行四边形显然属于不同的几何结构，但从拓扑结构的角度来看，四个拓扑图由于点、线之间的连接关系相同，所以均被认为是具有相同特性的环形拓扑结构（图1-7）。

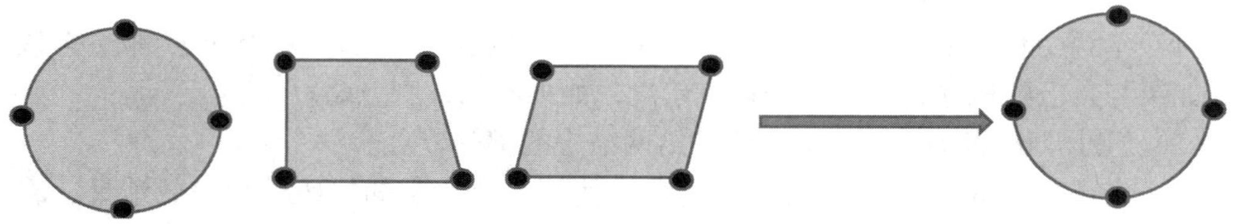

图1-7　几何结构与拓扑结构

在计算机网络中，为了有利于对计算机网络结构进行研究或设计，我们把计算机、终端、通信处理机等设备抽象为点，把连接这些设备的通信线路抽象成线，并将由这些点和线所构成的结构称为计算机网络拓扑结构。计算机网络拓扑结构反映了计算机网络中各设备节点之间的联系，对于计算机网络的性能、建设与运行成本等都有着重要的影响。因此，无论在考虑计算机网络的技术实现（如网络通信协议的设计、传输介质的选择），还是在实际组网时，网络拓扑结构都是首要考虑的因素之一。

2. 常见的网络拓扑结构

常见的计算机网络拓扑结构有总线、星形、环形、树状和网状。如图1-8所示。

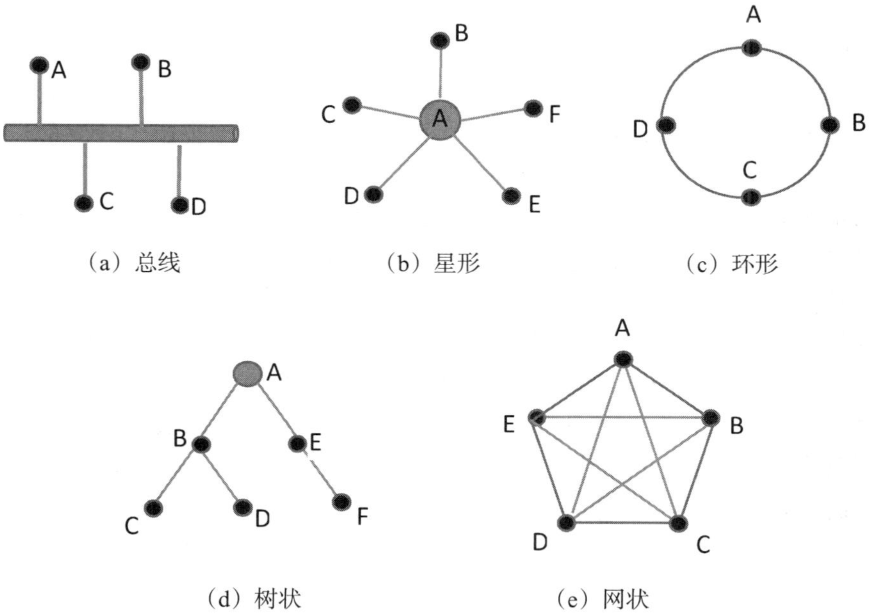

图1-8 常见的网络拓扑结构

（1）总线拓扑结构。

如图1-8（a）所示，总线拓扑采用单根传输线路作为公共传输信道，所有站点通过专门的连接器连到这个公共信道上，这个公共的信道称为总线（bus）。任何一个站点发送的数据都能通过总线传播，同时能被总线上的所有其他站点接收到。可见，总线拓扑结构的网络是一种广播网络。

总线拓扑形式简单，节点易于扩充，是基本的局域网拓扑形式之一。

（2）星形拓扑结构。

如图 1-8（b）所示，星形拓扑中有一个中心节点，其他各节点通过点对点线路与中心节点相连，形成辐射形结构。各节点间的通信必须通过中心节点，如图中的节点B到节点D或节点B到节点E都要经过中心节点A。星形拓扑的网络具有结构简单、易于实现和管理等特点。但这种结构要耗费大量的电缆，同时中心节点的故障会直接造成整个网络的瘫痪。星形拓扑也是常见的局域网拓扑形式。

（3）环形拓扑结构。

如图 1-8（c）所示，在环形拓扑中，各节点和通信线路连接形成一个闭合的环，环中数据按照一个方向沿环逐站传输。发送端发出的数据，沿环绕行一周后，回到发送端，并由发送端将该数据从环上删除。任何一个节点发出的数据都可以被环上的其他节点所接收。

环形拓扑具有结构简单、易于实现、传输时延确定和路径选择简单等优点。但是，环形拓扑中任何一个节点及连接节点的通信线路都有可能造成网络瘫痪，并且在这种拓扑结构中，节点的加入和删除过程也比较复杂，需要复杂的环维护机制。环形拓扑是局域网和城域网中常用的一种拓扑形式。

（4）树状拓扑结构。

树状拓扑结构是一种分层结构，如图 1-8（d）所示。与简单的星形拓扑结构相比，在节点规模相当的情况下，树状拓扑中通信线路的总长度较短，因此成本低，易于推广。但是其结构较星形拓扑复杂，而且除了叶子节点及连线外，任一节点或连线的故障均会影响相关支路网络的正常工作。树状拓扑结构可以看作星形拓扑的一种扩展，也称扩展星形拓扑，它适用于分级管理和控制的网络系统。

（5）网状拓扑结构。

在网状拓扑结构中，节点之间的连接是任意的，每个节点都可以有多条线路与其他节点相连，这样使得节点之间存在多条可选的路径。例如，在图 1-8（e）中从节点 A 到节点 D 可以沿着 A–E–D 路径也可以通过 A–B–C–D 路径。在网状拓扑的网络中，传输数据时可以灵活地选用空闲路径或者避开故障线路。所以这种网状拓扑可以充分、合理地使用网络资源，并且具有很高的可靠性。广域网中较多地采用了网状拓扑结构以提高广域网服务的可靠性。但是，我们也应该看到，这种可靠性是以高投资成本和高复杂度的管理为代价的。

项目总结

本项目通过对计算机网络发展过程的介绍，引出现代计算机网络的定义。阐述了计算机网络的基本组成、计算机网络的五个主要功能及五个主要应用场景。计算机网络主要可以依据覆盖的地理范围、网络传输介质、网络交换方式、网络通信方式、网络服务方式及网络拓扑结构几种方式进行分类。其中依据网络拓扑结构进行分类时需要能够准确地画出相应的拓扑结构图。通过以上内容阐述，让学习者对网络有了一个最初的认识，从时间到空间呈现了一个网络的基础框架模型，从而进入网络平行空间，开启网络学习环境。

拓展阅读

2016年8月，××大学劝退了多名学习成绩不佳、在几个学期内未能修完规定学分的大学生。据介绍，这 81 名大学生被集体劝退的主要原因之一，是沉迷于网络游戏。一些新入学的大学生，经历了紧张的高中三年拼搏后，进入大学由于远离了父母的监督、逃离了枯燥的课本，开启了无拘无束的大学生活，开始“报复性”地沉迷网络，网络游戏、短视频、网络小说等占据了他们大部分的时间，使他们迷失在网络的世界里，出现不社交、不学习、不运动的“三不”现象，这种现象导致年轻人丧失活力，错过个人成长的最佳时期。

网络是一把双刃剑，它带给我们很多便利，让我们的生活及学习方式发生了巨大的改变，但也可能有其他的一些不良的网络信息充斥网络环境。作为网络使用者，不仅要有清晰的判断力，分辨网络资源的利与弊，合理利用各类网络资源，还要有高度的自制力，对于网络上的娱乐方式，做到进退有度，适可而止。

项目习题

一、填空题

1. 计算机网络按传输介质分为________________、______________两种。
2. 计算机网络的主要功能包括________________、________________。
3. 常用的计算机网络拓扑结构包括___________________、___________________、___________________、________________、___________________。
4. 依据网络服务计算机网络有两种模式分别为______________、________________。
5. 计算机网络中的组播是指________________________________。

二、选择题

1. 个人计算机属于（　　）。

A. 资源子网　　B. 通信子网　　C. 通信协议

2. 传输媒介属于（　　）。

A. 资源子网　　B. 通信子网　　C. 通信协议

项目 2
认识网络体系结构

通过网络相关基础知识的学习，小李对网络有了一个基本的认知和了解，现在需要深入了解网络的体系结构和构建网络环境所需要的设备。其中关于网络 IP 地址及子网划分部分的内容，要用到二进制计算，小李认为二进制运算是个难点，需要搜集更多资料，以加强理解。这部分内容是理解网络架构的基础。

项目导读

计算机网络体系结构是指网络系统的整体设计，主要为网络硬件、软件、协议、存取控制和拓扑提供标准。通常网络体系结构标准采用OSI-RM，该模型采用分层结构，将网络系统设计任务分为物理层、数据链路层、网络层、传输层、会话层、表示层和应用层七层。其优势在于各层功能独立，当出现故障时，可以分层解决，从而使网络维护更加简单。OSI-RM 仅用作参考模型，实际更多的是使用TCP/IP模型及局域网模型，这两种模型中忽略了第五层及第六层的功能，将它们与第七层合起来称为应用层。本项目针对两种常用的网络体系结构进行比较，并针对 TCP/IP 体系结构中的每一层次来详细介绍各层的功能及各层的协议内容与使用的设备，这样使整个网络架构更为具体化、形象化。

项目目标

知识目标	能力目标	素质目标
1. 掌握计算机网络OSI七层参考模型； 2. 对OSI-RM七层结构及TCP/IP结构的区别及不同应用场合有清晰的认知； 3. 掌握各层的主要协议及主要作用； 4. 掌握IP地址的规划及子网划分	1. 熟练运用OSI七层参考模型及TCP/ IP 模型，将层次功能作用与实际应用紧密结合； 2. 对于IP地址的运算可以熟练进行运用，可以进行局域网规划	1. 克服学习过程中的困难，用形象的思维去理解抽象的结构； 2. 在学习过程中注重团队合作，相互学习，相互促进

任务2-1 OSI七层参考模型

（一）OSI参考模型概述

计算机网络系统都是由一系列用户终端、计算机、具有通信处理和数据交换功能的节点、数据传输链路等组成的。计算机网络要完成计算机与计算机、计算机与用户终端的通信需要具备一些基本特点，包括：保证存在一条有效的传输路径；进行数据链路控制、读码检测、数据重发，以保证实现数据无误码的传输；实现有效的寻址和路径选择，保证数据准确无误地到达目的地；进行同步控制，保证通信双方传输速率相匹配；对报文进行有效的分组和组合，适应缓冲容量，保证数据传输效率；进行网络用户对话管理和实现不同编码、不同控制方式的协议转换，保证各用户端进行数据识别。根据这些特点，开放互连参考模型中，“开放”是指任何两个遵守OSI-RM的系统都可以进行互联，当一个系统能按OSI-RM与另一个系统进行通信时，就称该系统为开放系统。OSI参考模型将计算机网络通信按照功能分成7层，即物理层、数据链路层、网络层、传输层、会话层、表示层、应用层。

OSI参考模型定义了不同的计算机网络互连标准的框架结构，得到了国际上的承认。它通过分层结构把复杂的通信过程分成了多个独立的、比较简单和容易解决的子问题。在OSI参考模型中，下一层为上一层提供服务，而各层内部的工作是与相邻层无关的。

国际标准化组织提出OSI参考模型分层的主要原则如下：

（1）根据理论上需要的不同等级划分层次，各层内的功能要尽可能具有相对独立性。

（2）当需要一个不同的抽象体时，应该创建一个新的层次。

（3）各层的划分要便于层与层之间的衔接，类似的功能应尽可能放在同一层内。

（4）确定每一层的功能时，应该考虑到定义国际化的标准协议。

（5）各层之间接口的交互尽可能少。

（6）层次数量应该足够多，以保证不同的功能在不同层次；同时，层次数量又不能太多，以免整个体系过于庞大。

（7）扩充某一层次的功能或协议时，不能影响整个模型的主体结构。需要注意的是，OSI参考模型本身并不是一个真正的网络体系结构，因为它并未定义每一层所用到的服务和协议，它只是指明每一层应该实现的功能。尽管国际标准化组织已经为每一层制定了相应的标准，但这些标准都是作为单独的国际标准发布的，它们不属于OSI参考模型本身。

（二）OSI参考模型各层功能

OSI参考模型将整个通信功能划分为7个层次，如图2-1所示。每一层的目的是向相邻的上一层提供服务，并且屏蔽服务的实现细节。模型设计为多层，像是在与另一台计算机对等层进行通信。实际上，通信是在同一计算机的相邻层之间进行的。

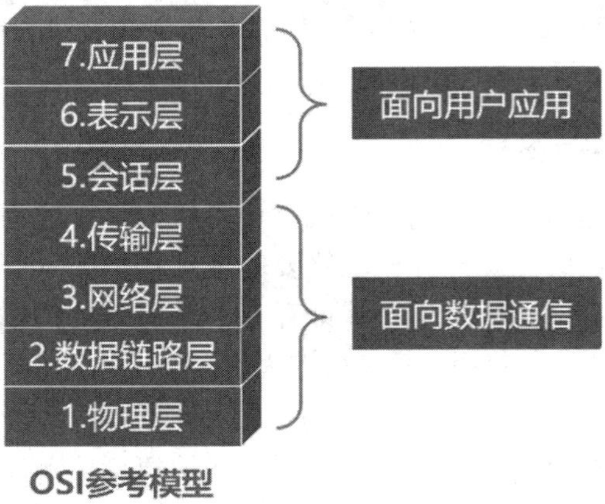

图2-1　OSI参考模型

1. 物理层

物理层（physical layer）是OSI参考模型中的最底层，是建立在通信介质基础上，实现设备之间连接的物理接口。特别要指出的是，物理层并不是指连接计算机的具体物理设备或物理传输介质，而是指在物理介质之上，为其上一层（数据链路层）提供传输原始比特流的物理连接，使数据链路层只需要考虑如何完成本层的协议和服务，而不必考虑网络具体的传输介质是什么。物理层为比特流传输所需的物理连接的激活、保持和释放提供机械特性、电气特性、功能特性和规程特性的手段。物理层的任务就是在通信信道上透明地传输比特流，即0、1表示的二进制数据流。

（1）机械特性：主要规定物理设备接口连接器的形状和尺寸、引脚数和引脚的排序等。

（2）电气特性：主要规定每种信号的电平、信号的脉冲宽度、所允许的数据传输速率和最大传输距离。

（3）功能特性：规定接口电路引脚的功能和作用。

（4）规程特性：规定接口电路信号的时序、应答关系和操作过程，如怎样建立和拆除物理层连接，是全双工还是半双工等。

2. 数据链路层

数据链路层（data link layer）是通过通信介质，实现实体之间链路的建立、维护和拆除而形成的物理连接。物理层只是接收和发送一串比特流信息，不考虑信息的意义和结构，不能真正解决数据的传输与控制问题，如异常情况处理、差错控制与恢复、信息格式调整、协调通信等。为了进行真正有效的、可靠的数据传输，需要对传输操作进行严格的控制和管理，这就是数据链路层控制规程，即数据链路层协议。数据链路层协议是建立在物理层基础上的，通过一些数据链路层协议，在不太可靠的物理线路上实现可靠的数据传输。数据链路层的功能主要包括链路管理、帧同步、差错控制、流量控制、透明传输、寻址等。数据链路层的典型协议有点到点协议（point-to-point protocol，PPP）和高级数据链路控制协议（high-level data link control，HDLC）等。

3. 网络层

网络层（network layer）的主要功能是实现在端到端通信系统中中间节点的路由选择，将数据从源主机传输到目的主机。网络层所提供的服务主要是面向连接的网络服务和无连接的网络服务。

（1）面向连接服务。

面向连接服务在数据交换之前，必须先建立连接，当数据交换结束后释放连接。在面向连接服务中，数据分组按顺序发送给远端的用户，数据分组的接收也是按顺序的。面向连接服务又称为虚电路服务。

（2）无连接服务。

无连接服务既不需要通信双方先建立好连接，也不需要通信双方同时处于激活状态，正在接收数据时，它才必须是激活的。无连接服务的通信速度快，但无法防止报文的丢失、重复或失序。采用无连接服务时，由于每个数据分组都必须提供完整的目的站地址，因此开销也较大。IPV4通信子网为网络源节点和目的节点提供了多条传输路径。网络节点在收到一个分组后，要确定向下一个节点传送的路径，这就是路由选择。在无连接服务方式中，网络节点要为每个分组路由做出选择；而在面向连接服务方式中，只需在连接建立时确定路由;确定路由选择的策略称为路由算法。路由选择可以手工设置，称为静态路由；也可以动态生成，称为动态路由。静态路由的优点是简便易行，在负载稳定、拓扑结构变化不大的网络中运行效果很好。它的缺点是灵活性差，无法应对网络中发生的阻塞和故障。

4. 传输层

传输层（transport layer），又称为“运输层”，是建立在网络层和会话层之间的一个层次。实质上它是网络体系结构中高、低层之间直接的一个接口层，是OSI参考模型7层中比较特殊的一层，同时也是整个网络体系中十分关键的一层。从不同的角度看传输层，可以将传输层划为高层，也可以划为底层。如果从通信和信息处理的角度看，传输层则属于面向通信的底层中的最高层，属于底层；如果从网络功能和用户功能的角度看，传输层则属于用户功能的高层中的最底层，属于高层。

从物理层、数据链路层和网络层的作用中可知：物理层是在各链路上透明地传送比特流，数据链路层使得相邻节点所构成的不太可靠的链路能够传输无差错的帧，而网络层则是在数据链路层的基础上提供路由选择、网络互连等功能。传输层是资源子网与通信子网的接口和桥梁，它在资源子网中不同主机上的应用进程之间提供逻辑通信，实现了通信子网端到端的可靠传输。由于通信子网向传输层提供通信服务的可靠性存在差异，所以无论通信子网提供的服务可靠性如何、经传输层处理后都应向上层提交可靠的、透明的数据传输。为此，传输层协议要复杂得多，以便适应通信子网中存在的各种问题。也就是说，如果通信子网的功能完善、可靠性高，则传输层的任务就比较简单。

若通信子网提供的质量很差，则传输层的任务只有更复杂，才能填补会话层所要求的服务质量和网络层所能提供的服务质量之间的差别。

传输层屏蔽了下面通信子网的细节，使高层用户看不见实现通信功能的物理路径是什么、数据链路的规程是什么、下面有多少个通信子网和通信子网是如何连接起来的。高层用户只能感觉到好像是在两个传输层实体之间有一条端到端的可靠通信通路。传输层在网络层提供服务的基础上为高层提供两种基本的服务，即面向连接的服务和面向无连接的服务。面向连接的服务要求高层的应用在进行通信之前，先建立一个逻辑的连接，并在此连接的基础上进行通信，通信完毕后要拆除逻辑连接，而且通信过程中还要进行流量控制、差错控制和顺序控制。面向连接服务提供的是可靠的服务，而面向无连接服务由于不需要高层应用建立逻辑的连接，因此，它不能保证传输的信息按发送顺序提交给用户。不过，在某些场合是必须依靠这种服务的，如网络中的广播数据。传输层服务独立于网络层服务，适用于各种网络，因而不必担心不同的通信子网所提供的不同的服务及服务质量。而网络层服务在面对不同的网络时，其服务质量可能截然不同。

5. 会话层

会话层（session layer）的功能是在传输层服务的基础上增加控制会话的机制，建立、组织和协调应用进程之间的交互过程。会话层就如同两个人对话，靠某些约定使双方有序并完整地交换信息。会话层的基本任务是负责两个主机之间原始报文的传输。通过会话层提供的一个面向用户的连接服务，为合作的会话层用户之间的对话和活动提供组织和同步所必需的手段，并对数据的传输进行控制和管理。会话层提供的基本功能是为用户建立、引导和释放会话连接。在某些工作站操作系统中，可以将工作站从网络上断开，然后重新连接，之后无须登录便可继续工作。这是因为物理层断开又重新连接后，会话层也重新进行了连接。会话层使每一个给定的节点与唯一的地址一一对应起来，就像邮政编码只与特定的邮政区域相关联一样。一旦通信会话结束，会话层就与节点断开。会话层服务是同步的。一个会话连接可能持续较长的时间，若在会话连接即将结束时出现故障，则整个会话连接都要重复一遍，这显然是不合理的。为此，会话层设置同步控制功能，在一个会话连接中设置了一些同步点，这样当出现故障时，会话活动可以在故障点前面的同步点进行重复，而不必从头开始，从而将重复发送的数据量减到最少。

6. 表示层

表示层（presentation layer）定义用户或应用程序之间交换数据的格式，提供数据表示之间的转换服务，保证传输的信息到达目的端后的意义不变。表示层能够解决不同系统的数据表示问题，解释所交换数据的意义，进行正文压缩及各种变换，如代码转换、格式变换等，以便用户使用，从而使采用不同表示方法的各开放系统之间能相互通信。此外，表示层还负责数据的加密、解密以及数据压缩。在数据转换方面，不同计算机有不同的数据表示方法，如不同的机器字长、不同的浮点数格式以及不同的字符编码等。即使在采用ASCII码的计算机中，使用的编码也不尽相同。显然这使得开放的系统之间不能简单地交换数据。数据转化的主要任务是把要传送的数据按协议格式转换成收发双方都能理解的形式。因此，为使不同计算机之间进行通信时不曲解原数据的含义，必须建立一种统一的数据格式转换机制。为此国际标准化组织ISO综合和吸收了许多高级程序设计语言对数据类型的描述方法，制定了被称为抽象语法标记的ASN.1（abstract syntax notation one）标准。通过抽象语法把信息传送到远端系统，远端系统按照同样的方法对信息进行还原。

7. 应用层

应用层（application layer）是最终用户与计算机网络之间的接口，它为网络用户或应用程序提供完成特定网络服务功能所需的各种应用协议。应用层控制计算机用户的绝大多数对应用程序和网络服务的直接访问。网络服务包括文件传输、文件管理、电子邮件、打印、网络管理等，由相应的应用协议来实现。不同的网络操作系统提供的网络服务在功能、用户界面、实现技术、硬件平台支持以及开发应用软件所需的应用程序接口等方面均存在较大差异，而采纳应用协议的方式也各具特色，因此需要使应用协议标准化。

任务2-2 TCP/IP协议簇

OSI参考模型的提出在计算机网络发展史上具有里程碑的意义，以至于提到计算机网络就不能不提OSI参考模型。但是，OSI参考模型的定义过于复杂、实现困难。随着传输控制协议/互联网协议（transmission control protocol/internet protocol，TCP/IP）协议的广泛使用，特别是随着因特网用户爆发式的增长，TCP/IP网络的体系结构日益显示出其重要性。

（一）TCP/IP参考模型概述

TCP/IP是目前最流行的网络协议，尽管它不是某一标准化组织提出的正式标准，但已经被公认为目前的工业标准或“事实标准”。Internet之所以能够迅速发展，就是因为TCP/IP能够适应和满足世界范围内数据通信的需要。TCP/IP由它的两个主要协议即TCP和IP而得名。TCP/IP是Internet上所有网络和主机之间进行交流时所使用的共同“语言”，是Internet上使用的一组完整的标准网络连接协议。通常所说的TCP/IP实际上包含了大量的协议和应用，并且是由多个独立的协议组合在一起的，因此，更确切地说，应该称其为TCP/IP协议簇。应用于局域网和广域网中的TCP/IP是Internet的基本协议。TCP/IP经过不断地应用和发展，目前已被广泛应用于各种网络中，它既可用于组成局域网，也可用于构造广域网。目前，Unix、Windows、NetWare等一些知名的操作系统都将TCP/IP纳入其体系，使之成为事实上的国际标准”。作为Internet的核心协议，TCP/IP定义了体系结构中网络通信的过程，更为重要的是，它定义了数据单元所采用的格式及其所包含的信息。TCP/IP形成了一套完整的系统，详细地定义了在支持TCP/IP的网络上如何处理、发送和接收数据。

TCP/IP具有以下特点。

（1）开放的协议标准，可以免费使用，并且独立于特定的计算机硬件与操作系统。

（2）独立于特定的网络硬件，可以运行在局域网、广域网中，便于进行网络互连。

（3）统一的网络地址分配方案使得整个TCP/IP设备在网络中都具有唯一的地址。

（4）国际标准化的高级协议，可以提供多种可靠的用户服务。

（二）TCP/IP的层次结构

TCP/IP主要由传输控制协议（TCP）和网际协议（IP）而得名，它是Internet上所有网络和主机之间进行交流所使用的共同“语言”，是Internet上使用的一组完整的标准网络连接协议。TCP/IP参考模型如图2-2所示。

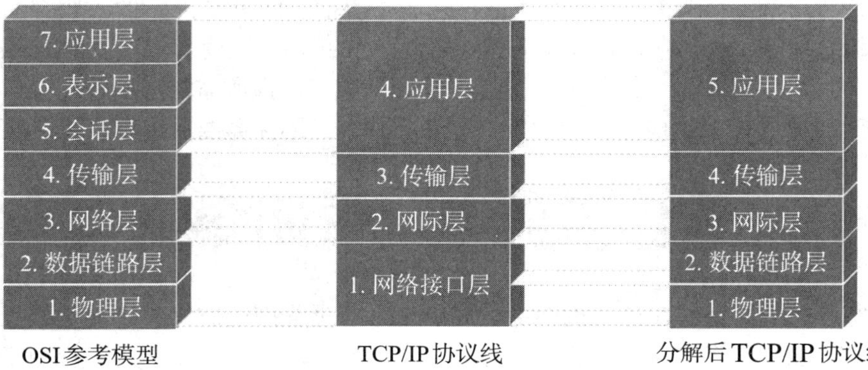

图2-2 TCP/IP参考模型

1. 网络接口层

网络接口层处于网际层之下，负责接收IP数据包，并把数据包通过物理网络发送出去，或者从网络接口接收物理帧，装配成IP数据包上交给网际层。TCP/IP标准并未定义具体的网络接口层协议，其目的在于提供灵活性，以适应不同的物理网络，可以使用的物理网络种类很多，如各种局域网（LAN）、城域网（MAN）、广域网（WAN），网络接口层使得上层的操作和底层的物理网络无关。

2. 网际层

网际层是TCP/IP体系结构的第二层，它实现的功能相当于OSI参考模型中的网络层服务功能。网络层负责将源主机的数据分组发送到目的主机。源主机与目的主机既可以在一个网络上，也可以不在一个网络上。网际层的主要功能如下。

（1）处理来自传输层的分组发送请求。在收到分组发送请求之后，将分组装入IP数据包，填充报头，选择发送路径，然后将数据包发送到相应的网络接口。

（2）处理接收的数据包。在接收到其他主机发送的数据包之后，检查目的地址，如需要转发，则选择发送路径，转发出去；如果目的地址为本节点IP地址，则除去报头，将分组送交传输层处理。

网际层的核心协议包括以下四种。

（1）网际协议（internet protocol，IP），负责IP寻址、数据包的拆分和重组。

（2）地址解析协议（address resolution protocol，ARP），负责将IP地址转换为物理地址。

（3）逆向地址解析协议（reverse address resolution protocol，RARP），负责根据主机硬件地址来获得主机的IP地址。

（4）Internet控制报文协议（Internet control message protocol，ICMP），负责提供网络传输控制消息，用于网络故障诊断。

3. 传输层

传输层主要负责主机到主机之间的端到端可靠通信，源端的应用进程通过传输层，可以与目的端的相应进程进行直接对话。传输层定义了传输控制协议（transport control protocol，TCP）和用户数据报协议（user datagram protocol，UDP）两种协议。传输控制协议使用可靠的字节流发送和接收数据，是一种面向连接的协议；用户数据报协议是一种不可靠、无连接的协议。传输层服务分为面向连接和无连接两类，它们分别和网络层上的面向连接和无连接服务类似。将其分成两个层次有以下两个原因。

（1）通信子网是不受用户控制的，如果用户不满意通信子网的服务，则可以在传输层弥补网络服务的不足。

（2）不同的网络向上提供的服务接口不同，为使应用程序的设计不依赖于具体的网络，在传输层上提供一个统一的编程接口。

4. 应用层

应用层处在TCP/IP体系结构的最高层，用户可以使用应用程序访问TCP/IP互联网络，分享网络上提供的各种资源。应用程序负责发送和接收数据。每个应用程序可以选择所需要的传输服务类型，把数据按照传输层的要求组织好，再向下层传送。应用层包括了所有高层协议，并且总是不断有新的协议加入。其主要协议包括以下几个。

（1）远程登录协议（Telnet），用于实现互联网中的远程登录功能。

（2）文件传输协议（file transfer protocol，FTP），用于实现互联网中交互式文件传输功能。

（3）简单邮件传输协议（simple mail transfer protocol，SMTP），用于实现互联网中电子邮件传输功能。

（4）域名系统（domain name system，DNS），用于实现在域名与IP地址之间建立映射。

（5）超文本传输协议（hypertext transfer protocol，HTTP），用于目前广泛使用的Web服务。

（6）简单网络管理协议（simple network management protocol，SNMP），用于管理和监视网络设备。

（7）网络文件系统（network file system，NFS），用于网络中不同主机间的文件共享。应用层协议有的基于面向连接的传输层协议TCP（如Telnet、SMTP、FTP及HTTP协议），有的基于面向非连接的传输层协议UDP（如SNMP），还有一些协议（如DNS），既可以基于TCP，也可以基于UDP。

任务2-3 应用层协议

（一）域名解析协议DNS

Internet中由于采用了统一的IP地址，网络上任意两台主机的应用程序都可以很方便地使用IP地址进行通信。但IP地址是一个32比特的二进制数，即便使用4个十进制数表示，对于一般用户来说，要记住用数字表示的IP地址是十分困难的。为了向一般用户提供一种直观、明了的主机识别符，TCP/IP专门设计了一种字符型的主机命名机制，也就是给每台主机一个由字符串组成的名字，这种主机命名相对于IP地址来说是一种更为高级的地址形式，这就是域名和域名系统。在局域网中，人们也常为特定的主机命名，主机名就是具有一定意义的字母和数字组成的字符序列，以便于人们记忆。例如，在Windows中就用hosts文件来记录主机名和IP地址的映射关系，Unix系统中也有这样的hosts文件。但对于Internet，如此简单的命名显然就不能实现了。一方面一个简单的字符序列很难保证全球的唯一性；另一方面，这种集中管理的方式也很难适应Internet主机不断增加和变化的要求。鉴于此，TCP/IP开发了一种层次型命名协议，这就是域名系统DNS，用于实现域名和主机IP地址之间的映射。

1. 域名结构

域名结构类似于树状的层次结构，域名系统中的域可进一步划分为子域，如图2-3所示。

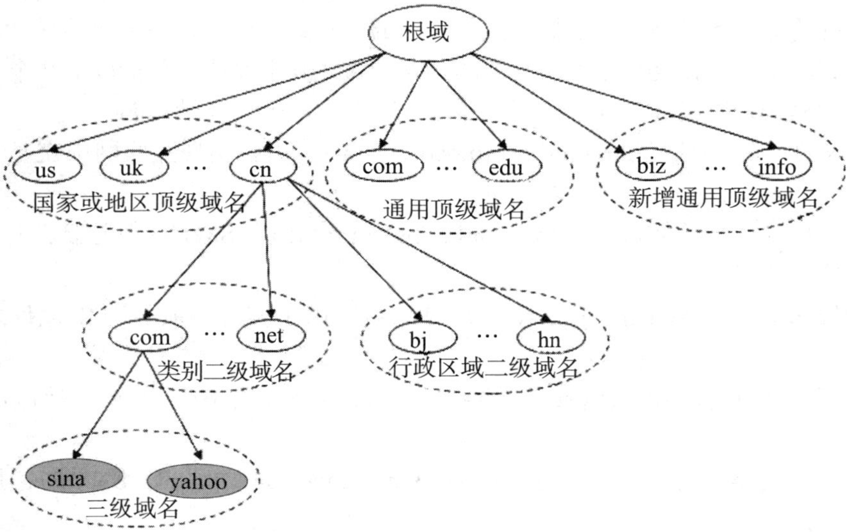

图2-3 域名结构

根域之下是顶级域名，顶级域名一般分为两类：组织上的（如com代表商业机构、edu代表教育机构、gov代表政府部门等）和地理上的（如cn代表中国、uk代表英国、us代表美国等）。顶级域名下面依次为二级域名、三级域名。每一级都有相应的管理机构，被授权管理下一级子域的域名，顶级域名由Internet中心管理机构管理，每一级负责其管理域名的唯一性，这样就保证了所有域名的唯一性。DNS还规定了这种层次域名的语法结构，即一个完整域名是各级域名按由低级到高级从左至右依次排列，中间用点隔开，每一级域名由字母、数字和连字符组成，长度不超过63个字符，而且不区分大小写，整个地址的长度不超过255个字符，通常其格式为

主机名.机构名.网络名.顶层域名

当用户使用IP地址时，可直接与对应的主机联系；而使用域名时，则必须先将域名送往域名服务器，通过服务器上的域名和IP地址对照表翻译得到IP地址，再使用该IP地址与主机联系。域名与IP地址之间没有固定的对应关系，有些IP地址没有对应的域名，另一些IP地址可以对应多个域名。一台主机从一个地方移到另一个地方，属于不同的网络时，其IP地址必须更换，但可以保留原来的域名。

2. 域名解析

用人们熟悉的自然语言标识一台主机的域名，自然要比用数字型的IP地址更容易记忆。但主机域名不能直接用于TCP/IP的路由选择中。当用户使用主机域名进行通信时，必须先将其映射成IP地址，这种将主机域名映射为对应IP地址的过程称为域名解析。

域名系统由解析器和域名服务器组成。在域名系统中，解析器为客户方，通常嵌套在其他应用程序中，负责查询域名服务器、解释从域名服务器返回的应答以及把信息传送给应用程序等。域名解析则依靠一系列的域名服务器完成。域名服务器将部分区域的主机域名到IP地址的映射信息存放在资源记录中。这些域名服务器构造了域名系统（DNS），域名系统实际上是一个庞大的分布式数据库系统。

当客户端提出域名查询请求时，域名服务器首先检索自己的记录，以查看是否能够自行解析域名。如果服务器不能通过自身存储的记录解析域名，则连接其他服务器对该域名进行解析。该解析请求将会发送到很多服务器，因此需要耗费额外的时间，而且耗费带宽资源。当检索到匹配信息时，当前服务器将该信息返回至源请求服务器，并将匹配域名的IP地址临时保存在缓存中。因此，当再次请求解析相同的域名时，第一台服务器就可以直接调用域名缓存中的地址。通过缓存机制，不但降低了DNS查询数据网络的流量，也减少了上层服务器工作的负载。安装了Windows操作系统的个人计算机中，DNS客户端服务可以预先在内存中存储已解析的域名，从而优化DNS域名解析性能。

每一个域名服务器的本地数据库都存储了一部分主机域名到IP地址的映射，同时保存了到其他域名服务器的链接；最高层域名服务器是一个根域名服务器，它通常用来管理到各顶级域名服务器的链接。一般小型网络可以将它管辖下所有主机域名到IP地址的映射放在一个域名服务器上，大型网络则可以采用几个域名服务器来进行域名管理。

DNS域名服务采用的是客户机/服务器工作模式（client/server），客户端发送DNS请求给指定的域名服务器，域名服务器接收到DNS请求后，首先查找本地的数据库，如果找到就向客户主机回应查找结果。如果待查域名不属于该域名服务器的管辖范围，如管辖域名为edu.cn的服务器收到net.cn后缀域名的查找时，当前域名服务器不能解析该域名，这时有两种处理方式：递归解析方式和迭代解析方式。

递归解析：如果客户端配置的本地域名服务器不能解析到IP地址，则后面的查询全部由本地域名服务器代替DNS客户端进行查询，直到本地域名服务器从权威的域名服务器得到了正确的解析结果，然后告知DNS客户端查询的结果。如图2-4所示。

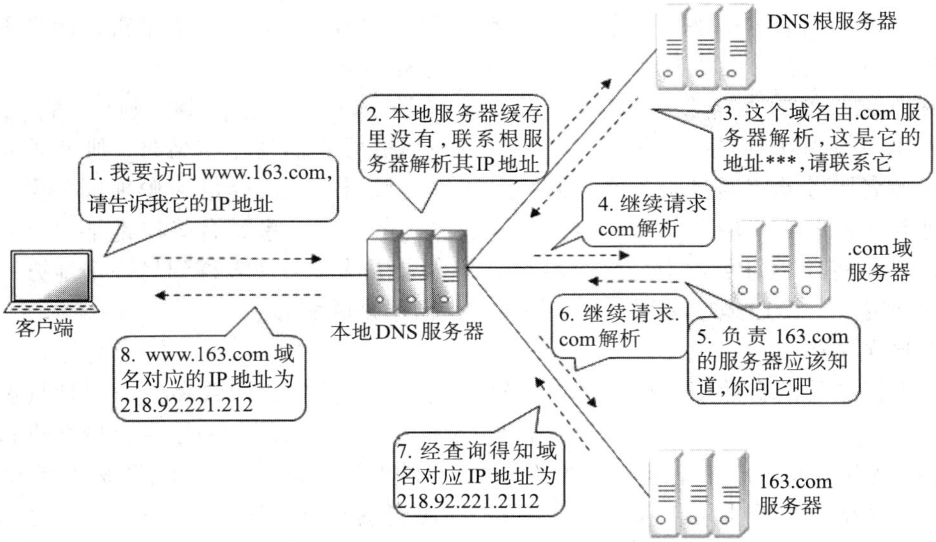

图2-4　递归解析

迭代解析：当本地DNS服务器无法解析时，会告知用户的DNS客户端应往哪里继续查找，而本地DNS服务器将不负责后续的查找工作，换句话说就是所有的后续查询工作都是由用户的DNS客户端自行完成的。如图2-5所示。

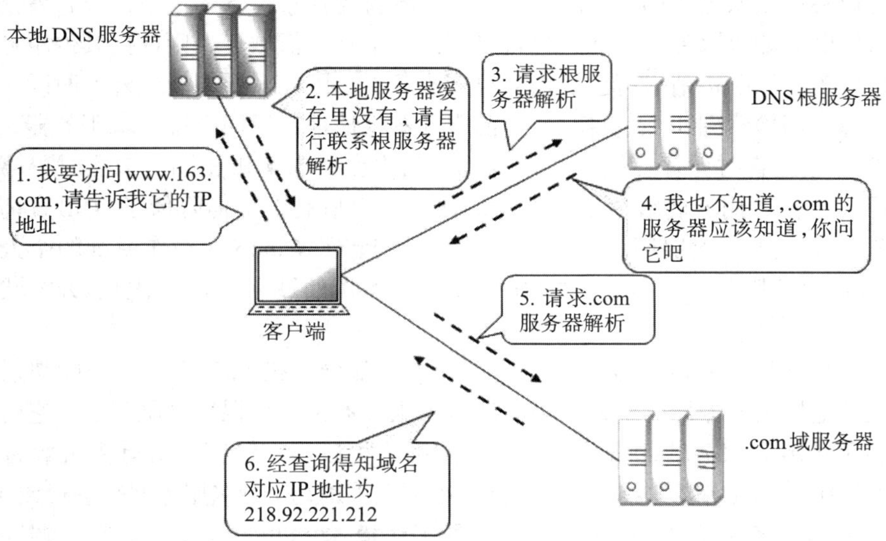

图2-5　迭代解析

（二）文件传输协议 FTP

所谓文件传输就是指在Internet中，用户直接将远程文件传输至本地系统，或将本地文件传输至远程系统。文件传输服务提供了任意两台计算机之间相互传输文件的机制，它是广大用户获取丰富Internet资源的重要方法之一。无论两台与Internet连接的计算机在地理位置上相距多远，只要它们都支持文件传输协议（FTP），它们之间就可以随时相互传输文件。Internet与FTP的结合使每台联网的计算机都拥有了一个容量巨大的备份文件库，这样做不仅可以节省实时联机的通信费用，而且可以方便地阅读和处理所传输的文件。

为了能够得到远程主机提供的FTP服务，用户首先需要提供远程主机名或IP地址，以便本地FTP的客户端程序能够同远程主机上的FTP服务器进程建立连接。然后提供用户名和密码，通过身份验证以后，即可在两个系统之间传输文件。

FTP使用两个并行的TCP连接来传输文件，一个称为控制连接（control connection），另一个称为数据连接（data connection），将控制和数据传输分开可以使FTP的工作效率更高。控制连接用来在两台主机之间传输控制信息，如用户标识、密码、操作远程主机文件目录的命令、发送和取回文件的命令等。而数据连接则真正用于发送文件，进行数据的传输，完成文件内容的传送。

1. FTP的主要功能

FTP按照客户机/服务器模式工作。提供FTP服务的程序一是本地客户机上的FTP客户端程序，二是远程计算机上的FTP服务器程序，如图2-6所示。

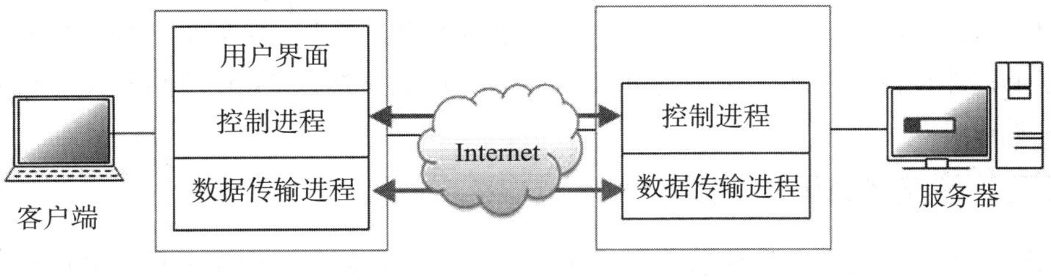

图2-6 FTP工作流程

客户端程序完成如下功能：

（1）接收用户从键盘输入的命令。

（2）分析命令并向服务器程序发送请求。

（3）接收并在本地屏幕上显示来自服务器程序的信息。

（4）根据命令发送或接收数据。

FTP服务器程序完成如下功能：

（1）接收并执行客户端程序发送的命令。

（2）与客户端程序建立TCP连接。

（3）完成与客户端程序交换文件的功能。

（4）将执行状态信息返回给客户端程序。

FTP传输文件时，客户机与服务器之间要建立两次TCP连接，即控制连接和数据连接。控制连接用于传送客户机与服务器间的命令和响应，数据连接用于客户机和服务器间的数据交换。当用户计算机与远程计算机建立连接后，就可以进行文件传输了。传输的实质是复制文件，然后上传到远程计算机，或者下载到本地计算机上，对源文件不会产生影响。FTP还提供了对本地计算机和远程计算机的目录操作功能。可在本地计算机或远程计算机上建立或删除目录、改变当前工作目录以及打印目录和文件的列表等。FTP也可以对文件进行重命名、删除、显示文件内容等操作。

FTP的默认端口是20（用于数据传输）和21（用于命令传输）。当用户启动一次与远程主机的FTP会话时，FTP客户机首先建立一个TCP连接到FTP服务器的21号端口，FTP客户机通过该连接发送用户名和密码等信息，客户机还可以通过该连接发送命令以改变远程系统的当前工作目录。当用户要求传输文件时，FTP服务器在其20号端口上建立一个数据连接，FTP在该连接上传输完一个文件后会立即断开该连接。如果在一次FTP会话过程中需要传输另一个文件，FTP服务器会建立另一个连接。在整个FTP会话过程中，控制连接始终保持开启状态，而数据连接则会随着文件的传输不断打开和关闭。

2. 匿名FTP

当一台本地计算机要与远程FTP服务器建立连接时，出于安全性考虑，远程FTP服务器会要求客户端的用户出示合法的用户账号和口令，进行身份验证，只有合法用户才能使用该服务器所提供的资源，否则拒绝访问。实际上，Internet上有很多的公共FTP服务器，也称为匿名FTP服务器，它们提供了匿名FTP服务。匿名FTP的实质是，提供服务的机构在它的FTP服务器上设立一个公共账户，并赋予该账户访问公共目录的权限。用户要登录到匿名FTP服务器，无需事先申请用户账号，可以使用“anonymous”作为用户名，并以自己的电子邮件地址作为用户密码，匿名FTP服务器便可以允许这些用户登录，并提供文件传输服务，如北京大学的FTP服务器（ftp://ftp.pku.edu.cn）就提供此类匿名服务。

（三）超文本传输协议HTTP

无论是用户通过浏览器向服务器请求网页，还是服务器响应用户请求并向用户发送网页，都需要遵循一定的规程或协议，而超文本传输协议（hypertext transfer protocol，HTTP）就是用来在Internet上传输超文本的通信协议。

万维网（world wide web，WWW）是一个在Internet上运行的全球性的分布式信息系统。WWW是目前Internet上最方便，也是最受用户欢迎的信息服务系统，WWW通过Internet向用户提供基于文本的信息服务。它把各种类型的信息（文本、图像、声音和视频）有机地集成起来供用户浏览和查阅，HTTP是万维网的应用层协议，也是万维网的核心，HTTP通过两个程序实现客户程序（通常称为浏览器）和服务器程序（通常称为Web服务器），这两个程序通常运行在不同的主机上，通过交换HTTP报文来完成网页的请求和响应。超文本标记语言（hype text markup language，HTML）是一种用来定义信息表现方式的格式，它告诉WWW浏览器如何显示文字和图形、图像等各种信息以及如何进行链接等。一份文件如想通过WWW浏览器显示，就必须符合HTML标准，HTML是WWW世界的共同语言，用于定义格式化的文本、色彩、图像与超文本链接等，主要用于WWW页面的创建与制作。由于HT编写制作的简易性，它对促使WWW的迅速发展起到了重要的作用。统一资源定位器（uniform resource locator，URL）是专为标识Internet上的资源位置而设的一种编址方式、它可以帮助用户在Internet的信息海洋中获取所需要的资料。Internet上的每个文档都有一个用URL来标识的地址，URL的标准格式为：

通信协议：//主机：端口号/路径/文件名？查询参数#片段标识

其中端口号、查询数和片段标识为可选部分。

通信协议：指提供该文件的服务器所使用的通信协议，如FTP（文件传输协议）、Telnet登录协议）、HTTP（超文本传输协议）等。

主机：指上述服务器所在主机的IP地址或域名。

端口号：指所使用的端口号。

路径：指该文件在上述主机上的存储路径。

文件名：指文件的名称。

例如，http：//www.bgc.cn/xxxgkindex.html网页是由若干对象组成的。而一个对象实际上就是一个文件，如HTML文件、JPEG文件、GIF文件等，所有这些都可以通过单一的URL访问部分页面的一个基本HTML文件和一些相关的对象组成，网页通过各个对象的URL对其引用。

HTTP的任务分别由浏览器和Web服务器（常用的Web服务器有Apache、Microsoft IIS）组成。浏览器可以向Web服务器发送请求并显示接收到的网页。HTTP的工作流程为：当用户在地址栏中输入一个URL或单击一个超链接时，浏览器就向服务器发出了HTTP请求，被选往由URL指定的Web服务器，Web服务器收到这个请求后，进行相关文档的检索并以规定的格式返回所要求的文件或其他相关信息，再由用户计算机上的浏览器负责解释和显示。

（四）动态主机配置协议DHCP

对于TCP/IP网络来说，要将一台主机接入互联网中，必须配置与其他主机或设备通信所需要的IP地址，网络管理员在管理十几台主机的局域网时，配置主机IP地址任务通过手工方式完成是可行的。但是，如果管理的局域网接入的主机数量达到几百台，并且经常有主机接入和移出时，通过手工方式完成主机配置的效率将会很低且容易出错。因此，对于大规模网络，用手工方式配置主机IP地址不可行，动态主机配置协议（dynamic host configuration protocol，DHCP）可以实现对主机IP地址进行自动分配。

DHCP提供了一种机制，允许一台计算机加入新的网络和获取IP地址而不用手工参与。DHCP也可以给计算机指派一个永久地址，当这台计算机重新启动时其地址不变。DHCP采用客户机/服务器的工作方式。当一台计算机启动时就广播一个DHCP请求报文，DHCP服务器收到请求报文后返回一个DHCP应答报文。DHCP服务器先在其数据库中查找该计算机的配置信息。若找到，则返回找到的信息；否则，从服务器的地址库中取一个地址分配给该计算机。个人计算机拨号上网时，DHCP可以为主机自动分配IP地址及其他一些重要的参数。DHCP不但运行效率高，减轻了网络管理员的工作负担，更重要的是它能够支持远程主机、移动设备、无盘工作站和地址共享的配置任务。

1. DHCP服务器的基本内容

DHCP基于客户/服务器模式工作。DHCP服务器的主要功能如下。

（1）地址存储与管理。DHCP服务器是所有客户主机IP地址的拥有者。服务器存储这些地址并管理它们的使用，记录哪些地址已经被使用，哪些地址仍然可用。

（2）配置参数存储和管理。DHCP服务器存储和维护其他的参数，在客户请求时发送给客户。这些参数是指定客户主机如何操作的主要配置数据。

（3）租用管理。DHCP服务器用租用的方式将IP地址动态地分配给客户主机一段租用时间，即租用期（lease period），DHCP服务器维护租用给客户主机的IP地址信息，以及租用期限。

（4）客户主机请求响应。DHCP服务器响应客户主机发送的分配地址、传送配置参数以及租用的更新与终止等各类型的请求。

（5）服务管理。DHCP服务器允许管理员查看、改变和分析有关地址、租用、参数等与DHCP服务器运行相关的信息。

2. DHCP客户端主机的主要功能

（1）发起配置过程。DHCP客户端主机可以随时向DHCP服务器发起获取IP地址与配置参数的交互过程。

（2）配置参数过程。DHCP客户端主机可以从DHCP服务器获取全部或部分参数，并维护与自身配置相关的参数。

（3）租用管理。在动态分配IP地址时，DHCP客户端主机要了解自身地址租用的状态，负责在适当的时候更新租用，在更新无法进行时重新获取新的IP地址，以及在不需要时提前终止租用。

（4）报文重传。由于DHCP采用不可靠的UDP，因此DHCP客户端主机要负责检测UDP报文是否丢失，及丢失之后的重传。通过DHCP服务，网络中的设备可以从DHCP服务器中获取IP地址、子网掩码以及其他网络参数，如网关地址、DNS服务器地址等。

（五）邮件传输协议SMTP与POP3

1. SMTP（简单邮件传输协议）

SMTP属于TCP/IP协议簇，使用传输层TCP 25号端口提供可靠传输服务。SMTP帮助每台计算机在发送或中转信件时找到下一个目的地，通过SMTP所指定的服务器，就可以把E-mail寄到收件人的服务器上。SMTP的邮件传输主要包括连接建立、邮件传输和连接释放三个阶段。

（1）连接建立阶段。

当发送方发送电子邮件时，SMTP客户端程序会与邮件服务器端建立基于TCP 25号端口的传输连接。以后所有的电子邮件传输过程都是在已建立好的TCP连接基础上进行。

（2）邮件传输阶段。

连接建立完成后，进入到邮件传输阶段，发送方可以立即发送邮件。SMTP客户端可以使用多个命令，命令发送完成后，如果发送方收到了接收方返回的应答说明收件方已正确执行了该命令，此时发送方可以通过相关的命令进行正式的邮件内容传输了。内容传输完后，还要传输一条结束确认消息，表示内容传输结束。

（3）连接释放阶段。

当没有邮件传输时，发送方SMTP客户端要发送一条QUIT命令结束本次SMTP应用会话进程。正常情况下，收件方会返回一条代码为221的应答消息，表示服务器已接受关闭连接请求，释放本次SMTP应用会话连接。

2. POP

POP是一种用于接收电子邮件的协议，主要用于接收方从其邮件服务器上下载邮件。现在普遍使用的是POP3（即POP的第3个版本）。POP和SMTP一样，也是在客户端和服务器端之间建立一个TCP连接并完成相应操作。其操作过程与SMTP相类似，如图2-7所示。

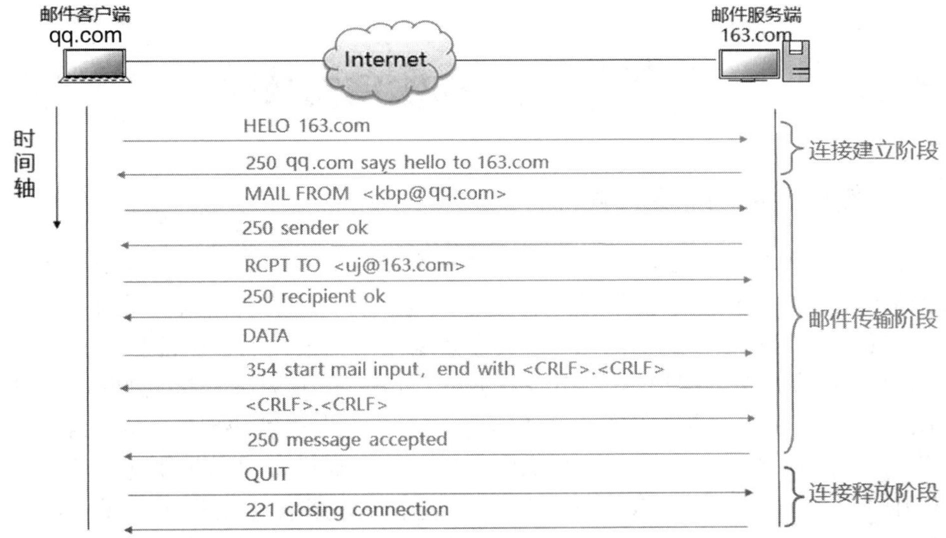

图2-7 邮件收发过程

（六）远程登录协议Telnet

Telnet（远程登录）可以让一台计算机通过网络与远程计算机相连，如同使用远程计算机的终端一样，从而使远程计算机能向本地计算机提供服务。如图2-8所示。

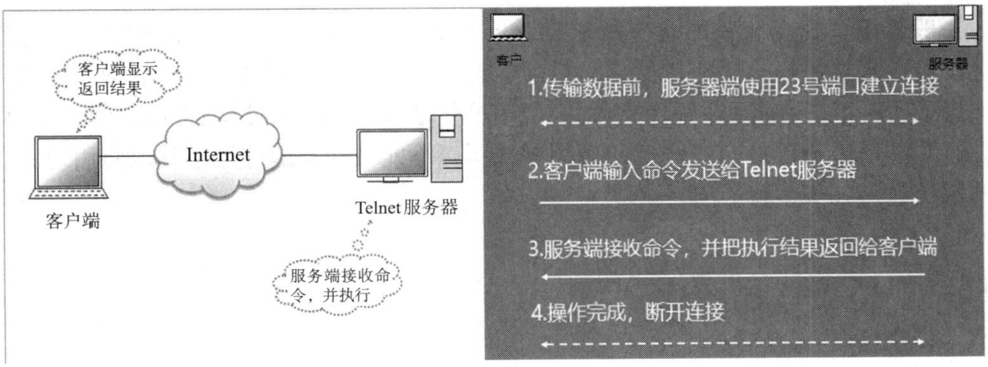

图2-8 Telnet协议

Telnet登录方式分为以下两种方式：

（1）以账户和口令访问远程主机（用户拥有全部权限）。

（2）匿名登录。

使用公共账户，不设口令，仅需输入“guest”即可登录到远程计算机上，但此时用户的权限受限。

Telnet 命令格式为：

```
Telnet <主机域名><端口号>
```

一般情况下，Telnet 服务使用TCP 端口号23 作为默认值，对于使用默认值的用户可以不输入端口号。但有时Telnet 服务设定了专用的服务器端口号，这时，在使用Telnet 命令登录时，必须输入该端口号。

任务2-4 传输层协议

（一）传输层接口与套接字

应用层上有许多应用协议，它们提供各种不同的应用功能。客户端进程发送 TCP 或UDP 请求报文时，报文中包含客户端的IP 地址、客户端进程的端口地址、服务器的IP 地址及服务器端进程的端口地址。当服务器端接收到报文后，就能根据客户端IP 地址确定是哪一台客户机，根据客户端进程的端口号就能知道是客户机上的哪一个进程发送的请求。最终，服务器端向客户端发出请求的进程作出正确的响应。因为端口号只出现在传输层，即IP 地址（逻辑地址）识别一台主机，而端口号是识别应用程序的。进程在应用层与传输层之间，TCP/IP 为每一个应用协议或者应用程序提供了唯一的端口。端口的作用就是让应用层的各种应用进程都能将其数据通过端口向下交付给传输层，以及让传输层知道应当将其报文段中的数据向上通过端口交付给应用层相应的进程。端口用一个 16 bit（0～65 535）端口号进行标识。每种应用层协议或应用程序都具备与传输层连接的唯一端口，并使用唯一的端口号将这些端口区分开来。端口根据其对应的协议或应用不同，被分配了不同的端口号。负责分配端口号的机构是Internet 编号管理局。

一般与用户密切相关的是保留端口，保留端口的端口号一般都小于1 024，它们基本上都被分配给了已知的应用协议。目前，这一类端口的分配已经被广大网络应用者接受，形成了标准，在各种网络的应用中调用这些端口就意味着使用它们所代表的应用协议。这些端口由于已经有了固定的使用者，所以不能被动态地分配给其他应用程序，典型的保留端口如表3-1 所示。

表3-1 保留端口信息

服务类型	端口号	传输层协议	内容
FTP-DATA	20	TCP/UDP	文件传输协议
FTP	21	TCP	文件传输协议
SSH	22	TCP/UDP	SSH远程登录协议
TELNET	23	TCP/UDP	远程登录协议
SMTP	25	TCP	简单邮件传输协议
DNS	53	TCP/UDP	域名系统
TFTP	69	UDP	小型文件传输协议
HTTP	80	TCP	超文本传输协议
POP3	110	TCP	邮局协议
SNMP	161	UDP	简单网络管理协议
HTTPS	443	TCP	超文本传输安全协议

（二）传输控制协议TCP

传输控制协议（transmission control protocol，TCP）是为了在主机之间实现高可靠性数据交换的传输协议。它是面向连接的端到端的可靠协议，是为了在不可靠的互联网上提供一个可靠的端到端字节流而设计的。互联网与单个网络不同，它们之间可能有截然不同的拓扑、带宽、延迟、分组大小和其他的参数。TCP的设计目标是使通信能够动态地适应互联网的这些特性，当面对不同种类的失败传输时仍然足够健壮。

TCP实现数据传输时能实现各种控制功能，例如，可以进行丢包时的重发控制，还可以对次序紊乱的分包进行顺序控制。TCP作为一种面向有连接的协议，只有在确认通信对端存在时才会发送数据，从而可以控制通信流量的浪费。为了实现可靠性传输，TCP的设计考虑了很多问题，如数据的破坏、丢包、重复以及分片顺序混乱等。为解决这些问题，TCP通过检验和、序列号、确认应答、重发控制、连接管理以及窗口控制等机制实现可靠性传输。

TCP在现代互联网中的应用范围很广，主要应用在对于数据传输可靠性要求较高的网络环境中，如远程登录，这时，客户端发出的每个命令都要在远程主机上执行，那么就希望数据的传输是可靠的。如果有不可靠的数据到达了，希望能让发送端再发送一次，从而提高可靠性。除此以外，大家所熟悉的网页浏览，使用的HTTP（超文本传输协议）服务就是依赖TCP提供可靠性的。在使用TCP时，通信方对数据的可靠性要求高，即使因此降低了一点数据传输率也是可以接受的。常用的基于TCP的应用层服务有HTTP、DNS、Telnet、SMTP、FTP等。

为了保证可靠传输，TCP实现的各种功能是依赖于它的首部数据结构的，在TCP的首部中包含了许多TCP数据段的重要信息，如果不计任何字段，它的大小通常为20 B，具体结构如图2-9所示。

bit0

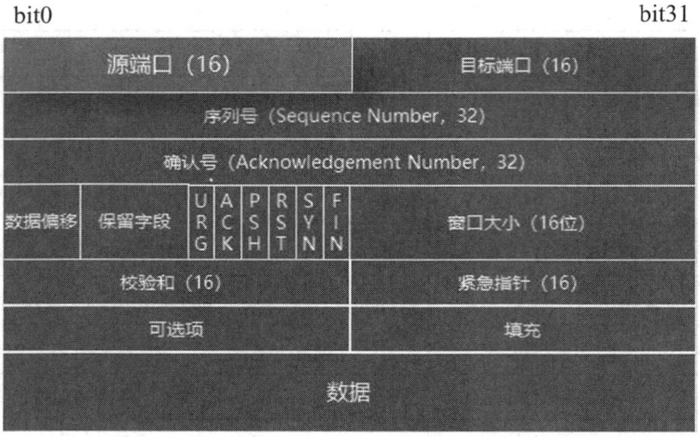

图2-9　TCP数据报格式

TCP中的源端口（source port）和目标端口（destination port）标明了一个连接的两个端点的端口号，它们的长度都是16位。源端口和目标端口合起来标识了一个连接。源端口是由发送方进程产生的一个随机数，一般使用临时端口。目标端口对应的是接收端的进程，接收端收到数据段后，根据这个端口号来确定把数据送给哪个应用程序的进程，这样才能保证数据到达正确的地方；否则，发给A程序的数据有可能被传送给B程序，整个数据传输秩序就会变得很混乱。

序列号（sequence number）占用32位。TCP从应用程序取得数据后，会根据实际传输能力将数据划分成不同的数据段。TCP用这个字段的值来给数据段打上标记，当数据到达目的地后，接收端会按照这个序列号将数据重新排列，以保证数据的正确性。

确认号（acknowledgement number）占用32位，它指定的是下一个期望收到的字节的序列号，而不是已经正确接收到的最后一个字节。虽然被分成许多数据段的数据都做了标记，但并不能保证这当中的所有段都会到达目的地。然而对接收端来讲，只要有一个段没有接收到，就不能保证数据的正确性。使用确认号可以很好地解决这个问题。确认号是对发送端的确认信息，用它来告诉发送端这个序号之前的数据段都收到了，例如，确认号是X，就是表示前X-1个数据段都收到了。如果一个数据段一直没有被确认，它将会被要求重发。这样数据的完整性就得到了保证。

保留字段（reserved field）占用6位，这部分保留位作为后续扩展功能使用，但是至今未使用。这也从另一个角度说明了TCP的设计者们考虑得很周到，根本不需要利用这个部分来修正原始设计中的错误。

数据偏移（data offset）占用4位，该字段表示TCP所传输的数据应该从TCP报文段的哪个位开始计算，当然也可以把它看作TCP的长度。此信息是必需的，因为可选项域是可变长度的，所以整个首部的长度也是随之变化的。该部分每个值的单位为4 B（即32位），如果该部分值为0110，则表示长度为24 B（6×4 B）。一般情况下TCP首部是20 B，但当要扩展首部长度大小时可以使用这个字段，比如把这4个位都置为1就得到TCP首部长度的最大值60。4位的最大值是1111换算成十进制是15，表示首部长度为15行。而每行数据有32位即4 B长，所以首部长度为15×4 B=60 B。

在保留字段的后面有6个分别是1位的字段，称之为标志位，包括URG、ACK、PSH、RST、SYN、FIN这些字段指挥着TCP连接的建立、维持与释放等功能。各部分的含义如下。

URG：紧急指针有效位，它和第5行的16位紧急指针配合使用，如果紧急指针被使用了，则URG被设为1。

ACK：确认位，只有当ACK=1时确认号字段才有效。如ACK=0，则表示该数据段不包含确认信息。

PSH：推送位，为1时要求接收方尽快将数据段送达应用层，这个标志位是为了加快特殊数据的处理速度。

RST：重置位，值为1时通知一个已经错乱的连接重新建立TCP连接。错乱的原因可能是由于主机崩溃或者其他的原因。该位也可以被用来拒绝一个无效的数据段，或者拒绝一个连接请求。一般而言，如果得到的数据段被设置了RST位，那说明用户这一端出现了问题。

SYN：同步标志位，被用于建立连接的过程。TCP需要建立连接时将这个位置为1。

FIN：结束位，当TCP完成数据传输需要断开连接时，提出断开连接的一方将这个位置为1。

窗口（window）占用16位，它说明本地可接收数据段的数目，其值的大小是可变的，当网络通畅时这个窗口值变大以提高传输速率，当网络不稳定时减小其值可保证网络数据的可靠传输，TCP中的流量控制机制就是依靠变化窗口值的大小来实现的。

校验和（checksum）占用16位，用来做差错控制，在发送数据段时，由发送端计算TCP数据段所有字节的校验和。当到达目标端时又进行一次校验和计算。若这两次校验和一致则说明数据基本是正确的。否则接收端将认为该数据已被破坏，将抛弃该数据。

紧急指针（urgent pointer）占用16位，用来确定紧急数据的最后一个字节的位置。这样接收端就可以优先快速地获取紧急数据，确保紧急数据即时到达。

可选项（options）长度可变，但长度尽量设置为32位的整数倍，可以填充为0。它表示TCP首部中附加的一些信息，用于提高TCP传输性能。因为根据数据偏移（首部长度）进行控制，所以其长度最大为40 B。常见的选项如下。

最大报文长度（maximum segment size，MSS），用于告诉对方“我的缓冲区所能接收数据段的最大长度是MSS”。

时间戳选项（time stamp option），发送方在每一个数据段中放置一个时间戳值，接收方也要返回该值，用于测量数据段的往返时间。

选择性确认选项（selective acknowledgement，SACK），使TCP只重新发送丢失的数据段，而不用发送后续所有的数据段，此选项提供相应的机制，使接收方能告诉发送方有哪些数据丢失、哪些数据重发了、哪些数据已经提前收到等。

填充（padding），主要是填充0，用于保证首部的长度是32位的整数倍，或者说保证数据部分以一个新的32位开始。

（三）用户数据报协议UDP

TCP并不是在所有的应用场景都适合，一些新的带有一定内在的脆弱性的传输层协议也被设计出来。例如，实时应用并不需要甚至无法忍受TCP的可靠传输机制。在这种类型的应用中，通常允许出现一些丢包、出错或拥塞，而不是去校正它们。通常不使用TCP的应用有实时流多媒体（如Internet广播）、实时多媒体播放器和游戏、IP电话等。任何不是很需要可靠性或者是想将功能减到最少的应用可以避免使用TCP。

例如，主机A想要给主机B发送“你好”，这个数据传输仅仅为4 B而已。但用TCP来封装、传输它，至少要加上一个20 B的首部，还要为此建立一个三次握手的连接，并且在数据传输完毕后还要进行4次断开。这样看来似乎对于一些简短的数据传输可以设计一种简单的传输协议。忽略一些可靠性考虑，提高数据传输率。在这种背景下，传输层的另一个协议UDP产生了。

用户数据报协议（user datagram protocol，UDP ）是一种面向非连接的协议。UDP有不提供数据包分组、组装和不能对数据包进行排序的缺点。分组传输顺序的检查与排序由应用层完成。UDP是一个简单的面向数据包的传输层协议，进程的每个输出操作都恰好产生一个UDP数据段，并组装成一份待发送的IP数据包。UDP不提供可靠性保障。它把应用程序传给IP层的数据发送出去，但是并不保证它们能到达目的地。由于缺乏可靠性，似乎应该避免使用UDP而使用一种可靠的协议（如TCP）。可是在小数据文件的传输中，UDP发挥了重要的作用。例如，当发送一个10 B的短消息时，用TCP和UDP都可以。可是TCP会加上至少20 B的头部数据，而且还要使用确认机制，这样数据的传输效率就较低。如果使用UDP则要加上的首部就缩减到8 B，并且没有确认机制，这就使得数据传输率大幅度提高。当然，这样提高效率付出的代价是数据传输的可靠性得不到保障。可见使用何种传输协议还需具体问题具体分析。如图2-10所示，UDP的协议格式比较简单，大大提高了传输效率。

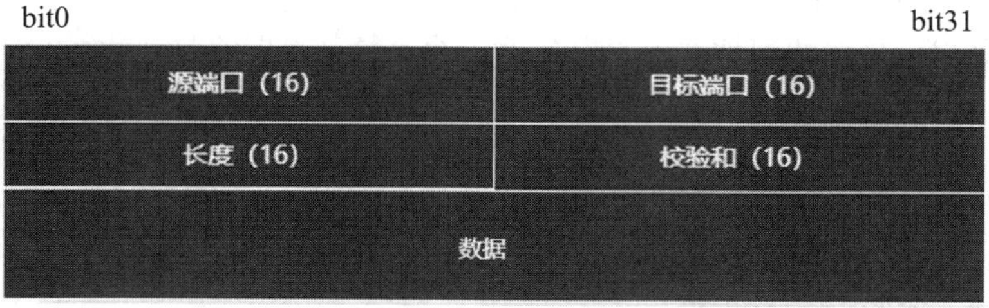

图2-10　UDP数据报格式

UDP数据报格式中，第1行0～15位是源端口号，用来标识数据发送端的进程，这和TCP的源端口号类似。16～31位是目标端口号，用来标识数据接收端的进程，这里的作用也可参照TCP。第2行0～15位是16位的UDP长度，它用来指出UDP数据段中所包含数据的大小，通过这个值可以准确地计算出数据的结束位置。16～31位是16位的UDP校验和，用来完成对UDP数据的差错检验，这是UDP提供的唯一的可靠机制，它通过计算校验和来简单判断一下到达数据的正确性，这一保证措施使得UDP的实用性大为增加。UDP的校验和是可选的。第3行是数据，它来自应用程序，它的大小可由16位的UDP长度减去UDP首部长度后得到。

UDP由于缺乏可靠性且属于非连接协议，因此它一般必须允许一定量地丢包、出错和复制出现。但有些应用，如TFTP，在一些对可靠性要求较高的场景，需要在应用层增加根本的可靠机制。但是绝大多数UDP应用都不需要可靠机制，甚至可能因为引入可靠机制而带来负面效果。如果某个应用需要很高的可靠性，那么可以用传输控制协议（TCP）来代替UDP。由于UDP缺乏拥塞控制（congestion control），因此需要基于网络的机制来减少因失控而产生的拥塞，所以像使用包队列和丢弃技术的路由器这样的网络基本设备往往就成为降低UDP大通信量的有效工具。另外，数据报拥塞控制协议（DCCP）涉及潜在的问题。除校验和外，UDP没有差错控制机制，这就表示发送端并不知道数据是丢失了还是重复发送了。当接收端使用校验和检测出差错时，就会悄悄地将此用户数据丢掉。

由于缺少流控制和差错控制，就表示使用UDP的进程必须要提供这些机制。例如，TFTP提供分块传输、分块确认的机制，保证数据传输的可靠性。在网络中有诸多应用服务使用UDP，如域名系统（DNS）、简单网络管理协议（SNMP）、动态主机配置协议（DHCP）、路由信息协议（RIP）、简单文件传输协议（TFTP）、远程过程调用（RPC）、网络时间协议（NTP）和某些影音流服务等。

DNS服务器支持TCP和UDP两种协议的查询方式，而且端口都是53。大多数的查询都是UDP查询的，一般需要TCP查询的有两种情况：一是当查询数据较大以至于产生了数据分段，这时，需要利用TCP的分片能力来进行数据传输；二是当主服务器（master）和辅服务器（slave）之间进行数据同步时。

任务2-5 网络层协议

网络层协议是计算机网络体系结构中的一个关键组成部分，它负责在不同主机之间传输数据包，确保数据能够从源头到达目的地。网络层协议主要包括IP、ICMP、IGMP等。

（一）IP

网际协议（Internet protocol，IP)精确定义了IP数据包格式，并且对数据包寻址和路由、数据包分片和重组、差错控制和处理等做出了具体的规定，IP协议的主要作用在于逻辑地标识网络节点的位置，并通过在数据封装中添加信息来表明数据的原始发送者和最终接收者。

IP地址是IP用来标识网络节点逻辑位置的工具，它是一种逻辑地址，IP负责为传输层产生的数据段封装IP数据包，在该数据包首部中主要添加了源IP地址和目的IP地址，从而指示了该数据包所要到达的目的端主机在网络上的逻辑位置。在网络运行中，每个协议层或每个协议都包含了一些供它们自己使用的信息。这些信息常置于数据的前面，被称为报头。报头中含有若干特定的信息单元，称作字段。一个字段可以包含数据包要发往的地址，或者用来描述数据到达目的地时应该对数据进行何种操作等信息。

在网络层中，数据以IP数据包的格式进行传递。其中，IP数据包格式中前面部分就是IP报头，紧接着才是IP数据包数据的有效负载。源计算机上的IP软件负责创建IP报头，而收到IP数据包的网络设备（如路由器）的IP软件则会查看IP报头中的信息，以确定数据包的目的主机IP地址，并根据路由表决定数据包的下一跳转发路径。在IP数据包从源计算机到目的主机的传输过程中，所经过的每个路由器都会维护报头中的某些部分。IPV4数据包结构如图2-11所示。

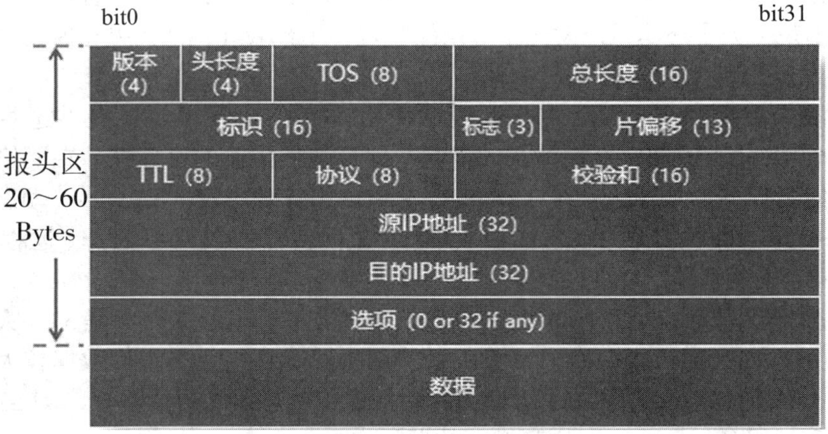

图2-11　IPV4数据包结构

1. IP地址与子网掩码

Internet将位于世界各地的大大小小的网络互连起来，而这些网络上又有许多计算机接入户，他们通过在已联网的计算机上进行操作，与Internet上的其他计算机通信或者获取网络上的信息资源。为了使用户能够方便而快捷地找到需要与其连接的计算机，首先必须解决如何识别网络主机的问题。因此，要给整个Internet的每一个网络和每一台主机分配一个Internet地址，以此屏蔽物理网络地址的差异，即通过IP地址把主机原来的物理地址隐藏起来，在网络层中使用统一的IP地址。IP提供了一种互联网通用的地址格式，该地址格式由32位的二进制数表示。IP规定的地址称为IP地址，由IP地址管理机构进行统一管理和分配，保证互联网上运行的设备不会产生地址冲突。但是，一个IP地址标识一台主机的说法并不准确。严格地讲，IP地址指定的不是一台计算机，而是计算机到一个网络的连接，因为IP地址是一个逻辑意义上的地址。因此，具有多个网络连接的互联网设备就应该有多个IP地址。多宿主主机（装有多块网卡的计算机）由于每一块网卡都可以提供一条物理链路，因此它也应该具有多个IP地址。在实际应用中，还可以将多个IP地址绑定到一条物理连接上，使一条物理连接具有多个IP地址。

2. IPv4 IP地址分类

TCP/IP使用IP地址逻辑标识网络上的节点。同时，IP通过向数据包内添加源IP地址和目的IP地址来表示数据包的来源和目的地。另外，工作在网络层上的网络设备，如路由器，可以根据IP地址学习路由信息，为数据包寻找到达目的地的最佳路径。在TCP/IP网络上，每台连接在网络上的计算机与设备都被称为主机，而主机与主机之间的沟通需要通过3个桥梁：IP地址、子网掩码和IP路由器。IPv4（版本4）的地址长度为32位，一般用4个十进制数来表示（W、X、Y、Z），每个数字占一字节，值为0～255。例如，202. 207. 136. 11就是一个标准的用点分开的十进制数表示的IP地址，IP地址的32位主要包括网络号和主机号。如果网络要与外界沟通，为了避免网络中主机所使用的IP地址与外界其他网络内的主机IP地址相同，必须为网络申请一个网络号，也就是该网络区域内的主机都使用一个相同的网络号，然后给网络中的每台主机分配唯一的主机号，这样网络中的每台主机就都有了唯一的IP地址（网络号与主机号的组合）。

在Internet中，网络数量是一个难以确定的因素，但是每个网络的规模却是比较容易确定的。众所周知，从局域网到城域网再到广域网，不同类型的网络规模差别很大，必须加以区别。因此按照网络规模的大小以及使用目的的不同，可以将Internet的IP地址分为5种类型，即A类、B类、C类、D类和E类，如图2-12所示。

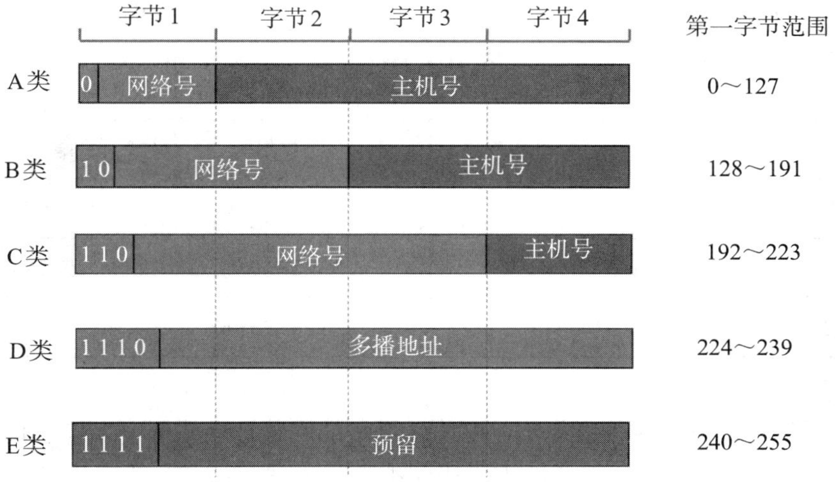

图2-12 IPv4地址分类

A类IP地址的首位以“0”开头。从第1位到第8位是它的网络位，因此第一个字节的地址范围是0～127，0是保留的，用来表示所有的IP地址，而127也是保留的地址，用于环回测试，因此A类地址的范围是1～126。用十进制表示时，1.0.0.0～126.0.0.0是A类的网络地址。A类地址的后24位用于表示主机号，因此它可以用于大型网络。

B类IP地址的前两位为“10”，从第1位到第16位是它的网络号，第1个字节的地址范围是128～191。用十进制表示时，128.0.0.0～191.255.255.255是B类的网络地址。

B类地址的后16位是主机号。

C类IP地址的前三位为“110”，从第1位到第24位是它的网络号，第1个字节的地址范围是192～223。用十进制表示时，192.0.0.0～223.255.255.255是C类的网络地址。C类地址的后8位是主机号。

D类IP地址的前4位为“1110”，第1个字节的地址范围是224～239。用十进制表示时，224.0.0.0～239.255.255.255是D类的网络地址。D类地址是一个专门保留的地址。它并不指向特定的网络，目前这一类地址被用在多点广播中。多点广播地址用来一次寻址一组计算机，它标识共享同一协议的一组计算机。

E类IP地址的前4位为“1111”，第1个字节的地址范围是240～255，用十进制表示即240.0.0.0～255.255.255.255，为将来使用保留。

在这5类IP地址中，A、B、C三类是常用地址，也就是可以正常配置给普通主机使用，而D、E两类则不能配置给普通主机使用。在分配IP地址时关于主机号有一点需要注意，主机号不可以全部为0或全部为1，因为它们有着特殊含义，当主机号全为0时表示网络地址，全为1时表示广播地址，表示网络中的所有主机。因此，在分配过程中，应该去掉这两种情况。如一个C类的网络中可包含的主机数量就是$2^8-2=254$台。

对于每一类地址中的子网掩码，可以通过将网络位置为1，主机位全部置为0计算得出。如A类网络的子网掩码为255.0.0.0，A、B、C三类IP地址的子网掩码及包含主机数量如表2-2所示。

表2-2　A、B、C三类IP地址的子网掩码与包含主机数量

IP地址类别	网络地址长度	子网掩码	包含主机数量
A类	8位	255.0.0.0	$2^{24}-2$=16 777 214
B类	16位	255.255.0.0	$2^{16}-2$=65 534
C类	24位	255.255.255.0	2^8-2=254

3. 私有地址

然而，随着Internet的迅速普及，IP地址不足的问题日趋显著。如果一直按照原有的方法采用唯一地址的话，IP地址将很快就不能满足现实需求。于是出现了一种新技术，它不要求为每一台主机或路由器分配一个固定的IP地址，而是为直接连接公网的设备配置一个固定的IP地址，对于不同私有网络或是不同局域网内可以配置重复的IP地址，但是在同一个局域网内不能出现相同的IP地址。对于在公网中能够使用的地址称为全局地址，或者公网地址。对于在私网或局域网中使用的可重复的地址称为私有地址，或者私网地址。

现在有很多单位、学校、家庭内部都采用私有IP地址，而在路由器（宽带路由器）或在必要的服务器上使用全局IP地址。而如果配有私有IP地址的主机联网时，则需要通过NAT进行地址转换，将私有地址映射为全局地址进行通信，否则就会违背IP

地址在互联网络环境中具有全局唯一性的约定。全局IP地址要在整个互联网内保持唯一性，但私有地址不需要。只要在同一个私网中保证唯一即可，但不同的私网里可以出现相同的私网地址。私有地址包含了A类、B类和C类三类地址空间中的三个小部分，如表2-3所示。

表2-3　私有地址范围

IP地址类别	网络地址长度
A类	10.0.0.0～10.255.255.255
B类	172.16.0.0～172.31.255.255
C类	192.168.0.0～192.168.255.255

4. 特殊IP地址

（1）环回地址（loopback address）：127.0.0.0/8称为环回地址。环回地址其实就是指向到主机本机的地址，最常用的环回地址是127.0.0.1，127开头的任何地址都属于环回地址，可以用Ping操作在本机上进行环路测试，用来检测网卡是否工作正常。

（2）网络地址：网络地址包含了一个有效的网络号和一个全“0”的主机号，因此不能分配给主机使用。

（3）广播地址：分为有限广播和直接广播

直接广播：包含一个有效的网络号和一个全“1”的主机号，即将IP地址中的主机号部分全部设置为1，如192.168.1.255/24，发给192.168.1.0的网络中的所有主机。

有限广播：也称受限广播地址，指32位全为“1”的IP地址，即255.255.255.255。它用于向本地网络中的所有设备广播消息。当数据被发送到广播地址时，网络中的所有设备都会接收到该消息。

（4）未指定地址：0.0.0.0/32用于表示不确定的目标或任意目标。当主机需要发送一个IP数据报时，需要将自己的地址作为源地址，但主机不知道这个地址，这时会使用到未指定地址。在某些情况下，0.0.0.0也可以用作服务器绑定的地址，表示监听所有可用的网络接口。

5. 子网掩码

利用子网掩码获得IP地址的网络号和主机号，当TCP/IP网络上的主机相互通信时，可以利用子网掩码从IP地址中得到网络号和主机号，然后判断这些主机是否处在相同的网络中，即网络号是否相同。子网掩码的构成方式即IP地址网络部分全为“1”，主机部分全为“0”，假设某主机的IP地址为202.207.136.11，计算其网络号的方法是将IP地址与子网掩码（子网掩码为255.255.255.0因为该IP地址是C类地址）相对应的二进制数进行逻辑“AND”运算。子网掩码中网络号全为1，剩余部分就是主机号。因此，IP地址202. 207. 136. 11的网络号是202. 207. 136，主机号是11，若两台主机在同一个网络内，则可以直接通信。如果不在同一个网络内，即网络号不同，则无法直接通信，必须通过具有路由功能的设备进行通信。图2-13展示了计算网络地址的具体方法。

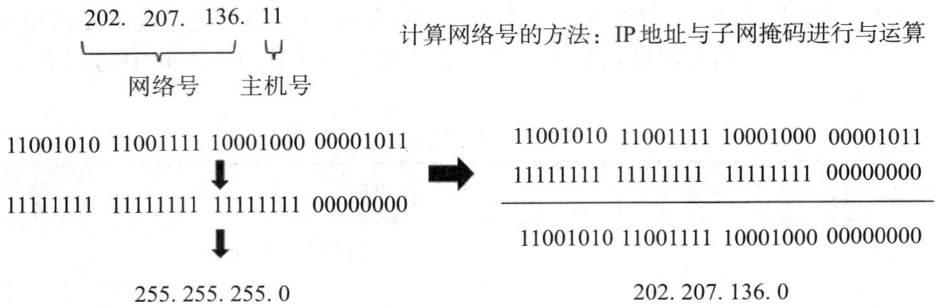

图2-13　计算网络地址的方法

6. 子网划分

子网掩码的另一个作用是将一个网络划分成几个子网，如果单位有多个分散的网络，则每个网络都需要一个单独的网络号。具体做法可以是：只申请一个网络号，然后利用子网掩码将这个网络号分割成若干子网。TCP/IP协议根据子网掩码进行划分，例如，某单位有4个分布于各地的局域网，每个网络都各有约60台主机，只申请了一个C类的网段号（如202.207.136.0）。正常的情况下，C类IP地址的子网掩码应该设为255. 255. 255. 0，这样所有的计算机必须在同一个网络内才能相互通信，而现在网络却分散在四个区域。若将分散的四个局域网通过路由器连接起来，而这四个网络的网络号又相同，会发生冲突。解决的方法就是更改子网掩码，将原来主机号的最高两位作为子网号，这时子网掩码设为255.255.255.192，注意最后一字节是192，而不是0（192的二进制值为11000000其最高的两位是11）。两个二进制位有00、01、10、11共4种组合，可划分出四个子网。这时IP地址的前3字节不变，而第4字节各不相同。

第一个子网的第4字节是00000001～00111110，即1～62；第二个子网的第4字节是01000001～01111110，即65～126；第三个子网的第4字节是10000001～10111110，即129～190；第四个子网的第4字节是11000001～11111110，即193～254。在IP地址的第4字节中，属于主机号的只有6位，还必须去掉全0和全1的地址，最高两位已成为子网号。主机数量=2^n-2（n为二进制的主机位数），本例中，n=6，故可以有2^6-2=62台主机，满足要求的每个网络有60台主机，因此，各子网所提供的IP地址范围分别如下：

第1个子网的范围为202.207.136.1～202.207.136.62；

第2个子网的范围为202.207.136.65～202.207.136.126；

第3个子网的范围为202.207.136.129～202.207.136.190；

第4个子网的范围为202.207.136.193～202.207.136.254；

子网掩码为255.255.255.192，可以将网络地址写为202.207.136.0/26，代表有26位是网络位，6位是主机位。

利用子网掩码划分子网能带来以下好处：

（1）有效利用IP地址，改进系统性能；

（2）能够增强系统的安全性；

（3）方便网络管理和故障诊断。

下面将举一个等长子网掩码划分子网的例子。

例：假设一个学校的计算机系新建了三个实验室，主机数量分别是62台、48台、50台，如图2-14所示。现给一个C类网络地址192.168.1.0/24，请将其进行子网划分，分配给这三个实验室使用。

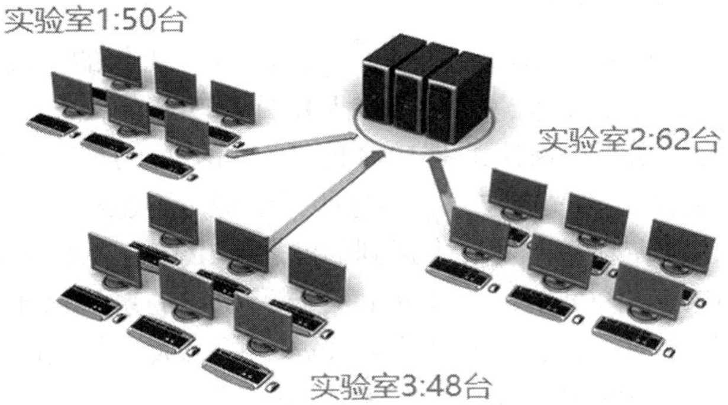

图2-14 划分子网示例

按照网络数量划分，具体的划分方法为：

$2^n \geq 3 \rightarrow n=2$，因此确定下来需要向主机位最高位借两位。最高位有00、01、10、11四种组合方式，因此可以划分4个子网，其中3个分别给三个实验室使用，各网络的网络号如下所示：

192.168.1.	00 000000
192.168.1.	01 000000
192.168.1.	10 000000
192.168.1.	11 000000

192.168.1.0/26	实验室1
192.168.1.64/26	实验室2
192.168.1.128/26	实验室3
192.168.1.192/26	

但是，我们还需要考虑到划分完子网后，各个子网里面的主机数量是否够用？我们可以用根据主机数量的方法来划分子网并进行验算。

按照主机数量划分子网，具体划分方法为：

$2^n-2 \geq 62 \rightarrow n=6$，因此确定下来在最后一个字节的8位当中主机位占6位即可满足主机数量最多的实验室3的主机数量要求，剩下的最高位两位来满足子网数量的要求。

192.168.1.	00 000000

192.168.1.0/26	实验室1
192.168.1.64/26	实验室2
192.168.1.128/26	实验室3
192.168.1.192/26	

7. IPv6 地址特性

IPv4 是目前广泛部署的互联网协议，从 1981 年最初定义到现在已经有 40 多年的时间，实践证明 IPv4 是一个非常成功的协议，其成功应用促进了互联网的飞速发展。

然而，随着互联网发展的速度与规模以及新技术应用需求的不断增长，使得互联网开始面临着 IPv4 地址空间不足、网络节点配置困难、网络安全问题、服务质量不高、移动性支持有限等一系列挑战。

随着电信网络、电视网络和计算机网络“三网融合”工作的推进及物联网技术的发展，越来越多的设备需要 IP 地址，如具备接入 IP 网络功能的汽车、手机和各种智能家用电器等。因此，最迫切需要解决的是 IPv4 地址空间不足的难题。尽管人们先后引入了子网划分、CIDR 和 NAT 等改进技术，但这些方法仍然不能从根本上解决 IP 地址短缺的问题。为了解决 IPv4 在互联网发展中遇到的问题，IETF 于 1992 年 6 月提出要制定下一代互联网协议即 IPv6。1998 年，IETF 正式发布了 IPv6 的系列标准草案。IPv6 不仅仅能解决 IPv4 地址耗尽的问题，它还试图弥补 IPv4 中的绝大多数缺陷。目前，人们正着力于进行 IPv4 与 IPv6 之间的相互通信与兼容性方面的测试。

相比 IPv4，IPv6 的主要新特性如下。

（1）巨大的地址空间。

IPv6 是为了从根本上解决 IPv4 地址耗尽的问题而制定的标准化的网际协议。IPv4 的地址长度为 32 位。而 IPv6 的地址长度则是原来的 4 倍，即 128 位，其地址空间极其广阔。

（2）性能提升。

IPv6 包首部长度采用固定的值（40 B），不再使用首部检验码。简化首部结构，减轻路由器负荷。路由器不负责做分片处理（通过路径 MTU 发现机制，仅由发送端主机进行分片）。

（3）支持即插即用功能。

即使没有 DHCP 服务器也可以实现自动分配 IP 地址的功能。

（4）采用认证与加密功能。

IPv6 集成了 IPsec 用于网络层的认证与加密，为用户提供端到端的安全保障。

（5）便于实现功能扩展。

因为 IPv6 报头之后添加了扩展报头，将 IPv4 中的选项功能转移到了可选的扩展报头中，可按照不同协议要求增加扩展头的种类，这使得 IPv6 能够很方便地实现功能扩展，例如多播和 Mobile IP 等功能。

8. IPv6 地址格式

IPv6 将首部长度变为固定的 40 B，称为基本首部。将许多不必要的功能取消了，首部的字段数减少到只有 8 个。为了减轻路由器的负担，取消了首部的检验和字段，因此路由器不必再计算校验和，提高了数据包转发效率。在基本首部的后面允许有零个或多个扩展首部。所有的扩展首部和数据合起来叫作数据报的有效载荷或净负荷，IPv6 报头格式如图 2-15 所示。

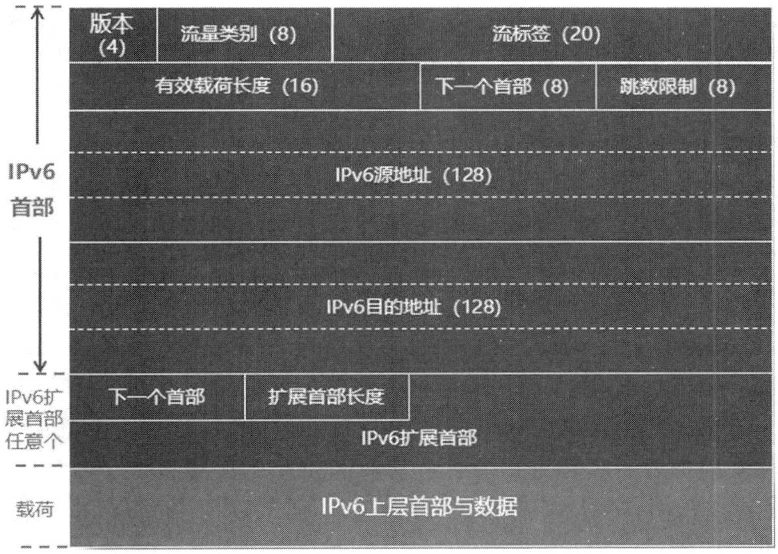

图2-15　IPv6报头格式

（1）版本（version）：长度为4位与IPv4版本类似，它的版本号为6，因此在这个字段上的值为6，二进制为0110。

（2）流量类别（traffic class）：该字段长度为8位，相当于IPv4中的TOS字段。由于TOS在IPv4中发挥的作用很少，在起初的计划中本来要删除这一部分内容，但是出于今后的研究使用考虑，最后还是保留了这一字段。它主要用于标识IPv6分组的类别和优先级。发送节点和转发路由器可以根据该字段的值来决定发生拥塞时如何更好地处理分组。例如，若由于拥塞的原因两个连续的数据报中必须丢弃一个，那么具有较低优先级的数据报将被丢弃。

（3）流标签（flow label）：长度为20位，用以支持资源预订。这里的“流”是指从特定的源节点到目标节点的单播或组播分组，所有属于同一个流的数据分组都具有相同的流标签。流标签允许路由器将每一个数据分组与一个给定的资源分配相关联，数据分组所经过路径上的每一个路由器都要保证其服务质量。在最简单的形式中，流标签可用来加速路由器对分组的处理。当路由器收到一个分组时，它不用查找路由表并用路由选择算法确定下一跳的地址，而是可以很容易地在流标签表中找到下一跳的地址。在更加复杂的形式中，流标签可用来支持实时音频和视频的传输。特别是数字形式的实时音频或视频，需要如高带宽、大缓存、长处理时间等资源。进程可以事先对这些资源进行预留，以保证实时数据不会因资源不够而被迟延。

（4）有效载荷长度（payload length）：长度为16位，表示IPv6数据报除基本头部以外的字节数。该字段能表示的最大长度为65 535 B的有效载荷，如果超过这个值，该字段会被置零。

（5）下一个首部（next header）长度为8位，相当于IPv4中的协议字段或可选字段，通常表示IP的上一层协议是TCP或UDP。在IPv6中，表示后面第一个扩展首部的协议类型。

（6）跳数限制（hop limit）：长度为8位，该字段用以保证分组不会无限期地在网络中存在，相当于IPv4中的生存时间。分组每经过一个路由器，该字段的值递减1，当跳数限制降为0时，分组将会被丢弃。

（7）源地址（source address）与目的地址（destination address）：长度均为128位，用以标识发送分组的源主机和接收分组的目标主机的IPv6地址。

（8）IPv6扩展首部：IPv6扩展报头是跟在基本IPv6报头后面的可选报头。在IPv4的报头中包含了所有的选项，因此每个中间路由器都必须检查这些选项是否存在，如果存在，就必须处理它们。这种设计方法会降低路由器转发IPv4数据包的效率。为了解决这种矛盾，在IPv6中，相关选项被移到了扩展报头中。中间路由器就不需要处理每一个可能出现的选项（在IPv6中，每一个中间路由器必须处理唯一的扩展报头是逐跳选项扩展报头），这种处理方式提高了路由器处理数据包的速度，也提高了其转发性能。而且扩展首部中还可以包含扩展首部协议及下一个扩展首部字段。由于IPv6首部中没有标识字段，在需要对IP数据报进行分片时，就可以使用扩展首部。

9. IPv6地址的表示

一般IPv6的地址长度为128位，它所能表示的地址数量的大小有$2^{128}≈3.40×10^{38}$个，这是一个天文数字，足够能给所能想象到的所有终端设备和路由交换设备分配地址。但是，如果将IPv6地址像IPv4的地址一样用十进制的方式表示的话显得有些麻烦，因此，将IPv6与IPv4在表示方法上予以区分。一般人们将128位的IPv6地址以每16位为一组，采用16进制，每组间用冒号（“:”）隔开进行标记，因此这种表示方法称为“冒号十六进制”表示方法。

下面介绍常用的IPv6地址规范的文本表示方式。

一个IPv6的地址由8个地址节组成，每节包含16个地址位，以4个十六进制数书写，节与节之间用冒号分隔。例如：

108A：0：0：0：8：800：200C：417A。

在分配某种形式的IPv6地址时，经常会发生包含长串0位的地址。为了简化包含0位地址的书写，我们一般使用“::”符号简化多个0位的16位组。“::”符号在一个地址中只能出现一次，该符号也可以用来压缩地址中前部和尾部的0，例如：

108A：0：0：0：8：800：200C：417A的压缩格式表示为108A::8:800:200C：417A
0：0：0：0：0：0：0：1 压缩格式表示为 ::1
0：0：0：0：0：0：0：0 压缩格式表示为 ::

对于108A：0：0：8：0：0：0：417A可以表示成108A::8:0:0:0:417A或者108A：0：0：8::417A，但不能表示为108A::8::417A，这样会造成不知道哪一部分有三个0。

在涉及IPv4和IPv6节点混合的这种环境时，有时候需要采用另外一种表达方式，即X：X：X：X：X：X：D：D：D：D，其中X是地址中6个高阶16位段的十六进制，D是地址中4个低阶8位字段的十进制（按照IPv4标准表示）。例如：

0：0：0：0：0：0：123.1.68.3 压缩格式表示为 ::123.1.68.3
0：0：0：0：0：FFFF：129.123.23.32 压缩格式表示为 ::FFFF：129.123.23.32

另外为了在一个URL中使用一个文本IPv6地址，文本地址应该用符号“[”和“]”来进行封闭。例如：

::13.1.68.3的URL格式表示为http://[::13.1.68.3]/index.html

（二）ICMP

互联网控制报文协议（Internet control message protocol，ICMP）是TCP/IP协议簇的一个子协议，主要用于传递控制信息和错误报告，保证IP通信的可靠和高效。

ICMP是一种面向无连接的协议，属于网络层协议，用于传输出错报告控制信息。其功能主要有：侦测远端主机是否存在、建立及维护路由资料，重导资料传送路径（ICMP重定向）、资料流量控制。通过不同的类别(Type)与代码(Code)组合，让机器来识别不同的连线状况。可以用于在主机与路由器之间传递控制信息，包括报告错误、交换受限控制和状态信息等。当遇到IP数据无法访问目标、IP路由器无法按当前的传输速率转发数据包等情况时，会自动发送ICMP消息。

已经定义的ICMP消息类型主要有以下几种。

（1）响应请求。

日常使用最多的ping，就是响应请求（Type=8）和应答（Type=0）。一台主机向一个节点发送一个Type=8的ICMP报文，如果途中没有异常（例如被路由器丢弃、目标不回应ICMP或传输失败），则目标返回Type=0的ICMP报文，说明这台主机存在，更详细的tracert通过计算ICMP报文通过的节点来确定主机与目标之间的网络距离。

（2）目标不可到达。

目标不可到达报文（Type=3）在路由器或主机不能传递数据报时使用，常见的不可到达类型还有网络不可到达（Code=0）、主机不可到达（Code=1）、协议不可到达（Code=2）等。

（3）源抑制。

源抑制充当一个控制流量的角色，它通知主机减少数据报流量，由于ICMP没有恢复传输的报文，所以只要停止该报文，主机就会逐渐恢复传输速率。

（4） 超时报文。

超时报文的代码域有两种取值：Code=0表示传输超时，Code=1表示重组分段超时。

（5）时间戳。

时间戳请求报文（Type=13）和时间戳应答报文（Type=14）用于测试两台主机之间数据报来回一次的传输时间。传输时，主机填充原始时间戳，接收方收到请求后填充接收时间戳后以Type=14的报文格式返回，发送方计算这个时间差。一些系统不响应这种报文。

ICMP是TCP/IP模型中网络层的重要成员，与IP、ARP、RARP及IGMP共同构成TCP/IP模型中的网络层。ping和tracert是两个常用网络管理命令，ping用来测试网络可达性，tracert用来显示到达目的主机的路径。ping和tracert都利用ICMP来实现网络功能，它们是把网络协议应用到日常网络管理的典型实例。

ping命令使用ICMP回送请求和应答报文，在网络可达性测试中，使用的分组网间探测命令ping能产生ICMP回送请求和应答报文。目的主机收到ICMP回送请求报文后立刻回送应答报文，若源主机能收到ICMP回送应答报文，则说明到达该主机的网络正常。

路由分析诊断程序tracert使用了ICMP时间超过（time exceeded）报文来实现其功能。tracert命令主要用来显示数据包从源主机到达目的主机所经过的路径。当执行tracert命令并指定对方主机作为目标时，返回数据包到达目的主机所经历的路径详细信息，并显示每个路径所消耗的时间。

（三）IGMP

互联网组管理协议（Internet group management protocol，IGMP）是因特网协议家族中的一个组播协议。该协议运行在主机和组播路由器之间。IGMP是TCP/IP中重要标准之一，IGMP共有三个版本，即IGMPv1、IGMPv2和IGMPv3。

组播协议包括组成员管理协议和组播路由协议。组成员管理协议用于管理组播组成员的加入和离开，组播路由协议负责在路由器之间交互信息来建立组播树。IGMP属于组成员管理协议，是组播路由器用来维护组播组成员信息的协议，运行于主机和组播路由器之间。所有IP组播系统都需要支持IGMP。

IGMP可以实现如下双向的功能：一是主机通过IGMP通知路由器希望接收或离开某个特定组播组的信息；二是路由器通过IGMP周期性地查询局域网内的组播组成员是否处于活动状态，实现所连网段组成员关系的收集与维护。

任务2-6 网络接口层协议

（一）MAC地址

1. MAC地址

MAC地址（media access control address），也称为局域网地址、MAC位址、物理地址，MAC地址可以用来确认网络设备位置的地址。在OSI参考模型中，第三层网络层负责IP地址，第二层数据链路层则负责MAC位址。MAC地址用于在网络中唯一标识一个网卡，一台设备若有一个或多个网卡，则每个网卡都需要有一个唯一的MAC地址。

MAC地址的长度为48位（6个字节），通常表示为12个16进制数，每2个16进制数之间用“:”或“-”隔开，如：01-27-EA-AE-5D-4F就是一个MAC地址，其中前3个字节，16进制数01-27-EA代表网络硬件制造商的编号，它由IEEE（电气与电子工程师协会）分配，而后3个字节，16进制数AE-5D-4F代表该制造商所制造的网络产品的系列号。MAC地址在世界是唯一的，就如同公民的身份证号码，具有唯一性。

2. MAC地址与IP地址的区别

IP地址和MAC地址的相同点是它们都唯一，不同点主要有以下4种。

（1）网络上的设备的IP地址是可以随时改变的，只需要保证一个网络中的IP地址是唯一的，不会产生冲突。而MAC地址是设备生产商出厂的时候烧录的，任一网络设备（如网卡、路由器）一旦生产出来以后，其MAC地址不可由本地连接内的配置进行修改。如果一个计算机的网卡坏了，在更换网卡之后，该计算机的MAC地址就变了。

（2）长度不同。IP地址为32位，MAC地址为48位。

（3）分配依据不同。IP地址的分配是基于网络拓扑，MAC地址的分配是基于制造商。

（4）寻址协议层不同。IP地址应用于OSI-RM第三层，即网络层，而MAC地址应用在OSI-RM第二层，即数据链路层。数据链路层协议可以使数据从一个节点传递到相同链路的另一个节点上（通过MAC地址），而网络层协议使数据可以从一个网络传递到另一个网络上。

（二）地址解析协议

数据包在Internet中转发依靠的是IP地址进行寻址，而在局域网中依靠的是MAC地址完成数据的转发，那局域网中的主机是如何知道目的主机的MAC地址的呢？这其中就运用到了地址解析协议（adress resolution protocol，ARP）。

"地址解析"就是指主机在发送帧前将目标IP转化成目标的MAC地址。在以太网中，一个主机和另一个主机进行直接通信，必须要知道目的主机的MAC地址。ARP的基本功能就是通过其提供的IP地址查询目标设备MAC地址，以保证通信的顺利进行。

但是，ARP只适用于IPv4，不能应用于IPv6。IPv6中可以使用CMPv6替代ARP进行目标MAC地址查询。

RARP（reverse address resolution protocol）是反向地址解析协议，即利用MAC地址解析出相对应的IP地址。例如，将打印机服务器等小型嵌入式设备接入到网络时就经常会用到。主机可以手动设置IP地址，也可以通过自动分配方式（DHCP）自动获取IP地址。然而，对于使用嵌入式设备时，会遇到没有任何输入接口或无法通过DHCP动态获取IP地址的情况。在类似情况下，就可以使用RARP，如图2-16所示。

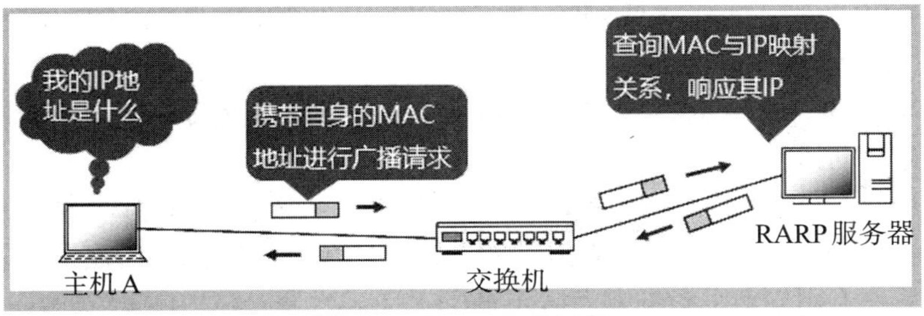

图2-16 RARP工作过程

为此，需要架设一台RARP服务器，在这台服务器上注册设备的MAC地址及其IP地址。然后再将这个设备接入到网络，插电启动设备时，该设备会发送一条"我的MAC地址是***，请告诉我，我的IP地址应该是什么"的请求信息。RARP服务器接到这个消息后返回类似于"MAC地址为***的设备，IP地址为***"的信息给这个设备。而设备就根据从RARP服务器所收到的应答信息设置自己的IP地址。

项目总结

计算机网络是一个非常复杂的系统，尤其是异构计算机系统之间的相关通信，是网络体系结构要解决的问题。国际标准化组织提出的OSI参考模型，将计算机网络分成七个层次，分别为物理层、数据链路层、网络层、传输层、会话层、表示层、应用层。TCP/IP体系结构将计算机网络划分为网络接口层、网际层、传输层和应用层四层。TCP/IP参考模型目前是工业界的事实标准，TCP/IP协议簇中，工作在网络层的协议主要有IP、ICMP、ARP和RARP，工作在传输层的协议主要是TCP和UDP。IP的主要作用是用逻辑地址（IP地址）标识网络节点的位置，以及向数据封装中添加信息以表明数据的原始发送者和最终接收者。TCP提供面向连接的可靠数据传输服务，UDP提供无连接的不可靠数据传输服务。应用层协议为用户提供了许多应用程序的接口和多种多样的服务，如域名解析协议DNS、动态主机配置协议DHCP、超文本传输协议HTTP及文件传输协议FTP等。验证两台主机之间的连通性可以使用ping命令，要观察两台主机之间的路径可以使用traceroute（tracert）命令。

拓展阅读

人工智能重塑网络生态：中国技术的突破与青年使命

当前，人工智能正以前所未有的深度重构网络技术体系。从基础大模型到实体机器人，再到通信网络革新，中国技术力量正从“跟跑者”向“领跑者”转变。

2025年1月，国产大模型DeepSeek-R1正式发布，上线仅一周即登顶应用市场下载榜，周活跃用户峰值达9 700万。依托华为昇腾芯片与自研DeepGEMM技术库，DeepSeek实现100%国产算力部署，打破西方芯片垄断；其多模态能力覆盖代码生成、方言语音识别（精度达行业领先水平）、图像解析等场景，中文理解达高考作文评分水平；更通过算法优化将训练能耗降低25%，服务定价仅为国外同类产品的1/10～1/5，让尖端AI真正“飞入寻常百姓家”。

即将发布的DeepSeek-R2，将进一步融合Agent智能体能力，推动互联网从“信息搜索”向任务自动执行跃迁。

当华为用双阶段训练AI实现95.86%的5G故障诊断精度，当6G研究在毫米波与AI融合中突破覆盖瓶颈，当Agentic Web重构“智能体驱动互联网”的底层逻辑——代表中国技术正从“应用创新”迈向“范式革命”。

在这场智能革命中，青年一代手握光纤环的精密与大模型的智慧，他们的创造不仅解开了技术枷锁，更编织着属于数字中国的未来经纬。当每个年轻人都成为技术星河中的发光体，这片土地必将升起改变世界的科技曙光。

项目习题

一、选择题

1. 在OSI参考模型中，最重要的一层是（　　）。

A. 数据链路层　　B. 会话层

C. 网络层　　D. 传输层

2. 下列四项中，不属于OSI参考模型七个层级的是（　　）。

A. 数据链路层　　B. 会话层

C. 用户层　　D. 传输层

3. OSI参考模型的（　　）为处在两个不同地理位置上的网络系统中的终端设备提供连接和路径选择。

A. 数据链路层　　B. 网络层

C. 会话层　　D. 传输层

4. ARP表用于缓存设备IP地址与MAC地址的对应关系，采用ARP表的好处是（　　）。

A. 便于测试网络连接数　　B. 减少网络维护工作量

C. 限制网络广播数量　　D. 解决网络地址冲突

5. 在网络层传输的是（　　）。

A. 分组　　B. 报文

C. 比特流　　D. 数据包

二、填空题

1. OSI-RM的中文全称为____________，它分为__________层，由低到高分别是：_________________________。

2. TCP/IP协议也采用分层体系结构，对应开放系统OSI模型的层次结构，可分为四层，依次为__________________________。

3. 网际层核心协议主要包含__________、____________、____________、ICMP控制报文协议等。

4. 计算机网络中对等实体间通信是必须遵循约定的标准协议。不同的协议有不同的功能，如____________是广泛使用的网管协议，_____________用于域名到IP地址的转换，____________是网络的一个控制报文协议，____________是超文本传输协议。

5. Telnet的默认端口号是____________，SMTP的默认端口号是_____________，HTTP的默认端口号是_____________，FTP的默认端口号是____________。

三、简答题

1. 计算机网络采用层次结构有什么好处？
2. 简述OSI参考模型的七层结构，并说明各层的主要功能。
3. 简述TCP/IP体系结构，并说明各层的主要协议。
4. 简述IP、ARP和RARP的作用和特点。
5. TCP和UDP的功能和特点是什么？
6. 什么是IP地址？IP地址由哪几部分组成？
7. IP地址有哪几类？它们是如何区分的？
8. 子网掩码的作用是什么？如何划分子网掩码？
9. 计算机网络应用层常用的协议有哪些？
10. 使用ping命令测试和检验主机的运行有哪三个测试？
11. traceroute（tracert）可以测试主机之间的路径，利用了什么原理？

四、思考题

1. 在使用HTTP协议浏览网页时，数据是如何封装的？
2. 在交换式以太网中，ARP和ICMP是如何工作的？它们有什么作用？

项目3

组建局域网

通过前两部分的知识积累，小李对网络已经有了清晰的认知，现在已经跃跃欲试要组建一个局域网了，小李首先对公司网络进行整体规划和布局，按照部门职能和所处位置进行子网划分，然后选购了局域网组建过程中需要的各种硬件设备。在这个过程中，小李不仅需要熟练使用各种设备，同时还要能够检测故障并进行简单故障排除。让我们跟着小李一起组建第一个局域网吧。

项目导读

局域网（local area network，LAN）产生于20世纪60年代末。20世纪70年代出现了一些实验性的网络，而到20世纪80年代，局域网的产品已经大量涌现，其典型代表就是以太网（Ethernet）。近年来，随着社会信息化的发展，局域网已经成为计算机网络发展的一个热点。

局域网作为一种网络类型，覆盖范围一般是方圆几千米之内，具备安装便捷、成本低、扩展方便等特点，使其在各类办公室内运用广泛。局域网可以实现文件管理、应用软件共享、打印机共享等功能，在使用过程当中，通过维护局域网网络安全，能够有效地保护资料安全，保证局域网网络能够正常稳定地运行。

项目目标

本项目以组建局域网为主要目标，需要了解局域网的构成，局域网的特点，及在局域网组建过程中用到的主要设备。

知识目标	能力目标	素质目标
1. 掌握局域网的概念及其特点； 2. 掌握局域网的参考模型与OSI参考模型之间的关系； 3. 熟练使用局域网连接设备； 4. 掌握局域网标准，对以太网有全面的认识	1. 可以独立完成局域网连接线缆的制作； 2. 可以使用网络连接设备，进行基础配置，并能进行简单的故障排查； 3. 可以完成LAN的配置	1. 激发学生学习网络的兴趣，培养自主探究、自主学习的能力； 2. 培养学生相互帮助的团队协作精神； 3. 培养学生的“大国工匠”意识

任务3-1 局域网概述

局域网覆盖有限的地理范围，一般为一个部门或单位所有，它适用于机关、公司、校园、军营、工厂等有限范围内的计算机、终端与各类信息处理设备的联网需求。局域网在组网、维护及分类及扩展等方面较为容易，系统灵活性高。

（一）局域网的特点及分类

1. 局域网的特点

（1）局域网覆盖有限的地理范围，只在一个相对独立的局部范围内联接，如一座或多座集中的建筑群内。因而适用于机关、公司、校园、军营、工厂等有限范围内的计算机、终端与各类信息处理设备的联网需求。

（2）局域网具有较高的数据传输速率（10～1 000 Mbps）、低误码率（$<10^{-8}$）的高质量数据传输环境。

（3）通信延迟时间短，可靠性较高。

（4）传输介质较多，既可用通信线路（如电话线），又可用专线（如同轴电缆、光纤、双绞线等），还可以用无线介质（如微波、激光、红外线等）等。

（5）决定局域网特性的主要技术要素是：网络拓扑结构、传输介质与介质访问控制方法。

2. 局域网的分类

若按网络使用的传输介质分类，可分为有线网和无线网；

若按网络拓扑结构分类，可分为总线拓扑、星形拓扑、环形拓扑、树状拓扑、网状拓扑等；

若按传输介质所使用的访问控制方法分类，又可分为以太网、令牌环网、FDDI网和无线局域网等。其中，以太网是当前应用最普遍的局域网技术。

（二）局域网体系结构

美国IEEE于1980年2月专门成立了局域网课题研究组，对局域网制定了美国国家标准，IEEE 802标准是IEEE 802 LAN/MAN标准委员会制定的局域网、城域网技术标准。并把它提交国际标准化组织作为国际标准的草案，1984年3月得到ISO的采纳。其中最广泛使用的有以太网、令牌环网、无线局域网等。这一系列标准中的每一个子标准都由委员会中的专门工作组负责。IEEE 802模型与OSI参考模型的对应关系如图3-1所示。

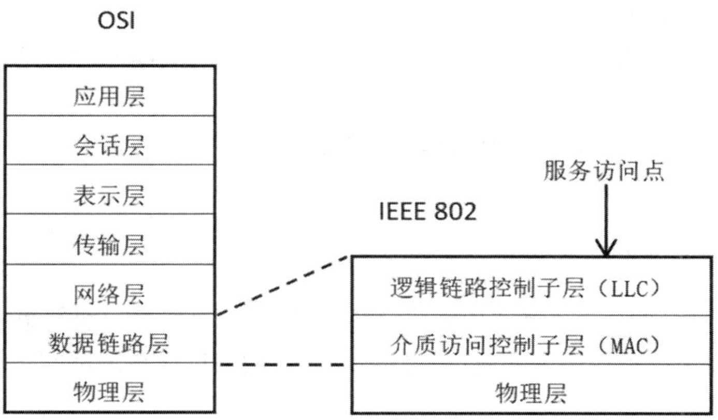

图3-1 局域网参考模型

IEEE 802标准所描述的局域网参考模型只对应OSI参考模型的数据链路层和物理层，将数据链路层划分为逻辑链路层LLC子层和介质访问控制MAC子层。

1. MAC子层

MAC是数据链路层的一个功能子层。MAC子层构成了数据链路层的下半部分，它直接与物理层相邻。它的主要功能是进行合理的信道分配，解决信道竞争问题。它在支持LLC子层时采用了介质访问控制方法，为竞争的用户分配信道使用权，并具有管理多链路的功能。

MAC子层为不同的物理介质定义了介质访问控制标准。目前，IEEE 802已规定的介质访问控制标准有著名的带冲突检测的载波监听多路访问（CSMA/CD）、令牌环（token ring）和令牌总线等。

MAC地址是物理地址（硬件地址）的划分，用来区别一个局域网上的主机，相当于一台主机的唯一标识符，通常烧制在网卡中，网卡从网上每收到一个MAC帧，首先检查其硬件地址，若与本卡的MAC地址相同，则接收，否则丢弃。

2. LLC子层

LLC也是数据链路层的一个功能子层，LLC在MAC子层的支持下向网络层提供服务，可运行于所有802局域网和城域网协议之上，LLC子层与传输介质无关，它独立于介质访问控制方法，隐藏了各种IEEE 802标准之间的差别，向网络层提供了一个统一的格式和接口。

（1）LLC子层的功能包括：

- 数据帧的组装与拆卸；
- 帧的收发；
- 差错控制；
- 数据流控制；
- 发送顺序控制。

（2）LLC子层提供四种类型的服务：

- 不确认的无连接的服务，适用于广播、组播通信，周期性数据采集；
- 面向连接的服务，适用于长文件传输；
- 待确认的无连接服务，如警告信息等等；
- 高速传送服务，适用于MAN。

（三）局域网的组成

局域网的组成包括网络硬件和网络软件两大部分。其中，硬件组成包括网络服务器、工作站、网络设备和通信介质；软件组成包括网络操作系统和网络协议。

1. 硬件组成

（1）通信介质。

通信介质是网络中信息传输的载体，是网络通信的主要物理基础。通信介质（即传输介质）即网络通信的线路，有双绞线、非屏蔽双绞线、同轴电缆和光纤四种缆线，还有短波、卫星通信等无线传输方式。

（2）网络服务器。

网络服务器是计算机局域网的核心部件，其效率高低直接影响整个网络操作系统的性能。 网络上可以根据需要配备不同数量的服务器，以提供各种服务。

对于专门的服务器而言，其主要的技术性能指标包括通信处理能力、内存容量、硬盘容量、系统容错能力、并发处理能力和高速缓存能力等。

（3）工作站。

工作站是一种高端的通用微型计算机。是指连接到网络上并运行应用程序的计算机，是数据处理的主要应用场所。另外，连接到服务器的终端也可称为工作站。

（4）网络设备。

网络设备是连接到网络中的物理实体。包括网络接口卡、中继器、集线器、网桥、交换机、路由器、网关、防火墙等。

2. 软件组成

（1）网络操作系统。

网络操作系统是管理计算机网络资源的系统软件，是网络用户与计算机网络之间的接口。除了具有单机操作系统的通常功能外，还有对整个网络的资源进行协调管理，实现计算机之间高效可靠的通信，提供各种网络服务和为网上用户提供便利的操作与管理平台等网络管理功能。

（2）网络协议。

网络协议就是网络之间沟通、交流的桥梁，只有遵循相同网络协议的计算机才能进行信息的沟通与交流。

（四）局域网标准

IEEE 802 LAN/MAN标准委员会成立于1980年2月，它的任务是制定局域网和城域网标准。IEEE 802中定义的服务和协议限定在OSI参考模型的最低两层（即物理层和数据链路层）。IEEE 802系列标准是IEEE 802 LAN/MAN标准委员会制定的局域网、城域网技术标准。其中最广泛使用的有以太网、令牌环、无线局域网等。这一系列标准中的每一个子标准都由委员会中的一个专门的工作组负责，802委员会目前有20多个分委员会，常用的标准如表3-1所示。

表3-1 IEEE系列标准

标准	内容	标准	内容
IEEE 802.1	局域网体系结构、寻址、网络互联和网络服务	IEEE 802.8	光纤技术咨询
IEEE 802.2	逻辑链路控制LLC	IEEE 802.9	综合声音/数据服务的访问控制方法及物理层规范
IEEE 802.3	以太网的介质访问控制协议（CSMA/CD）及物理层技术规范	IEEE 802.10	局域网安全技术规范，定义了网络互操作的认证和加密方法
IEEE 802.4	令牌总线网（token-bus）的介质访问控制协议及物理层技术规范	IEEE 802.11	无线局域网（WLAN）的介质访问控制协议及物理层技术规范
IEEE 802.5	令牌环（token ring）介质访问控制子层与物理层规范	IEEE 802.12	100VG-AnyLAN星形快速局域网访问控制方法和物理层规范
IEEE 802.6	城域网（MAN）介质访问控制子层与物理层规范	IEEE 802.14	采用线缆调制解调器（cable modem）的交互式电视介质访问控制协议及网络层技术规范
IEEE 802.7	宽带技术咨询组，提供有关宽带联网的技术咨询	IEEE 802.15	采用蓝牙（bluetooth）技术的无线个人网技术规范

任务3-2 局域网传输介质

可用于局域网的传输介质较多，既可用通信线路（如电话线），又可用专线（如同轴电缆、光纤、双绞线），还可以用无线介质（如微波、激光、红外线）等。

一般来说，早期的传输介质只有普通的电话线，类似于我们所见的输电线路，而网络发展的现状和未来发展的趋势是干线用光纤，支线用同轴电缆、双绞线或电话线等，至于最终选择哪种传输媒介，则根据传输速率的要求和投资预算的不同进行选择。

常见的传输线有四种基本类型：同轴电缆、双绞线、光纤和无线电波。每种类型都满足了一定的网络需要，都解决了一定的网络问题。

目前，在通信线路上使用的传输介质有：双绞线（twisted pair）、同轴电缆（coaxialcable）、大对数双绞线、光纤（optical fiber）。

无线传输介质有：无线电短波通信 、无线电微波通信、红外线通信、激光通信。

（一）双绞线电缆

双绞线（twisted pair，TP）是综合布线工程中最常用的一种传输介质。双绞线由8根不同颜色的线分成4对线绞合在一起，每对线是由两根具有绝缘保护层的铜导线组成，如图3-2所示。把两根具有绝缘保护层的铜导线按一定节距互相绞在一起，可降低信号干扰的程度，也可以减少电磁辐射与外部电磁干扰的影响。目前，双绞线可分为非屏蔽双绞线（unshielded twisted pair，UTP），和屏蔽双绞线（shielded twisted pair，STP）。

图3-2　双绞线

1. 非屏蔽双绞线与屏蔽双绞线的区别

（1）非屏蔽双绞线的特点。

无屏蔽外套，直径小，质量轻、易弯曲、串扰小、节省空间；易安装，相对独立和灵活，具有阻燃性；适用于结构化综合布线。

（2）屏蔽双绞线的特点。

屏蔽双绞线在网线内部信号线的外面包裹着一层金属网作为屏蔽层，安装过程需要正确接地；价格较高，传输速率高。

（3）非屏蔽双绞线与屏蔽双绞线的区别。

屏蔽双绞线电缆的外层由铝箔包裹，以减小辐射，但并不能完全消除辐射。

屏蔽双绞线价格相对较高，安装时要比非屏蔽双绞线电缆困难。类似于同轴电缆，它必须配有支持屏蔽功能的特殊连接器和相应的安装技术。所以，要求整个系统全部是屏蔽器件。

屏蔽层需要接地，外来的干扰信号可被该层导入大地，避免干扰信号进入内层导体造成干扰，同时降低传输信号的损耗。故建筑物需要有良好的地线系统。

2. 双绞线的类别

在EIA/TIA-568标准中，将双绞线按电气特性区分为：1类线、2类线、3类线、4类线、5类线、超5类线、6类线、超6类线、7类线及8类线。

20世纪80年代，主要使用1类、2类、3类、4类线缆，其特性如表3-2所示，这几类线缆主要用于语音传输或局域网数据传输，目前均已退出市场。

表3-2 基础线缆性能

线缆名称	1类线	2类线	3类线	4类线
传输带宽	750 kHz	1 MHz	16 MHz	20 MHz
标识	CAT1	CAT2	CAT3	CAT4
传输速率		4 Mbps	10 Mbps	16 Mbps

网络中最常用的是5类线和超5类线。7类线是最新的一种线缆，国际上只对7类线有所定义，但美国的Siemon公司已宣布开发出了8类线，8类线由该公司于1999年开发出来，但并未得到广泛应用，随着“光进铜退”趋势的发展以及光纤成本的降低，这两类线缆并未能真正发挥其作用。(5类及以上线缆的性能如表3-3所示)

表3-3 5类以上线缆的性能对比

线缆名称	5类线	超5类线	6类线	超6类线	7类线	8类线
双绞线类型	UTP	UTP和STP	UTP	STP	STP	
标识	CAT5	CAT5e	CAT6	CAT6A	CAT7	CAT8
结构特点		十字骨架	十字骨架	十字骨架	有两层屏蔽层	
传输带宽	100 MHz	100 MHz	250 MHz	200～500 MHz	600 MHz	2 GHz
传输距离	100 m	155 m	200 m			
最高传输速率	100 Mbps	1000 Mbps	1000 Mbps	1000 Mbps	10 Gbps	40 Gbps

3. 双绞线线序

EIA/TIA的布线标准中规定了两种双绞线的线序T568A与T568B。

T568A：白绿—1，绿—2，白橙—3，蓝—4，白蓝—5，橙—6，白棕—7，棕—8。

T568B：白橙—1，橙—2，白绿—3，蓝—4，白蓝—5，绿—6，白棕—7，棕—8。

事实上10 M、100 M以太网的网线只使用1、2、3、6编号的芯线传递数据，即1、2用于发送，3、6用于接收，按颜色来说：橙白、橙两条用于发送；绿白、绿两条用于接收；4、5，7、8是双向线。屏蔽双绞线十字骨架结构如图3-3所示。

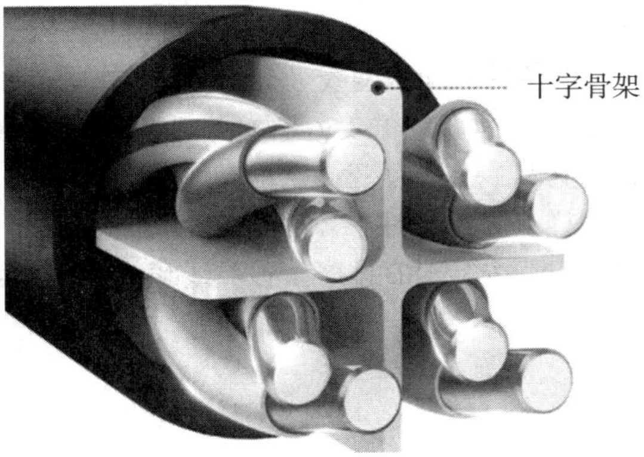

图3-3 屏蔽双绞线十字骨架结构

1 000 M网卡需要使用四对线，即8根芯线全部用于传递数据。

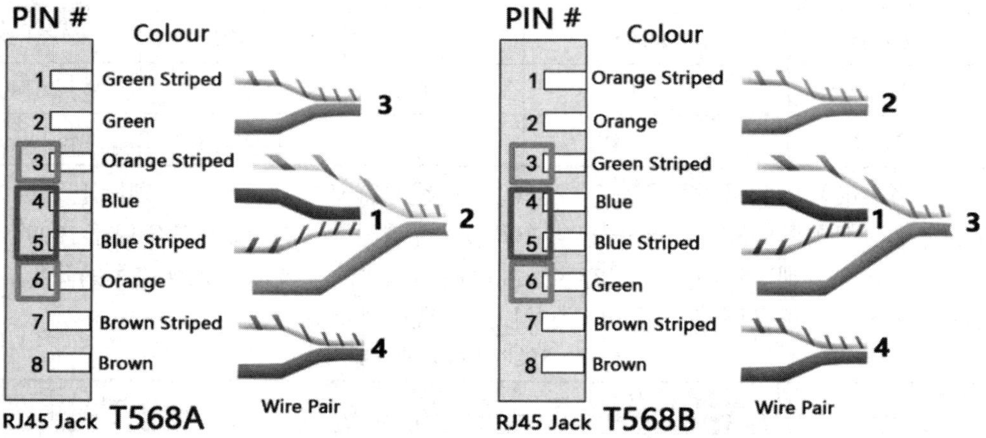

图3-4　双绞线线序

4. 水晶头端接原理和方法

RJ-45头的端接原理为：利用压线钳的机械压力使RJ-45头中的刀片首先压破线芯绝缘护套，然后再压入铜线芯中，实现刀片与线芯的电气连接。每个RJ-45头中有8个刀片，每个刀片与1个线芯连接。注意观察压接后8个刀片比压接前低。如图3-5所示。

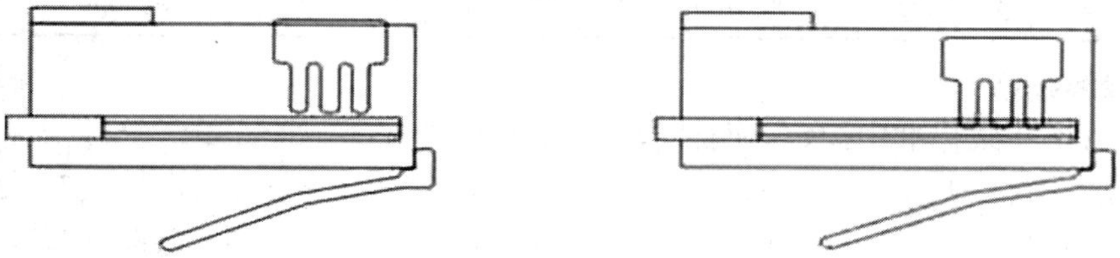

（a）RJ-45头刀片压线前位置图　　（b）RJ-45头刀片压线后位置图

图3-5　刀片压接前后位置对比图

5. 网线的不同应用场合

根据网线两端连接网络设备的不同，网线又分为直通线（平行线）和交叉线两种。

直通线（平行线）就是按前面介绍的T568A标准或T568B标准制作的网线。而交叉线的线序在直通线的基础上做了一点改变：就是在线缆的一端把1和3对调，2和6对调。即交叉线的一端保持原样（直通线序）不变，在另一端把1和3对调，2和6对调。即可以一端按T568A排序，一端按T568B排序。各类线缆的用途如表3-4所示。

表3-4 各类线缆的用途

线缆种类	直通线	交叉线	全反线
连接设备种类	主机-交换机； 路由器-交换机； 主机-集线器	主机-主机； 集线器-交换机； 交换机-交换机； 路由器-路由器； 主机-路由器	主机的COM串行口-思科路由器或交换机的Console接口

在实践中，一般可以认为：

（1）同种类型设备之间使用交叉线连接，不同类型设备之间使用直通线连接；

（2）路由器和PC属于数据终端设备（DTE）类型设备，交换机和HUB属于DCE类型设备；

（3）RJ-45遵循T568A和T568B两种国际标准，按同一标准即为直通线，不同标准即为交叉线。不管如何接线，最后完成后用RJ-45测线仪测试时，8个指示灯都应依次闪烁。

（二）大对数双绞线

大对数即多对数的意思，是指很多一对一对的电缆组成一小捆，再由很多小捆组成一大捆。

1. 大对数线缆的构成

大对数线缆一般分为3类大对数和5类大对数，具体分为：5对、10对、20对、25对、30对、50对、100对、200对及300对等规格，大对数线缆多用于弱电工程中作为语音通信主干，通常由多根互相绝缘的导线或导体构成缆芯，外部具有密封护套。有的在护套外面还装有外护层。

按敷设方式可分为架空、直埋、管道和水底等多种敷设方式；

按结构可分为对称电缆、同轴电缆和综合电缆；

按功能可分为野战电缆和永备电缆（地下、海底电缆）。

通信电缆传输频带较宽，通信容量较大，受外界干扰小，但不易检修。可传输电话、电报、数据和图像等。为用户提供更多的可用线对，并被设计为在扩展的传输距离上实现高速数据通信应用。

2. 通信线缆色谱

线缆主色为白、红、黑、黄、紫，配色为蓝、橙、绿、棕、灰，常用的25对通信线缆的标准线序如表3-5所示。

表3-5 25对大对数线序

线序	颜色	线序	颜色	线序	颜色	线序	颜色	线序	颜色
1	白蓝	2	白橙	3	白绿	4	白棕	5	白灰
6	红蓝	7	红橙	8	红绿	9	红棕	10	红灰
11	黑蓝	12	黑橙	13	黑绿	14	黑棕	15	黑灰
16	黄蓝	17	黄橙	18	黄绿	19	黄棕	20	黄灰
21	紫蓝	22	紫橙	23	紫绿	24	紫棕	25	紫灰

（三）同轴电缆

同轴电缆是由一根空心的外圆柱导体及其所包围的单根内导线组成。柱体与导线用绝缘材料隔开，其频率特性比双绞线好，能进行较高速率的传输。由于它的屏蔽性能好，抗干扰能力强，通常多用于基带传输。

同轴电缆根据其直径大小可以分为：粗同轴电缆与细同轴电缆。为了保持同轴电缆的正确电气特性，电缆屏蔽层必须接地。同时两头要有终端来削弱信号反射作用。无论是粗缆还是细缆均为总线拓扑结构，即一根缆上接多部机器，这种拓扑适用于机器密集的环境。但是当一个点发生故障时，故障会串联影响到整根缆上的所有机器，故障的诊断和修复都很麻烦。所以，逐步被非屏蔽双绞线或光缆取代。

（四）光缆

光缆是由光纤经过一定的工艺而形成的线缆，内部采用光导纤维作为传输介质，光导纤维是一种传输光束的细而柔韧的媒质。我们也可以说光导纤维电缆由一捆纤维组成，简称光缆，如图3-6所示。光缆是数据传输中最有效的一种传输介质。

图3-6　光缆

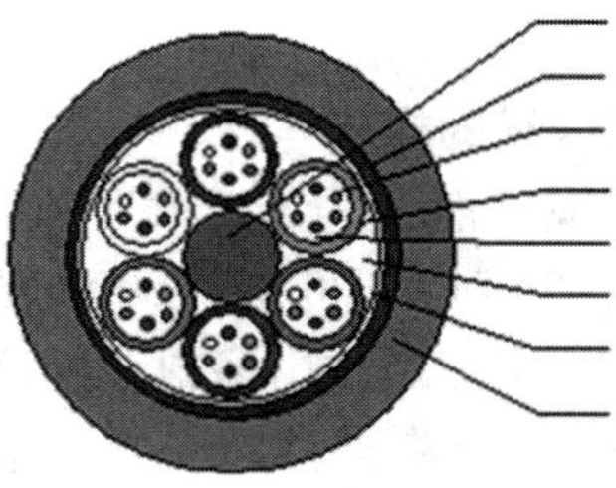

图3-7　光缆结构图

1. 光纤的结构

光纤通常是由石英玻璃制成，其横截面积很小的双层同心圆柱体部分称为纤芯，它质地脆、易断裂，由于这一缺点，需要外加一层保护层。其结构如图3-7所示。光纤传输是通过光的反射和折射原理来传输信息的技术，它利用光在光纤中的传输特性，将信息以光脉冲的形式传送。

光纤传输的基本原理是利用光的全内反射来实现信号的传输。光纤内部核心是一个或多个细长的光导纤维，其折射率较高，而外层则是由折射率较低的材料包围。当光线从折射率较高的材料传入到较低的材料时，光线会发生全内反射，并沿着光纤长度的方向传播。

2. 光纤的种类

光纤一般分为两种，一种是由玻璃制成的玻璃光纤，另一种是由塑料制成的塑料光纤。其中玻璃光纤还可分为单模光纤和多模光纤。光纤中的“模式”指的是光传播的路径，多模光纤和单模光纤的工作原理如图3-8所示。

单模光纤是指在工作波长中，只能传输一个传播模式的光纤，通常简称为单模光纤

(single mode fiber，SMF)。单模光纤的纤芯直径很小，只有8～10 μm，它只能传输一个模式的信号波，光以直线沿纤芯中心轴线方向传播，这大大减少了光反射并且降低了衰减。单模光纤比多模光纤成本更高，通常用于长距离、大容量的网络连接。在有线电视和光通信中，单模光纤是应用最广泛的光纤。

在给定的工作波长下，能够同时传输多个模式的光纤称为多模光纤（multi mode fiber，MMF）。多模光纤有比单模光纤更大的纤芯直径，为50 μm和62.5 μm，可以承载多路光信号的传送。因此多模光纤存在很大的模间色散，其传输性能较差、频带较窄、容量小，所以，多模光纤通常用于短距离传输。由于传输模式可多达几百个，与单模光纤相比，其传输带宽主要受模式色散支配。曾用于有线电视和通信系统的短距离传输。但由于多模光纤比单模光纤的纤芯直径大而且与LED等光源结合较容易，在短距离局域网传输中多模光纤仍在使用。

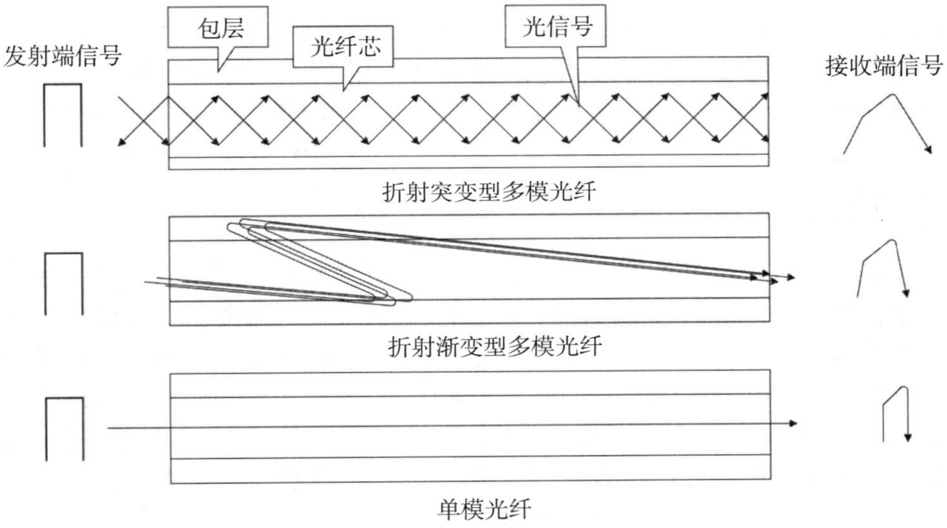

图3-8　多模光纤和单模光纤的工作原理

3. 光纤传输的优点

光缆是数据传输中最有效的一种传输介质，它有以下几个优点。首先，光纤传输的带宽非常高，可以传输大量的数据。其次，光纤传输的信号损耗非常小，可以实现长距离的传输。此外，光纤传输的抗干扰能力非常强，不受电磁干扰的影响。最后，光纤传输的体积小、重量轻，安装和维护也相对简单。

（五）无线传输介质

常用的无线通信方式有以下几种。

无线电波：无线电波是最早被用作无线传输介质的形式之一，它在自由空间（包括空气和真空）内传播，可以用于广播、电视信号传输以及其他多种通信应用。无线电波可以通过导体中电流强度的周期性改变产生，可通过调制技术将信息加载到无线电波上进行远距离传输。

微波通信：微波是在无线电波范围内的一个特定频段，其频率范围通常在300 MHz至300 GHz之间。微波因其较高的频率而被称为“超高频电磁波”，常用于电视广播、远程电话传输、GPS定位以及商业网络等领域。

红外线：红外线也是一种无线传输介质，主要用于较短距离的通信，如遥控器和某些电子设备之间的数据传输。

卫星通信：卫星通信本身不是一种具体的传输介质，但它提供了通过太空进行的无线通信能力，可以被视为一种特殊的无线传输方式。

任务3-3 局域网连接设备

随着计算机网络技术的发展，以及计算机网络在我们日常生活中的普遍应用，计算机网络无处不在地影响着我们的生活。网络设备是决定网络性能的关键设备，进行必要的配置可以保证网络的安全，提高网络传输效率和网络管理效率。华为公司相关产品在国内市场所占份额具有领先地位，本节将结合华为的网络设备及技术，对设备管理与维护进行介绍，以适应产业与行业的需求，同时树立学生们的社会责任感。

（一）集线器

集线器（hub）是计算机网络中连接多个计算机或其他设备的连接设备，是对网络进行集中管理的最小单元，集线器的基本工作原理是使用广播技术，即从任一个端口收到一个数据包后，它都将此数据包广播发送到其他的所有端口。如图3-9所示为16路RS232集线器，该集线器有多个用户端口，所有网络站点都连接到一个中心点。集线器一般有4、8、16、24、32等数量的RJ-45接口，适用于双绞线构建的网络，通过这些接口，集线器便能为相应数量的电脑完成“中继”功能（将已经衰减得不完整的信号经过整理，重新产生出完整的信号再继续传送）。

图3-9　16路RS232集线器

（二）交换机

交换机（switch）同样处于网络的中心，多台计算机利用交换机传递数据时，可以同时进行数据的发送。如图3-10所示为华为24口三层交换机，拥有4、8、16、24、32等数量的RJ-45接口，可以用来连接不同传输速率的网络。

图3-10 华为24口三层交换机

不同的设备厂商有不同的设备系列，不同型号交换机的外形结构也不同，具体可以参考不同产品的说明。常用的交换机有两种类型：二层交换机和三层交换机。

二层交换机工作于OSI参考模型的第2层，属于数据链路层设备，故称为二层交换机。它可以识别数据包中的MAC地址信息，根据MAC地址进行转发，并将这些MAC地址与对应的端口记录在自己内部的一个地址表中。在华为的产品线中，二层交换机主要有S1700系列和S2700系列。

三层交换机是具有部分路由器功能的交换机。三层交换机最主要的作用是加快局域网内部的数据交换速度，能够做到一次路由、多次转发。数据包转发等规律性的过程由硬件高速实现，而像路由信息更新、路由表维护、路由计算、路由确定等功能则由软件实现，即三层交换技术是二层交换技术＋三层转发技术。在华为的产品线中，三层交换机主要有S3700系列和S5700系列。

交换机最大的特点是可以将一个局域网划分成多个网段，每个端口可以构成一个网段，每一个连接到交换机上的设备都可以享用自己的专用带宽，不会产生冲突。交换机是专门为计算机之间能够相互高速通信且独享带宽而设计的一种包交换的网络设备。

交换机可按以下3种方式分类。

1. 按转发方式分类

数据包的转发方式主要分为“直通式转发”（也称准直通式转发）和“存储式转发”。由于不同的转发方式适应于不同的网络环境，因此，应当根据自己的需要作出相应的选择。直通式转发只检查数据包的包头，不需要存储，所以具有延迟小，交换速度快的优点。存储式转发在处理时延时较大，但它可以对进入交换机的数据包进行错误检测，并且能支持不同速度的输入/输出端口间的交换，有效地改善网络性能。同时这种交换方式还能支持不同速度端口间的转换，保持高速端口和低速端口间的协同工作。

2. 按管理功能分类

交换机的管理功能体现在交换机如何控制用户访问交换机，以及系统管理人员通过软件对交换机的可管理程度上。主要分为网管型交换机和非网管型交换机。

3. 按端口分类

主要分为固定端口交换机和模块化交换机。交换机与集线器一样，也有端口带宽的概念，但这里所指的带宽与集线器的端口带宽不一样，因为这里交换机上所指的端口带宽是独享的，而集线器上的端口带宽是共享的。交换机的端口带宽目前主要包括10 Mbps、100 Mbps和1 000 Mbps三种，但就这三种带宽又有不同的组合形式，以满足不同类型网络的需要。

（三）路由器

路由器工作在OSI-RM体系结构中的网络层（图3-11），这意味着它可以通过IP寻址在不同网络间路由数据包。路由器通过在相对独立的网络中交换具体协议的信息来实现这个目标。比起网桥，路由器不但能过滤和分隔网络信息流、连接网络分支，还能访问数据包中更多的信息。并且用来提高数据包的传输效率。路由表包含有网络地址、连接信息、路径信息和发送代价等。路由器比网桥慢，主要用于广域网或广域网与局域网的互联。

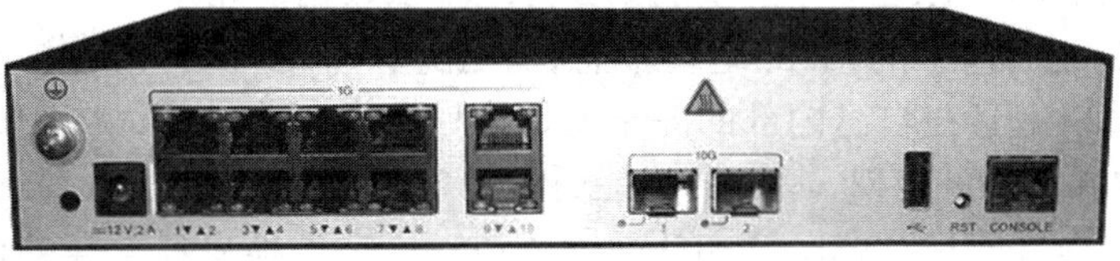

图3-11　华为路由器

1. 路由器分类

（1）按照性能档次划分，可分为高、中、低档路由器。

（2）从功能上划分，可将路由器分为“骨干路由器”、“企业级路由器”和“接入级路由器”。

（3）按所处网络位置划分，通常把路由器分为“边界路由器”和“中间节点路由器”。

2. 路由器的作用

路由器用于连接多个逻辑上分开的网络，所谓逻辑网络是指一个单独的网络或多个子网。当数据从一个子网传输到另一个子网时，可通过路由器来完成。路由器具有判断网络地址和选择路径的功能，它能在多网络互联环境中建立灵活的连接，可用完全不同的数据分组和介质访问方法连接各种子网。路由器只接收源站或其他路由器的信息，而不关心各子网使用的硬件设备，但要求运行与网络层协议相一致的软件。

路由器的主要工作是为经过路由器的每个数据帧寻找一条最佳传输路径，并将数据有效地传送到目的站点。由此可见，路由器的主要工作是选择最佳路径的策略也就是路由算法。

路由器中保存着各种传输路径数据的表格——路由表（routing table），供路由选择时使用。路由表中保存着子网的标志信息、网上路由器的个数和下一个路由器的名字等内容。

路由表可以由系统管理员固定设置，也可以由系统动态修改或由路由器自动调整，还可以由主机控制。根据路由表设置的方式可以进行如下分类。

（1）静态路由表。由系统管理员事先设置好的固定的路由表称为静态路由表，一般是在系统安装时根据网络的配置情况预先设定的，它不会随网络结构的改变而改变。

（2）动态路由表。根据网络系统的运行情况而自动调整的路由表称为动态路由表。

路由器根据路由协议（routing protocol）提供的功能自动学习和记忆网络的运行情况，在需要时自动计算数据传输的最佳路径。

（四）网卡

网卡，又称网络适配器或网络接口卡。通过网卡，计算机可以相互连接并相互通信。网卡的主要功能是处理计算机上发往网线上的数据，按照特定的网络协议将数据分解为适当大小的数据包，然后发送到网络上去。每块网卡上都有一个唯一的网络节点地址，该地址保存在网卡的ROM中。

目前市面上见到的低端网卡都是以太网卡。按照传输速度，网卡可分为10 Mbps网卡、10/100 Mbps自适应网卡以及1 000 Mbps网卡。常用的是10/100 Mbps网卡和10/100 Mbps自适应网卡两种，其中10 Mbps网卡的价格一般在50元以下，10/100 Mbps自适应网卡的价格一般为100元以下。虽然价格上相差不大，但10/100 Mbps自适应网卡在各方面都要优于10 Mbps网卡。1 000 Mbps网卡主要用于高速服务器，很少用到，在此不多做介绍。

按照主板上的总线类型，网卡可分为ISA、PCI等类型。ISA网卡又可分为8位网卡和16位网卡两种。PCI网卡可分为10 Mbps PCI网卡和10/100 Mbps PCI自适应网卡两种类型。

按其网线的接头接口类型，网卡可分为RJ-45水晶头接口、BNC细缆接口、AUI（收发器）接口以及集成了这几种接口类型的2合1、3合1网卡。

RJ-45接口是采用10BASE-T双绞线的网络接口。它的一端是计算机网卡的RJ-45接口，另一端连接集线器上的RJ-45插口。BNC接口则是采用10BASE-2同轴电缆的接口，它同带有螺旋凹槽的同轴电缆上的金属接头相连，如T形头等。AUI接头很少使用，在此不多做介绍。

USB总线分为USB 2.0和USB 1.0标准。USB 1.0标准的传输速率的理论值只有12 Mbps，而USB 2.0标准的传输速率高达480 Mbps。如图3-12所示为华为网络适配器。

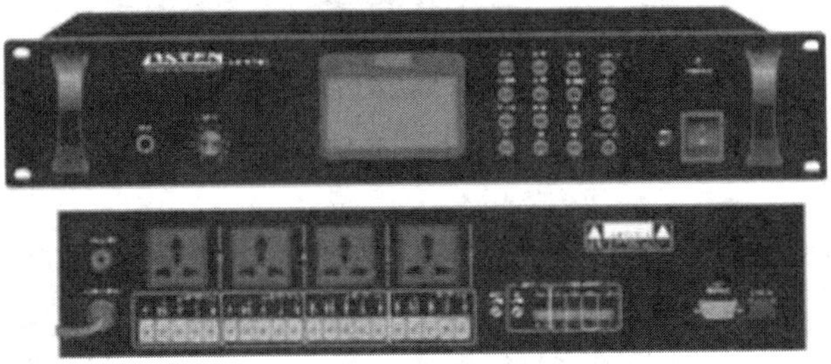

图3-12　华为网络适配器

（五）服务器

服务器是网络上储存了所有必要信息的计算机或其他网络设备，专用于提供特定的服务。例如，数据库服务器中储存了与某些数据库相关的所有数据和软件，允许其他网络设备对其进行访问，并处理对数据库的访问；文档服务器是计算机和存储设备的组合，专用于供该网络上的任何用户将文档储存到服务器中；打印服务器是对一台或多台打印机进行管理的设备；而网络服务器就是对网络传输进行管理的计算机。

目前，按照体系架构来区分，服务器主要分为两类：非X86服务器和X86服务器。

按照服务器在网络中应用的层次（或服务器的档次）可分为入门级服务器、工作组级服务器、部门级服务器和企业级服务器。

如图3-13所示为华为RH服务器，为1U机架式服务器，电源为460 W铂金交流电源模块，内存为4根16 GB RDIMM。

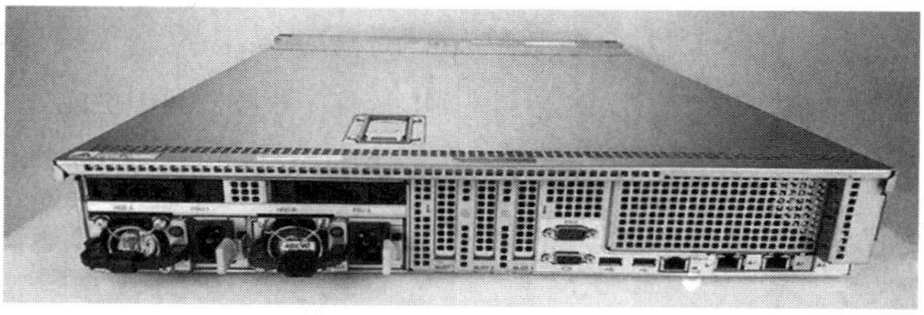

图3-13　华为RH服务器

（六）网桥

网桥是根据物理地址过滤和转发数据包的连接设备（图3-14），它工作于OSI参考模型的数据链路层（对应于TCP/IP网络的网络访问层）。网桥会监听它所连接的每个网段，建立一个表来反映物理地址位于哪个网段。当数据在传输时，网桥会查看数据的目标地址，并与路由表进行比较。如果目标地址在同一个网段上时，网桥就忽略这个数据；如果目标地址在不同的网段，网桥就把数据转发到适当的网段；如果目标地址不在路由表里，网桥就会把数据转发到除源网段之外的全部网段。

图3-14　网桥

（七）中继器

中继器（repeater）是工作在物理层上的连接设备（图3-15）。适用于完全相同的两个网络的互联，主要功能是通过对数据信号的重新发送或者转发，来扩大网络传输的距离。 中继器是对信号进行再生和还原的网络设备。

中继器是在局域网环境下用来延长网络距离的，但是它属于网络互联设备，操作在OSI参考模型的物理层，中继器对在线路上的信号具有放大、再生的功能，用于扩展局域网网段的长度（仅用于连接相同的局域网网段）。

中继器是连接网络线路的一种装置，常用于两个网络节点之间物理信号的双向转发工作。中继器主要完成物理层的功能，负责在两个节点的物理层上按位传递信息，完成信号的复制、调整和放大功能，以此来延长网络的长度。由于存在损耗，在线路上传输的信号功率会逐渐衰减，衰减到一定程度时将造成信号失真，甚至产生接收错误。

图3-15 中继器

任务3-4 介质访问控制方式

从通信介质（通信，介质）的使用方法来看，网络可分为共享介质型和非共享介质型。共享介质型网络是由多个设备共享一个通信介质的一种网络。最早的以太网就是介质共享型网络。在这种方式下，设备之间使用同一个载波信道进行发送和接收。为此，基本上采用半双工通信方式，并有必要对介质进行访问控制。

后来随着对数据传输速率和质量要求的提高，以及为了满足大量用户随时随地、灵活便捷地接入互联网的要求，无线局域网（wireless local area network，WLAN）应运而生。无线局域网的覆盖范围可以是家庭、办公室、校园等区域。

（一）介质访问控制方法CSMA/CD

CSMA/CD（carrier sense multiple access/collision detection），即载波监听多路访问和冲突检测，是早期共享式以太网用于解决冲突的协议（如10BASE-2/10BASE-5标准的网络），即介质访问控制的一种方式。共享式以太网的典型代表是使用总线拓扑传统以太网和使用双绞线并用集线器连接的星形以太网，而后者在物理结构上是星形拓扑，而在逻辑上网内的主机依然在同一条总线上。共享式网络的工作方式是当网络中的一个节点要向另一个节点发送数据时，发送数据的节点就会在整个网络上广播相应的数据。其他节点都进行收听，并查看自己是否是数据的接收者，如果是，就保存这些数据；如果不是，就忽略这些数据。

同时，这种总线拓扑结构的特点决定了整个网络都处于同一个冲突域，若有两台主机要同时发送数据，则必然会产生冲突。这种情况就好比是几个人在开会，要求在会场只能有一个人讲话，如果有多个人讲话就会出现干扰，造成混乱，谁也听不清说什么。

所以一个人讲话前，必须要先听一听，确认没有其他人讲话，他才发言。如果有人讲话，就等待其讲完他才能发言。

为解决共享式以太网的这一冲突问题，引入了CSMA/CD解决方式。CSMA/CD属于争用方式，即发送端需要争夺获取数据传输的权力。这种方法通常让网络中的各个站采用先到先得的方式占用信道发送数据，如果多个站同时发送帧，则会产生冲突现象，因此导致网络拥堵与性能下降。这种方式适用于半双工的通信模式。CSMA/CD的工作原理可概括成四句话，即先听后发，边发边听，冲突停发，随机延迟后重发。具体过程如图3-16所示。

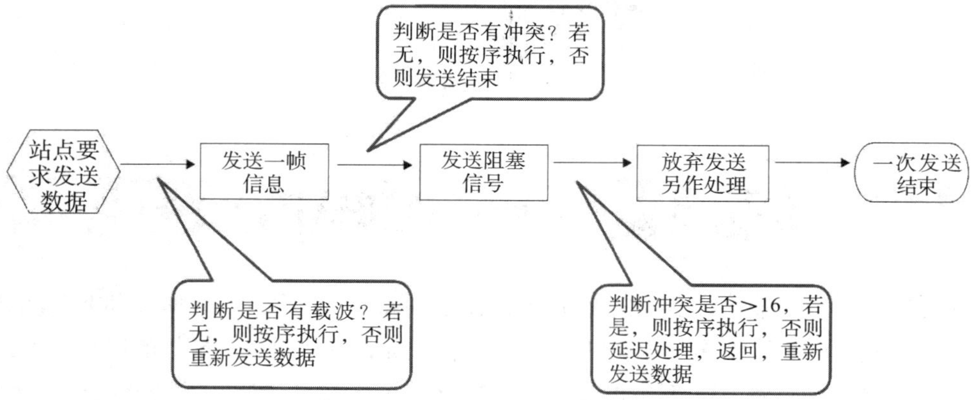

图3-16　CSMA/CD的工作原理

先听后发：当一个站点要发送数据时，先检测网络是否有其他站点正在传输，即监听信道是否空闲。如果信道忙，则等待，直到信道空闲；如果信道空闲，站点就开始传输数据。

边听边发：在发送数据的同时，站点继续监听网络，确保没有其他站点在同时传输数据，因为有可能两个或多个站点都同时检测到网络空闲然后几乎在同一时刻开始传输数据。如果两个或多个站点同时发送数据，就会产生冲突。

冲突停发：当一个传输节点识别出一个冲突时，就放弃发送数据，并发送一个拥塞信号，这个信号使得冲突的时间足够长，以便其他的节点都能发现。

随机延迟后重发：放弃发送以后，随机延时一段时间，再重新争用介质以发送数据。

在CSMA/CD介质访问控制方法中，每个节点都处于平等的地位去竞争传输介质，这使得网络维护方便，增删节点容易。负载较少时，要发送信息的节点可以立即获得访问控制权限，效率较高。但是当负载多时，容易出现冲突，导致传输效率和有效带宽大为降低。

起初以太网的访问控制一般以半双工通信为前提采用CSMA/CD方式。CSMA/CD的前身与以太网同步使用，主要用来解决冲突检查的问题。然而，这时的CSMA/CD同时也成为了以太网高速化的一个主要瓶颈。即使出现了传输速率达100 Mbps的FDDI，以太网仍然滞留在10 Mbps的速度上，以至于人们一度认为要想获取更高速的网络，只能放弃以太网另寻出路。但这种状况并没有持续太久，随着ATM交换技术的进步和CAT5 UTP电缆的普及很快就被打破。以太网的结构也发生了变化，逐渐采用像共享介质网络那样直接与交换机连接的方式，于是，冲突检查不再是必要内容，网络变得更加高速，并且没有交换机的半双工通信方式以及使用同轴电缆的总线型连接方式已渐渐退出舞台，使用范围逐渐减少。

现代的以太网都是交换式的，它以二层交换机为核心（取代了集线器的位置），交换机的每个端口都是一个独立的冲突域，假如这个端口连接唯一的一台主机，那么用于解决共享式以太网冲突的CSMA/CD协议就没有用武之地了。并且交换机可以用两条线路分别用于发送和接收，即全双工模式。当然，如果手动设定网卡以半双工模式工作，或者是网卡不支持全双工模式，或者这个端口连接的是一个集线器，那么这个端口必须工作在半双工模式。事实上，在IEEE 802. 3标准中有这样的规定，即在全双工模式下，不使用（实现）在传统共享式局域网中用于仲裁的CSMA/CD协议。

（二）介质访问控制方法CSMA/CA

传统的CSMA/CD协议成功地应用于有线连接的局域网，但无线局域网不能简单地搬用CSMA/CD协议，这是为什么呢？原因主要有以下几点：

第一，CSMA/CD协议要求一个站点在发送本站数据的同时还必须不间断地检测信道，以便发现是否有其他的站点也在发送数据，这样才能实现冲突检测的功能。但在无线局域网的设备中要实现这种功能花费过大。

第二，更重要的是，即使能够实现冲突检测的功能，且在发送数据包时检测到信道是空闲的，但是，由于无线电波能够向所有的方向传播，且其传播距离受限，在接收端仍然有可能发生冲突，从而产生隐藏站问题和暴露站问题。

此外，由于传输条件特殊，无线信道造成信号强度的动态范围非常大。这就使发送站无法使用冲突检测的方法来确定是否发生了碰撞。

因此，无线局域网不能使用CSMA/CD协议，而是以此为基础，制定出更适合无线网络共享信道的载波监听多路访问/冲突避免（CSMA/CA）协议。CSMA/CA协议利用ACK信号来避免冲突的发生，也就是说，只有当客户端收到网络上返回的ACK信号后，才确认送出的数据已经正确到达目的地。

CSMA/CA（carrier sense multiple access with collision avoidance，带有冲突避免的载波侦听多路访问）是一种数据传输时避免各站点之间数据传输冲突的算法，其特点是发送包的同时不能检测到信道上有无冲突，只能尽量“避免”。例如，如果计算机A和计算机C同时给计算机B发送一个控制消息，它们将同时到达计算机B，导致冲突的发生。当这种冲突发生时，发送者可以随机等待一段时间，然后重发控制消息。因为控制消息比数据包要短得多，所以发生第二次冲突的可能性也要比传统以太网要小很多。最终将有一个控制消息正确到达，然后计算机B发送一个响应消息。通常CSMA/CA利用ACK信号来避免冲突的发生，也就是说，只有当客户端收到网络上返回的ACK信号后才确认送出的数据已经正确到达目的地（图3-17）。

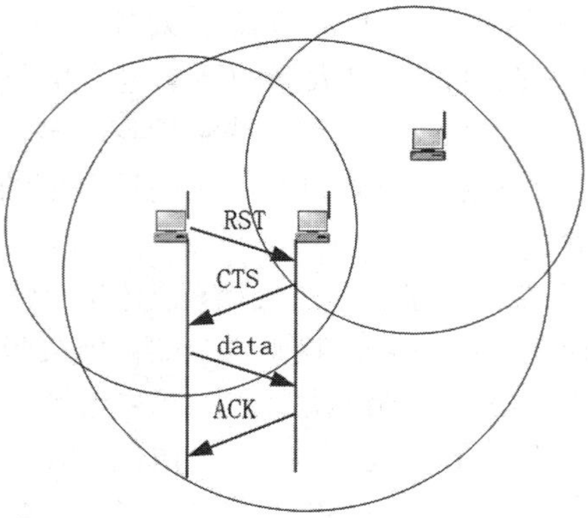

图3-17　无线局域网CSMA/CA工作原理

IEEE 802.11标准为数据帧定义了不同的信道使用优先级，使用三种不同的时间参数：短帧间隔SIFS、长帧间隔DIFS和点协同间隔PIFS。SIFS最短，使用它作为等待时延的节点将用最高的信道使用优先级来发送数据帧。网络中的控制帧以及对所接收数据的确认帧都采用SIFS作为发送之前的等待时延。DIFS最长，所有的数据帧都采用DIFS作为等待时延。PIFS具有中等级别的优先级，主要用作AP定期向服务区内发送管理帧或探测帧所用的等待时延。

CSMA/CA协议的主要工作流程：

（1）当主机需要发送一个数据帧时，首先检测信道，在持续检测到信道空闲达一个DIFS之后，主机发送数据帧。接收主机正确接收到该数据帧，等待一个SIFS后马上发出对该数据帧的确认。若源站在规定时间内没有收到确认帧ACK，就必须重传此帧，直到收到确认为止，或者经过若干次重传失败后放弃发送。

（2）当一个站检测到正在信道中传送的MAC帧首部的“持续时间”字段时，就调整自己的网络分配向量（network allocation vector，NAV）。NAV指出了必须经过多少时间才能完成这次传输，才能使信道转入空闲状态。因此，信道处于忙态，通常是由于物理层的载波监听检测到信道忙，或者是由于MAC层的虚拟载波监听机制指出了信道忙。CSMA/CA协议的工作原理如图3-18所示。

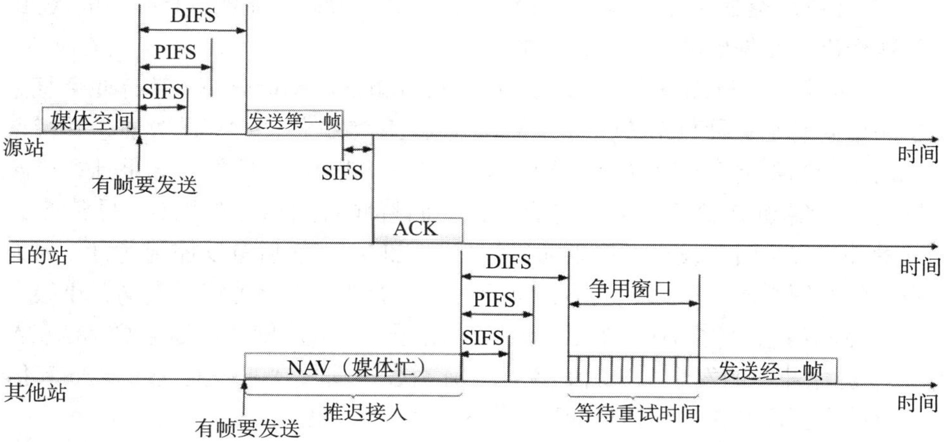

图3-18　CSMA/CA协议的工作原理

（三）令牌访问控制方式

1. 令牌环

令牌环是一种环形拓扑结构的局域网，其数据传输遵循IEEE 802.5标准。在这种结构中，网络上的所有节点被连接成一个闭环，数据按照一定的方向和顺序逐个节点进行传输。令牌环的主要优点是具有确定的最大传输延迟，并且可以防止网络上的冲突。

在令牌环中，网络上的每个节点都有一个优先级，节点只有在获得“令牌”后才能发送数据。令牌是一个特殊的数据帧，在网络上不断传递。当一个节点完成数据发送后，它将令牌传递给下一个节点，否则将令牌传递给上一个节点。如果没有数据需要发送，节点将令牌传递给下一个节点（图3-19）。

（1）令牌环的优点。

①具有确定的最大传输延迟；

②可以防止网络上的冲突；

③适用于高带宽和实时应用。

（2）令牌环的缺点。

①实现过程较为复杂；

②需要维护令牌的传递；

③网络扩展性较差。

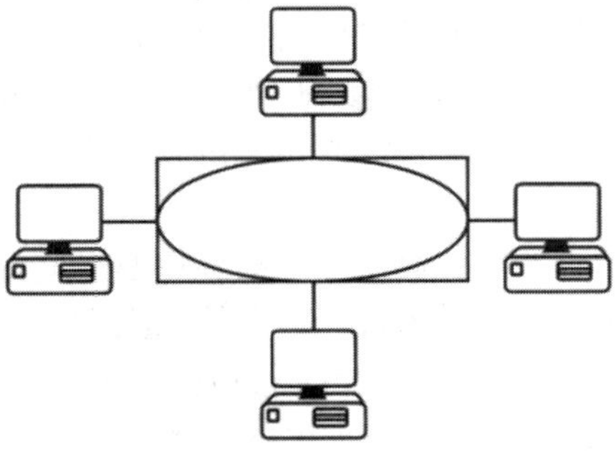

图3-19 令牌环

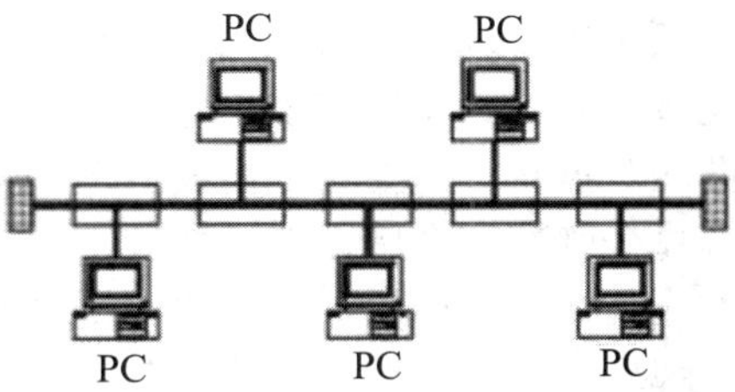

图3-20 令牌总线

2. 令牌总线

（1）令牌总线简介。

令牌总线是一种总线拓扑结构的局域网，其数据传输遵循IEEE 802.4标准。在这种结构中，所有节点共享同一条总线，数据以广播方式发送到所有节点。令牌总线的主要优点是易于扩展和安装，并且传输介质成本较低。

（2）令牌总线的工作原理。

在令牌总线中，每个节点轮流获得“令牌”，持有令牌的节点可以发送数据。当节点发送完数据后，它将令牌传递给下一个节点。如果没有数据需要发送，节点将令牌传递给下一个节点。与CSMA/CD类似，如果多个节点同时发送数据，将会发生冲突（图3-20）。

（3）令牌总线的优点。

①易于扩展和安装；

②传输介质成本较低；

③可以防止网络上的冲突。

（4）令牌总线的缺点。

①传输延迟不确定；

②需要协调节点之间的令牌传递；

③对网络负载较为敏感。

在局域网中，冲突主要来源于多个节点同时发送数据。当多个节点在同一时间尝试访问网络时，数据信号会发生碰撞，导致数据传输失败。

3. 令牌环和令牌总线的区别

令牌环和令牌总线中的冲突问题及解决方法如下。

（1）令牌环的冲突解决方法：令牌环中的每个节点都具备一种机制来监控环路上的信号。当节点检测到环路上的信号出现异常时，如两个数据帧相撞，该节点将发送一个特殊帧来通知其他节点环路已经发生冲突。为了避免冲突，可以采用一些策略。例如，可以在网络中设置一个或多个主节点，这些主节点拥有较高的优先级，可以控制数据传输的起始和结束时间。此外，还可以采用动态调整节点优先级的方法来减少冲突。

（2）令牌总线中的冲突解决方法：在令牌总线中，当节点检测到冲突时，它们会发送一个特殊的控制帧来通知其他节点。然后，发生冲突的节点将重新发送数据。当检测到冲突后，节点可以采用退避策略来延迟发送数据。退避时间的长短可以根据网络负载和冲突频率进行调整。常用的退避算法有二进制指数退避算法等。为不同节点分配不同的优先级，可以减少冲突发生的概率。优先级高的节点可以获得更多的发送机会，而优先级低的节点在等待发送时需要遵循一定的规则。

解决令牌环和令牌总线中的冲突问题需要结合冲突检测、预防措施以及退避策略等多种方法。在实际应用中，需要根据网络的具体情况和需求选择适合的解决方法。

令牌环和令牌总线在网络中各有其独特的应用场景。令牌环特别适合于隔离或专用网络，在这些场景中需要提供可预测且可靠的性能，并且要避免外部来源的干扰。例如，制造业、运输业和国防等行业，在这些行业中，通信是至关重要的，并且需要避免其他网络造成的干扰。由于每个节点不是随机的争用信道，而是通过令牌来控制信道的使用，因此令牌环可以提供确定性的通信。这意味着每个节点的数据延迟是确定的，这在某些实时应用中非常有用。令牌环还可以对各节点设置不同的优先级，具有高优先级的节点可以发送数据。例如，某个节点需要传输具有实时性的数据，就可以申请高优先级。

由于令牌总线型拓扑结构相对简单，并且易于扩展，因此令牌总线适用于需要不断扩大网络规模的情况。由于总线型结构的硬件成本相对较低，并且易于实施和维护，因此令牌总线在成本敏感或对实施难度有限制的环境中可能是最佳选择。对于非实时数据的传输，令牌总线可以提供较高的数据传输速率。

在需要高可靠性、确定性通信和隔离网络的环境中，令牌环表现最佳；而在需要低成本、易于扩展和维护的网络中，令牌总线表现最佳。选择哪种技术取决于具体的应用需求和网络条件。

任务3-5 以太网技术

在众多数据链路层通信标准中最为著名、使用最为广泛的莫过于以太网，其规范简单，易于网卡及驱动程序实现。因此，在局域网普及初期，以太网网卡相对其他网卡，价格也比较低廉，这也同时促进了以太网自身的普及。从最初的10 Mbps、1 Gbps、10 Gbps到后来的40 Gbps、100 Gbps，以太网已能够支持高速网络。现在，以太网已成为最具兼容性与未来发展性的一种数据链路层协议。

以太网最早是由美国的Xerox公司与DEC公司设计的一种通信方式，命名为Ethernet。1980年美国Xerox、DEC与Intel三家公司联合提出了以太网规范，这是世界上第一个局域网的技术标准。后来的以太网国际标准IEEE 802. 3就是参照以太网的技术标准建立的，两者基本兼容。为了与后来提出的快速以太网相区别，通常又将这种按IEEE 802. 3规范生产的以太网产品简称为以太网。

（一）标准以太网

以太网是目前世界上使用最为普遍的局域网，它除了广泛用于小型局域网外，也同样应用在大型电脑系统的连线上。

1. 以太网拓扑结构

标准以太网采用总线型拓扑结构，网上的计算机和数据设备用一块网络适配器直接接到一根永远没有分支的总线上。总线两端配有终结器，其中一端接地。总线和网卡构成了网络中全部的通信子网。网卡发出的信号，沿总线同时向两个方向广播，被网络中其他计算机接收（图3-21）。

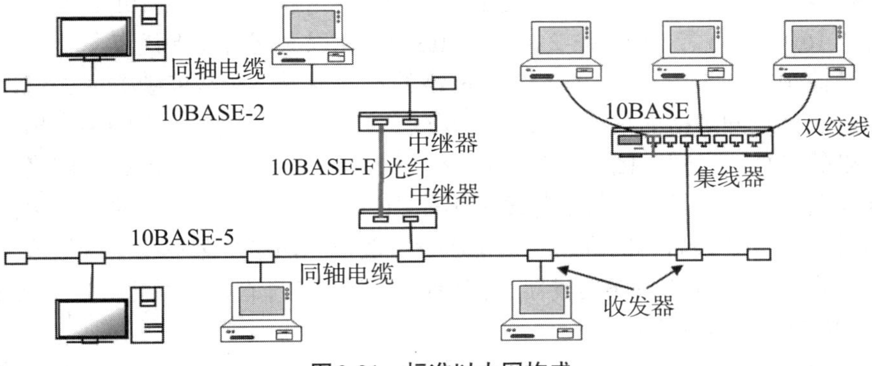

图3-21 标准以太网构成

以太网是广播型网络，一个节点发出的信号，各网段中其他节点可以同时接收，接收节点通过信号地址鉴别，决定丢弃还是保存，为了便于网络中目标计算机的寻址，以太网标准采用了MAC地址。

在以太网普及之初，以太网只有10 Mbps的吞吐量，一般采用多台终端使用同一根同轴电缆的共享介质型连接方式。这种早期的10 Mbps以太网也称为标准以太网，所有的设备采用CSMA/CD的方式使用传输介质，因此在传输过程中所有节点共享同一传输介质，同一时间内只能有一台主机发送数据，冲突和碰撞是不可避免的，这使得数据传输效率和带宽的利用受到了限制。并且在共享式以太局域网中的网络设备必须保持相同的传输速率，否则一个设备发送的信息，另一个设备不可能收到。单一的共享式以太网不能提供多种速率的设备支持。

2. 以太网通信规范

传统以太网有3种通信规范：10BASE-2，10BASE-5，10BASE-T，3种规范的基本特性如下。

（1）10BASE-2：“10”代表传输速率为10 Mbps，“BASE”代表“基带传输”，“2”代表每一区段最大传输距离为185 m。10BASE-2网络的硬件需求最为简单，除了计算机中需要安装一片以太网卡外，各台计算机均用RG-58细同轴电缆，使用BNC连接器连接起来即可。

（2）10BASE-5：“5”代表每一区段最大传输距离为500 m。使用RG-8粗同轴电缆连接，在粗缆中需要在接入计算机的位置，安装收发器，并通过DIX连接器及电缆连接到计算机DIX接口的网卡中。这种方式安装复杂，费用昂贵，但因其传输距离远，在早期的以太网中一般作为骨干网使用。

（3）10BASE-T：“T”代表双绞线。在标准以太网中，10BASE-T是最常用的一种标准，主要由网卡、集线器、双绞线等设备组成。其拓扑结构采用总线拓扑和星形拓扑相结合的结构，每台入网设备采用3类或5类UTP作为传输介质，标准组网中所有的工作站都通过传输介质连接到集线器上，再用双绞线与各工作站相连。工作站与集线器之间的双绞线最大距离为100 m，网络扩展可以采用多个集线器来实现，集线器之间的连接可以使用双绞线、同轴电缆或粗电缆。

10BASE-T以太网一经出现就得到了广泛的认可和应用，虽然10BASE-T网络成本更高，但与10BASE-5和10BASE-2相比，10BASE-T以太网有如下优点。

①安装简单、扩展方便。10BASE-T网络的建立灵活、布线安装方便，可以根据网络的大小，选择不同规格的集线器或交换机连接在一起，形成所需要的网络拓扑结构。

②网络的可扩展性强，因为扩充与减少工作站都不会影响或中断整个网络的工作。

③集线器或交换机具有很好的故障隔离作用。当某个工作站与中央节点之间的连接出现故障时，也不会影响其他节点的正常运行。甚至当网络中某一个集线器或交换机出现故障时，也只会影响到与该集线器或交换机直接相连的节点。因此，10BASE-T网络出现后，10BASE-2逐渐被取代。

但随着技术的发展，目前共享式以太网已逐渐退出了历史舞台，被更高性能的以太网所取代。

（二）交换式以太网

共享式以太网对于冲突域很难解决，会导致网络拥塞及错误的发生。随着网络规模的不断扩大、客户机/服务器模式和多媒介通信技术的发展，采用共享信道的常规局域网即共享式网络越来越难以满足人们不断增长的带宽需求。虽然利用路由器将网络分段，通过网桥的隔离和过滤来分割冲突域，也可以提高分段网络的可利用带宽。但这种方法并非升级常规局域网的有效手段。分段越多，路由器等连接设备投资越大，同时众多的区段使网络变得难以管理。此时，网络交换技术应运而生，成为解决用户带宽需求的主要手段。

1. 交换式以太网与传统以太网的区别

交换式以太网不像传统以太网那样把帧广播到每个节点，而是为终端用户提供独占的、点对点的连接。帧在节点间沿着指定的路径传输，使交换机的多对不同源端口和目的端口之间可同时进行通信而不发生冲突，从而把共享式网络转换成并行式网络，大大地提高了网络的可利用带宽，如图3-22所示。

在带宽利用上，传统以太网是所有节点争用一个共享信道的带宽，因此随着网络节点数量的增加，平均每个节点的可利用带宽数量减少。而在交换式以太网中，不仅交换的每个端口节点占用的带宽不会因端口节点的增加而减少，相反整个交换机的总带宽还会随着端口节点的增加而扩张。

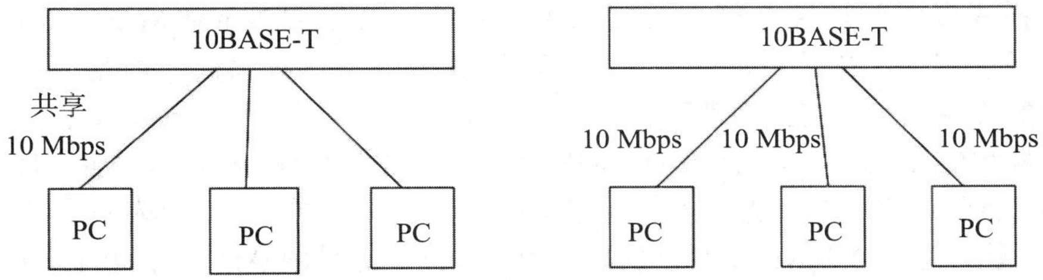

图3-22 传统以太网与交换式以太网的区别

2. 交换式以太网技术

交换式以太网技术出现在上世纪90年代初，1994年全双工通信方式的出现，标志着该技术的成熟，1996年，IEEE通过了802.3x全双工以太网标准。

在10BASE-T基础上进行升级，将集线器换成以太网交换机，如果采用半双工方式通信则每个端口节点可享有10 Mbps带宽，如果采用全双工通信方式，除需要更换交换机外，还需要更换网卡，此时的带宽可以达到20 Mbps的独占带宽，这就出现了10BASE-X交换式以太网。

实现交换技术的核心设备是交换机，或交换式集线器。交换式以太网以MAC地址为基础，进行端口到端口的交换，这种交换方式要求交换机必须可以定位每个端口的MAC地址。为解决这个问题，交换机采用了端口到MAC地址映射表来定位和存储每个端口的信息，并定期发送广播帧予以刷新。交换式以太网的交换方式主要有存储转发式、直通式、碎片隔离式三种。

（三）快速以太网

快速以太网在20世纪80年代初期至20世纪90年代初这段时间里，10 Mbps以太网在局域网产品中占有很大的优势，特别是以10BASE-T标准组建的网络得到了广泛应用。但是随着联网计算机的性能升级和高带宽应用的增加，人们对以太网带宽提出了更高的需求。IEEE在1995年推出了IEEE 802.3u标准，即快速以太网。其设计思想非常简单，为了向后兼容以太网，它保留了原来的帧格式、接口和过程规则，并和10BASE-T一样使用集线器和交换机作为连接设备。传输介质除了三类双绞线和光纤之外，还增加了五类双绞线（图3-23）。

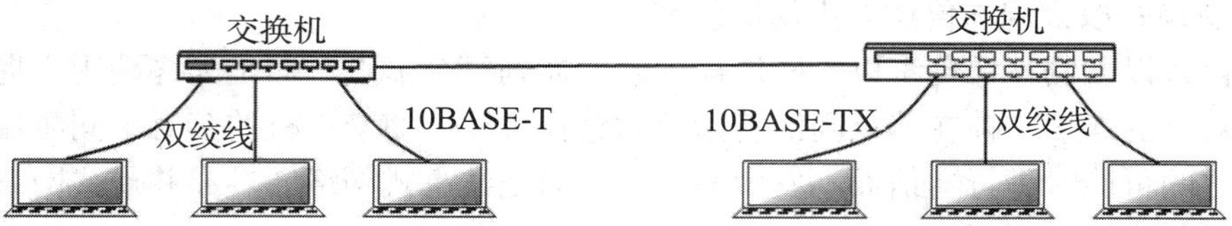

图3-23　快速以太网构成

快速以太网技术100BASE-TX由10 BASE-T标准以太网发展而来，主要解决网络带宽在局域网应用中的瓶颈问题。其协议标准为1995年颁布的IEEE 802.3u，可支持100 Mbps的数据传输速率，并且与10BASE-T一样可支持共享式与交换式两种使用环境，在交换式以太网环境中可以实现全双工通信。IEEE 802.3u在MAC子层仍采用CSMA/CD作为介质访问控制协议，并保留了IEEE 802.3的帧格式。但是，为了实现100 Mbps的传输速率，它在物理层作了一些重要的改进。例如，在编码上，采用了效率更高的编码方式。传统以太网采用曼彻斯特编码，其优点是具有自带时钟特性，能够将数据和时钟编码在一起，但其编码效率只能达到1/2，即在具有20 Mbps传送能力的介质中，只能传送10 Mbps的信号。所以快速以太网没有采用曼彻斯特编码，而采用效率更高的4B/5B等编码。在传输介质上，快速以太网取消了对同轴电缆的支持。

快速以太网常用标准如表3-6所示。

表3-6　快速以太网常用标准

标准	线缆类型及连接器	线缆对数	最大分段长度	编码方式	主要优点
100BASE-TX	5类UTP/RJ-45接头 1类STP/DB-9接头	2对（1、2对发送数据，3、6对接收数据）	100 m	4B/5B	支持全双工通信
100BASE-FX	62.5 μm/125 μm多模光纤；8 μm/125 μm单模光纤；ST或SC光纤连接器	2芯	多模光纤连接最大距离为550 m；单模光纤连接最大距离为3 000 m	4B/5B	支持全双工的数据传输。特别适合于有电气干扰、较大距离连接、或高保密环境等情况下的使用
100BASE-T4	3、4、5类无屏蔽双绞线或屏蔽双绞线	使用4对双绞线（3对用于数据传输，一对用于冲突检测）	100 m	8B/6T	用于在3类非屏蔽双绞线上实现100 Mbps数据传输速率

（四）高速以太网

1. 千兆以太网

随着多媒体技术、高性能分布计算和视频应用等的不断发展，用户对局域网的带宽提出了越来越高的要求。同时，100 Mbps快速以太网也要求主干网、服务器一级的设备要有更高的带宽。人们迫切需要更高性能的网络，并且应与现有的以太网产品保持最大的兼容性。于是，1996年3月IEEE 802委员会成立了IEEE 802.3z工作组，专门负责千兆以太网及其标准，并于1998年6月正式公布了关于千兆以太网的标准。千兆以太网标准是对以太网技术的再次扩展，其数据传输率达到1 000 Mbps即1 Gbps，因此也被称为吉比特以太网。千兆以太网基本保留了原有以太网的帧结构，其向下和以太网及快速以太网完全兼容，从而使原有的10 Mbps以太网或快速以太网可以方便地升级到千兆以太网。千兆位以太网标准包括了支持光纤传输的IEEE 802.3z和支持铜缆传输的IEEE 802.3ab两大部分。（图3-24）

千兆以太网技术作为最新的高速以太网技术，给用户带来了提高核心网络的有效解决方案，这种解决方案的最大优点是继承了传统以太网技术价格便宜的优点。千兆技术仍然是以太技术，它采用了与10 Mbps以太网相同的帧格式、帧结构、网络协议、全/半双工工作方式、流控模式以及布线系统。由于该技术不改变传统以太网的桌面应用、操作系统，因此可与10 Mbps或100 Mbps的以太网很好地配合工作。

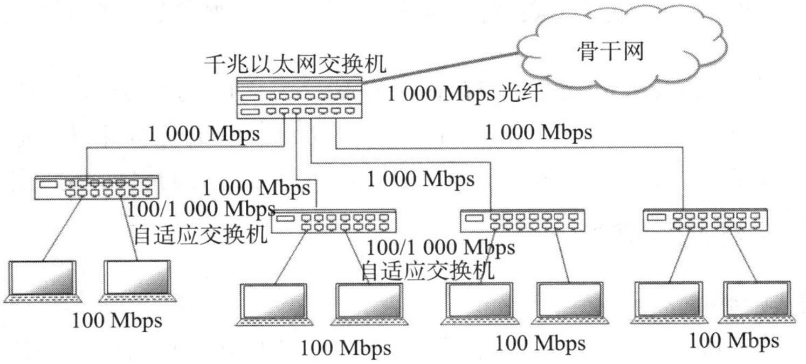

图3-24 高速以太网构成

与快速以太网相比，千兆以太网有其明显的优点。千兆以太网的速度10倍于快速以太网，但其价格只有快速以太网的2～3倍，即千兆以太网具有更高的性能价格比。而且原有的传统以太网与快速以太网可以平滑地过渡到千兆以太网，不需要掌握新的配置、管理与排除故障技术。千兆以太网可作为校园或建筑物内的主干网，实现交换机到交换机、交换机到路由器、交换机到服务器和中继器到服务器的连接。网络升级为千兆以太网一般有交换机到服务器连接的升级、交换机到交换机连接的升级、交换式快速以太网主干网的升级、共享式FDDI主干网的升级和高性能桌面系统的升级5种情况。千兆以太网标准主要包括1 000BASE-SX、1 000BASE-LX、1 000BASE-CX和1 000BASE-T这4个协议标准。

2. 万兆以太网

在以太网技术中，快速以太网是重要的里程碑之一，它确立了以太网技术在桌面的统治地位。随后出现的千兆以太网更是稳固了以太网技术在局域网中的绝对统治地位。然而，在很长的一段时间中，由于带宽以及传输距离等原因，人们普遍认为以太网技术不能用于城域网，特别是在城域网的汇聚层以及骨干层。1999年3月，IEEE成立了高速研究组（high speed study group，HSSG）致力于万兆（10 Gbps）高速以太网技术的研究，并于2002年正式发布802.3ae 10GE标准。万兆以太网的问世不仅再度扩展了以太网的带宽和传输距离，更重要的是以太网技术从此开始由局域网领域向城域网领域渗透。2007年，IEEE又提出了802.3ba标准，目标是设计40 Gbps或者100 Gbps的以太网。为了提供10 Gbps的传输速率，802.3ae 10GE标准在物理层只支持光纤作为传输介质。在物理拓扑上，万兆以太网既支持星形连接或扩展星形连接，也支持点到点连接以及星形连接与点到点连接的组合。星形连接或扩展星形连接主要用于局域网组网，点到点连接主要用于城域网组网，星形连接与点到点连接的组合则用于局域网与城域网的互连。在万兆以太网的MAC子层，已不再采用CSMA/CD机制，其只支持全双工方式。事实上，尽管在千兆以太网协议标准中提到了对CSMA/CD的支持，但基本上已经只采用全双工方式，而不再采用共享带宽方式。另外，IEEE 802.3ae 10GE标准继承了802.3以太网的帧格式和最大／最小帧长度，从而能充分兼容已有的以太网技术，进而降低了对现有以太网进行万兆位升级的风险。

任务3-6　无线局域网

无线局域网（wireless local area network，WLAN）是20世纪90年代的计算机网络与无线通信技术相结合的产物，它提供了一种有效的方法来支持计算的通信，并为通信的移动化、个人化和多媒介应用提供了潜在的手段，是目前的科研热点之一。

（一）无线局域网概述

1. 无线局域网的概念

无线局域网是利用无线通信技术，在一定的范围内建立的网络，是计算机网络和无线通信技术相结合的产物。它以无线多址信道作为传输媒介，提供传统有线局域网的功能，能够真正实现使用户随时、随地、随意地接入宽带网络。无线局域网的组网方式如图3-25所示。

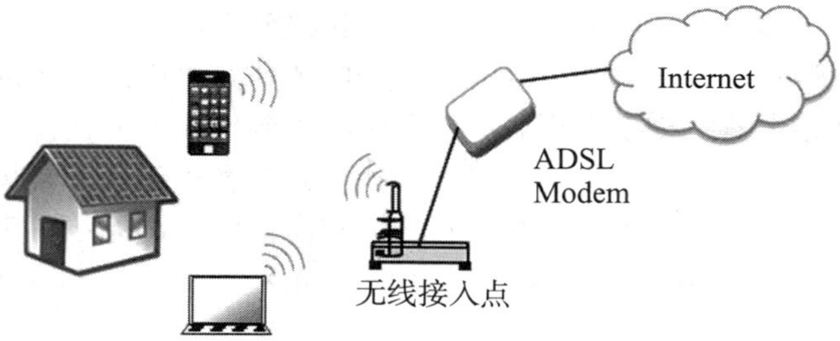

图3-25　无线局域网的组网方式

无线局域网目前已广泛应用于各个领域，为我们生活的方方面面带来了便利。

2. 无线局域网的特点

（1）无线局域网的优点。

①可移动性：通信范围不受环境条件限制；

②组网速度快：相对有线网络的布线施工来讲，无线局域网组网周期短；

③使用灵活：无线局域网在信号覆盖的任何范围内都可以进行通信，相对于有线网络的配置维护要容易；

④扩展能力强：无线局域网有多种配置方式，只需要增加AP（无线接入点）及相应的软件即可对现有网络进行有效扩展；

⑤安全性强：有严密的用户口令和认证措施，防止非法用户入侵；

⑥安装扩展成本低：无线局域网的扩展可以减少传统有线网的布线成本，扩展的成本较低。

（2）无线局域网的缺点。

①不能完全脱离有线网络：无线局域网络不能完全脱离有线网络，是有线网络的扩展。

②通信稳定性差：无线局域网容易受到外部电磁信号的干扰，给通信稳定性带来一些影响。

3. 无线局域网标准

无线通信技术主要有IEEE 802.11系列、蓝牙（bluetooth）及RFID技术等，IEEE 802.11系列标准如表3-7所示。

表3-7 IEEE 802.11系列标准

标准名称	标准内容
802.11	原始标准（物理层速率为2 Mbps，工作在2.4 GHz频率）
802.11a	物理层补充（物理层速率为54 Mbps，工作在5 GHz频带）
802.11b	物理层补充（物理层速率为11 Mbps，工作在2.4 GHz频带）
802.11c	符合802.1d的MAC层桥接（MAC layer bridging）
802.11d	根据各国无线电规定调整，通过国家代码机制实现跨国射频合规
802.11e	对服务质量（quality of service，QS）的支持
802.11f	增强基站的互连性。也被称作接入点间协议IAPP
802.11g	物理层补充（物理层速率54 Mbps，工作在2.4 GHz频带）
802.11h	用于解决某些场所使用802.11a所产生的干扰。拥有灵活的频率选择与传输功率控制机制

（二）无线局域网组网技术

1. 无线局域网的组网设备

无线局域网常用三种硬件设备，即无线网卡、无线接入点和无线路由器。

（1）无线网卡。

无线网卡（wireless network interface controller，WNIC），是用于无线设备与无线网络之间进行通信的关键设备。它通常安装在计算机或其他无线设备上，负责接收无线信号并将其转换为可识别的数据。无线网卡可以采用USB接口或PCI接口等形式，安装方便。无线网卡通过接收无线信号，将数据传输给计算机或其他设备，使其能够连接和访问无线网络。无线网卡的性能直接影响到无线网络的质量和速度，因此选择一款性能良好的无线网卡非常重要。

（2）无线接入点。

无线接入点（access point，AP）是无线局域网（WLAN）的核心组成部分。AP在WLAN中的作用类似于有线网络中的交换机，它们提供无线设备和有线设备之间的桥梁，使得无线设备可以连接到有线网络。

①根据AP的体积和功能的不同，可以将AP分为瘦AP和胖AP两种类型。

胖AP架构：在自治架构中，AP完全部署和端接802.11功能。其可以作为网络中的一个单独节点，起到交换机或者路由器的作用。

瘦AP架构：通常又将其称为“智能天线”，它们的主要功能是接收和发送无线信号。它们会将无线数据帧送回到控制器，然后对这些数据帧进行处理，再接入有线网络。

②瘦AP和胖AP的主要区别在于其功能和管理方式。

功能上的区别：瘦AP只负责无线数据的转发和管理，无法对无线数据进行处理和分析；胖AP不仅负责无线数据的转发和管理；还具备对无线数据进行处理和分析的能力。

管理方式上的区别：瘦AP需要配合无线控制器使用；而胖AP具备独立的管理界面，可以独立进行配置、监控和管理。

（3）无线路由器。

无线路由器（wireless router）是将有线网络转换为无线网络的设备，同时具备路由器的功能，负责将信号从有线网络传输到无线网络，无线路由器通常具有多个以太网口，可以连接多个有线设备，无线路由器是在无线接入点的基础上增加了路由功能，它能够实现网络地址转换，使局域网内的多台设备共享一个公网IP地址。同时，无线路由器支持DHCP服务器功能，自动为连接到无线局域网的设备分配IP地址。

2. 无线局域网的组网类型

为了适应不同的应用环境，无线局域网会采用多种不同的方式与计算机进行连接，按接入方式分类，无线局域网可分为网桥连接型、访问节点接入型、Hub接入型和无中心型接入型。

（1）网桥连接型。

该结构主要用于无线或有线局域网之间的互联。当两个局域网无法实现有线连接或使用有线连接存在困难时，可使用网桥连接型方式实现点对点的连接。在这种结构中局域网之间的通信是通过各自的无线网桥来实现的，无线网桥起到了网络路由选择和协议转换的作用，如图3-26所示。

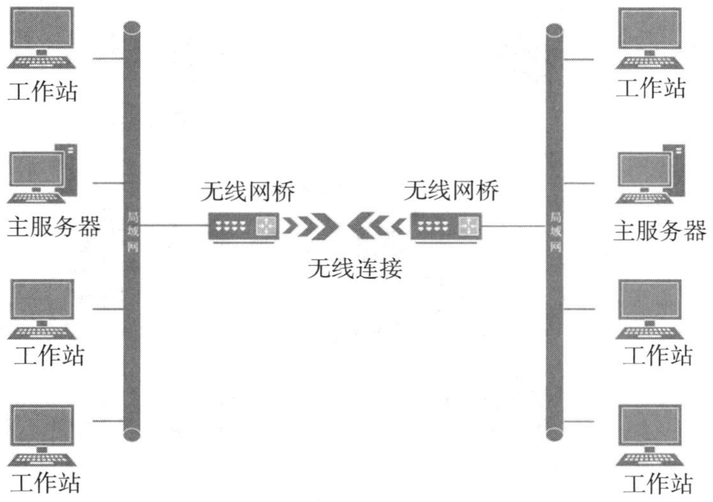

图3-26 网桥连接型

（2）访问节点连接型。

这种结构采用移动蜂窝通信网接入方式，各移动站点间的通信是先通过就近的无线接收站（访问节点：AP）将信息接收下来，如图3-27所示，然后将收到的信息通过有线网传入到“移动交换中心”，再由移动交换中心将信息传送到所有无线接收站上。这时在网络覆盖范围内的任何地方都可以接收到该信号，并可实现漫游通信。

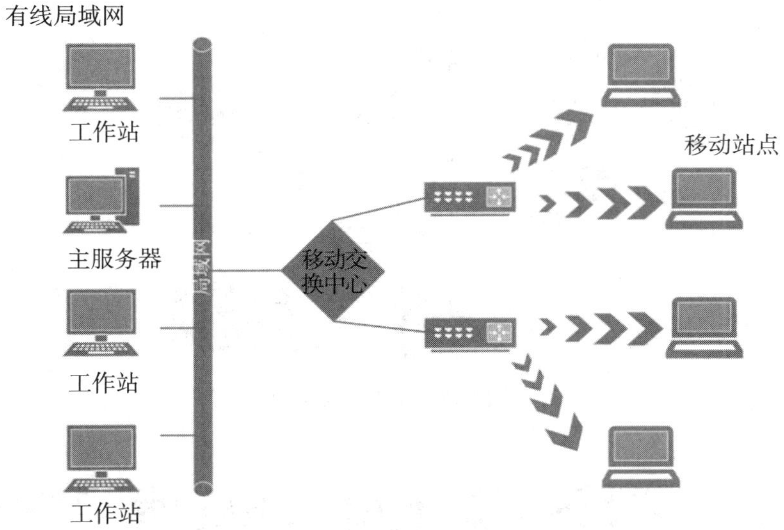

图3-27 访问节点连接型

（3）hub接入型。

在有线局域网中利用hub可组建星形网络拓扑结构，如图3-28所示。同样也可利用无线AP组建星形结构的无线局域网，其工作方式和有线星形结构很相似。但在无线局域网中一般要求无线AP应具有简单的网内交换功能。

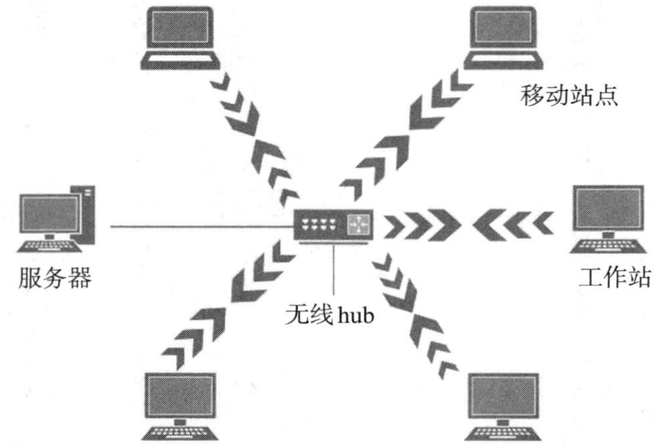

图3-28　hub接入型

（4）无中心型结构。该结构的工作原理类似于有线对等网的工作方式。它要求网中任意两个站点间均能直接进行信息交换。每个站点既是工作站，也是服务器。

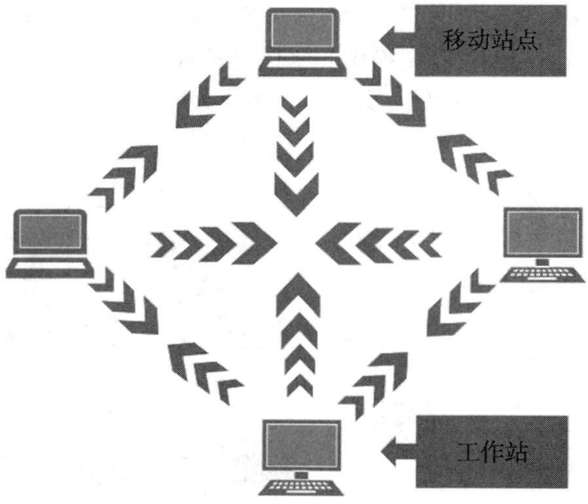

图3-29　无中心型结构

任务3-7　构建小型局域网

虚拟局域网（VLAN）技术的出现主要是为了解决交换机在进行局域网互联时无法限制广播风暴的问题。这种技术可以把一个物理局域网划分为多个虚拟局域网，每个虚拟局域网就是一个广播域，虚拟局域网内的主机间通信就和在一个局域网内一样，而虚拟局域网之间的主机则不能直接互通，这样广播数据帧被限制在一个虚拟局域网内。

1. VLAN的基础配置

早期的局域网技术大多都是总线结构的。总线结构由一根单电缆连接着所有主机，这种结构有一个很大的问题就是冲突域，也就是所有用户都在一个冲突域中，那么同一时间内只有一台主机能发送消息，从任意设备发出的消息都会被其他所有主机接收到，用户可能收到大量并不需要的报文。而且所有主机共享一条传输通道，任意主机之间都可以直接互相访问，从而无法控制传输数据的安全性。

为了避免冲突域，同时扩展传统局域网以方便更多计算机的接入，可以在局域网中使用二层交换机。为了能减少广播域，提高局域网的安全性，人们使用虚拟局域网（VLAN）技术把一个物理的局域网在逻辑上划分成多个广播域。VLAN内的主机间可以直接通信，而VLAN间不能直接互联互通。这样，广播报文被限制在一个VLAN内，同时也相对提高了网络的安全性。不同的VLAN使用不同的VLAN ID区分，VLAN ID的范围是0～4 095，可配置的值为1～4 094，而0和4 095为保留值。

2. VLAN的类型

VLAN的主要目的就是划分广播域，在建设网络时主要根据物理端口、MAC地址、协议和子网来划分广播域。

（1）VLAN的划分方法。

①基于端口划分。

这是最常用的一种VLAN划分方法，目前绝大多数支撑VLAN协议的交换机都提供这种VLAN配置方法。这种划分VLAN的方法是根据以太网交换机的交换端口来划分的，它将VLAN交换机上的物理端口和VLAN交换机的PVC端口分成若干个组，每个组构成一个虚拟网，相当于一个独立的VLAN交换机。

这种划分方法的优点是确定VLAN成员时非常简单，只要将所有的端口都定义为相应的VLAN组即可，适合于任何大小的网络；缺点是如果用户离开了原来的端口，到了一个新的交换机的某个端口，就必须重新定义。

②基于MAC地址划分。

这种划分VLAN的方法是根据每个主机的MAC地址来划分的，即对每个MAC地址的主机都配置其属于哪个组，它实现的机制就是每一块网卡都对应唯一的MAC地址，VLAN交换机跟踪属于该VLAN的MAC地址。这种方式的VLAN允许用户从一个物理位置移动到另一个物理位置时，自动保留其所属VLAN的成员身份。

③基于网络层协议划分。

这种划分VLAN的方法是根据每个主机的网络层地址或协议类型（如果支持多协议）划分的，虽然这种方法是根据网络地址（比如IP地址）划分，但它不是路由，与网络层的路由也毫无关系。其优点是用户的物理位置改变了，不需要重新配置所属的VLAN，而且可以根据协议类型来划分VLAN，这对网络管理者来说很重要。此外，这种方法不需要附加的帧标签来识别VLAN，这样可以减少网络的通信量。其缺点是效率低，因为检查每一个数据包的网络层地址是需要消耗处理时间的（相对于前面两种方法），一般的交换机芯片都可以自动检查网络上数据包的以太网帧头，但要让芯片能检查IP帧头，需要更高的技术，同时也更费时。当然，这与各个厂商的实现方法有关。

④基于IP组播划分。

IP组播实际上也是一种VLAN的定义，即认为一个组播组就是一个VLAN，这种划分的方法将VLAN扩大到了广域网，因此这种方法具有更大的灵活性，而且也很容易通过路由器进行扩展，因为其效率不高，这种方法不适合局域网。

⑤基于规则划分。

也称为基于策略划分。这是最灵活的VLAN划分方法，具有自动配置的能力，能够把相关的用户连成一体，在逻辑划分上称为“关系网络”。网络管理员只需在网管软件中确定划分VLAN的规则（或属性），那么当一个站点加入网络中时，将会被“感知”，并被自动地包含进正确的VLAN中。同时，对站点的移动和改变也可自动识别和跟踪。

采用这种方法时，整个网络可以非常方便地通过路由器扩展网络规模。有的产品还支持一个端口上的主机分别属于不同的VLAN，这在交换机与共享式Hub共存的环境中显得尤为重要。自动配置VLAN时，交换机中的软件自动检查进入交换机端口的广播信息的IP源地址，然后软件自动将这个端口分配给一个由IP子网映射成的VLAN。

（2）配置VLAN的命令。

创建VLAN的命令格式为：

```
vlan <vlan_id>
```

其中，vlan_id指定创建VLAN的VLAN ID，范围为1～4 096。

除默认VLAN 1外，其他VLAN需要通过命令来手工创建。创建VLAN有两种方式，一种是使用vlan命令一次创建单个VLAN，另一种是使用vlan batch命令一次创建多个VLAN。

一次创建多个VLAN的命令格式为：

```
vlan batch <VLAN-ID范围或列表>
```

查看VLAN的相关信息

查看VLAN的相关信息的命令为：

```
display vlan
```

也可以使用display vlan summary命令和display port vlan命令查看所配置VLAN及端口的简要信息。

3. 交换机端口类型

（1）access端口。

access端口是交换机上用来连接用户主机的端口。当access端口从主机接收到一个不带VLAN标签的数据帧时，会给该数据帧加上与PVID一致的VLAN标签。当access端口要发送一个带VLAN标签的数据帧给主机时，首先检查该数据帧的VLAN ID是否与自己的PVID相同。

access端口配置命令为：

```
port  link-type access
```

（2）trunk端口。

trunk端口一般指用于交换机之间连接的端口。trunk端口可以属于多个VLAN，可以接收和发送多个VLAN的报文。

当trunk端口收到数据帧时，如果该数据帧不包含802.1Q的VLAN标签，将打上trunk端口的PVID；如果该数据帧包含802.1Q的VLAN标签，则不改变。

trunk端口配置命令为：

```
port link-type trunk
```

在端口视图下设置允许特定VLAN ID数据通过该通道，命令格式如下：

```
port trunk allow-pass vlan {vlan_id}
```

其中，vlan_id是允许通过的VLAN ID，如果选择all，则允许所有数据通过。

项目总结

目前，局域网的应用非常普遍。不仅是办公室、校园等范围主要的网络模式，也是构建城域网及广域网的基础模式。

在局域网环境中，布线线缆通常分为有线线缆和无线传输介质，在有线线缆中又依据传输信号种类的不同分为电缆和光缆。局域网连接设备涉及很多种类，目前主要用到的两种设备是路由器和交换机，它们分别工作在不同的层次，所依据的地址也是不同的。介质访问控制方式依据拓扑结构的不同，所采用的方式不同，要分别理解不同的原理。以太网作为局域网主要的网络类型，经过多年的发展，现在传输速率已经可以达到每秒吉位。

无线局域网现在得到了广泛的应用，办公室、机场、高铁都分布了无线网络信号，为我们的工作、生活和学习带来了极大的方便。

通过学习，我们已经对局域网有了全面的认识，现在可以尝试组建小型局域网，实现我们需要的环境中的设备共享及数据传输。

拓展阅读

CPU发展关系到计算产业的发展，多样性计算成为未来万物互联计算的主旋律。CPU的发展经历了四个阶段。

1970—1990年为启蒙时代，这个时期Intel生产出第一款CPU，并且在这二十年间CPU的性能不断提高，集成了100万个晶体管，频率从12.5 MHz提升到80 MHz，增加了浮点运算能力，可以处理256色的游戏画面和MIDI音效，将计算机由工业用户使用扩展为个人用户使用。

1990—2000年为“战国”时代，由于AMD、Cyrix等公司均在386和486处理器上穷追英特尔不放，英特尔在1993年推出第五代处理器，该处理器采用全新的Pentium（奔腾）标识来加以区分。奔腾处理器的工作频率从75 MHz到120 MHz不等，采用Socket 4架构。同时期，AMD和Cyrix分别以K5和6x86处理器迎战，由于奔腾处理器在整数运算和浮点运算上表现不俗，而同时代的K5和6x86都各自在整数运算和浮点运算上有明显的劣势，因此逐渐拉开了竞争距离。

2000—2010年为“寡头”时代，这个时期英特尔的CPU率先研制多核处理器，使得“数字家庭”计划得以实施，Intel市场占有率一直遥遥领先。

2010年至今为变革时代，新产品不断出现，美国东部时间2022年11月28日，亚马逊云科技（AWS）推出了ARM架构芯片Graviton 3E，相比2021年发布的具有550亿个晶体管的服务器芯片Graviton 3，新的Graviton 3E在性能上有较大提升，其并行负载执行效率（HPL）最高提升35%。总的来说，CPU的发展历程是一个不断进步、不断创新的过程，每一步都为电脑科技的进步贡献了力量。

我国的CPU设计和制造由于起步较晚而落后于西方国家，但我们在不断努力赶超。

1956年，半导体科技被列为国家新技术四大紧急措施之一。此后，中国科学院计算所、109厂、半导体所先后成立，锗晶体管、硅平面晶体管、集成电路等半导体器件相继实现突破。

1975年，伴随大规模集成电路技术的兴起，我国第一台集成电路百万次计算机013机研制成功。这一时期独立自主的产业发展为我国的CPU事业打下了坚实基础。

1985年，中国科学院计算所、半导体所有关研制大规模集成电路的单位和109厂合并，成立中国科学院微电子中心。

有了前期的基础，加之国家的大力支持，在经历数十年的艰辛探索后，我国的CPU设计和制造有了快速的发展。中国的CPU制造商开始在硬件和软件方面进行大量的研究和开发，在服务器、处理器、AI芯片、移动处理器等领域都取得了一定的成果。目前，国产CPU产业已初具规模，涌现出一批领军企业：

复杂指令集（CISC）下，以X86架构为主，国内代表厂商包括海光（Hygon）、兆芯（Zhaoxin）；

精简指令集（RISC）下，涉及ARM架构、MIPS架构、Alpha架构等，国内代表厂商包括鲲鹏（ARM）、飞腾（ARM）、龙芯（MIPS）、申威（Alpha）等。

此外，还有紫光展锐的手机芯片、寒武纪的AI芯片等。

尽管中国的CPU制造在一些领域取得了不俗的成绩，但与发达国家相比，仍存在一定差距。在设计能力、生产工艺、供应链管理等方面，中国的CPU制造还有很大的提升空间。

作为新时代的技术人员，我们应致力于国家技术革新，在新一轮技术革命中争取将“中国制造”变为“中国智造”，并走出国门，让世界见证中国的强大。随着技术的不断发展和中国的加强，中国CPU制造的发展前景是非常值得期待的。

项目习题

一、填空题

1. MAC地址由__________位二进制组成。

2. 以太网的两种介质访问控制方式是_________和__________。

3. ARP的作用是__________________________。

4. 数据链路层的设备包括__________、__________、__________。

5. 数据链路层使用____________地址。

6. 数据链路层的主要功能有____________、___________。

二、选择题

1. 用以太网线连接两台交换机，互连端口的MDI类型都配置为across，则此以太网线应该为（　　）。

A. 只能使用交叉网线

B. 只能使用直连网线

C. 平行网线和交叉网线都可以使用

D. 平行网线和交叉网线都不可以使用

2. 100BASE-TX 的标准物理介质是（　　）。

A. 粗同轴电缆　　B. 细同轴电缆　　C. 3类双绞线

D. 5类双绞线　　E. 光纤

三、多选题

1. 下列关于以太网的说法中，正确的是（　　）。

A. 以太网是基于共享介质的网络

B. 以太网采用CSMA/CD机制

C. 以太网传输距离短，最长传输距离为500 m

D. 以上说法均不正确

2. 下列关于CSMA/CD的说法中，正确的是（　　）。

A. CSMA/CD应用在总线型以太网中，主要解决在多个站点同时发送数据时如何检测冲突、确保数据有序传输的问题

B. 当连在以太网上的站点要传送一个帧时，它必须等到信道空闲，即载波消失

C. 信道空闲时站点才能开始传送它的帧

D. 如果两个站点同时开始传送，它们将侦听到信号的冲突，并暂停帧的发送

3. 下列关于MAC地址的说法中，正确的是（　　）。

A. 以太网用MAC地址标识主机

B. MAC地址是一种便于更改的逻辑地址

C. MAC地址固化在ROM中，通常情况下无法改动

D. 通常只有终端主机才需要MAC地址，路由器等网络设备不需要

4. 下列关于MAC地址的说法中，错误的是（　　）。

A. 以太网用MAC地址标识主机

B. MAC地址是一种便于更改的逻辑地址

C. MAC地址固化在ROM中，通常情况下无法改动

D. 通常只有终端主机才需要MAC地址，路由器等网络设备不需要

5. 下列关于光纤的说法中，正确的是（　　）。
A. 多模光纤可传输不同波长、不同入射角度的光
B. 多模光纤的成本比单模光纤低
C. 采用多模光纤时，信号的最大传输距离比单模光纤长
D. 多模光纤的纤芯较细

三、操作题

试着写出表3-8中以太网标准分类及主要特点。

表3-8　以太网标准分类及传输特性

以太网种类	线缆最大长度	所使用的传输介质
10BASE-2		
10BASE-5		
10BASE-F		
100BASE-TX		
100BASE-FX		
100BASE-T4		
1 000BASE-CX		
1 000BASE-SX		
1 000BASE-LX		
1000BASE-T		
10GBASE-SR		
10GBASE-LR		
10GBASE-ER		
10GBASE-T		

项目4

接入广域网

小李已经成功组建了局域网，现在可以进行办公设备的共享和数据传输。然而，随着业务的拓展，公司需要接入广域网，以实现远程网上办公、视频会议、在线教学、电子邮件、聊天和视频电话等业务。同时，无线设备（如手机）也需要享受广域网上的各种服务。小李需要继续完善网络功能，并设计一套网络接入方案，包括所需通信设备和接入方式等。他立即开始查阅资料，让我们与小李一起学习如何接入广域网。

项目导读

随着LAN的迅速发展，把越来越多的彼此独立的个人计算机带入了网络环境，从而达到了共享资源和交换信息的目的。然而，由于LAN本身的连接距离限制（一般在几公里之内）和用户针对不同的应用选择LAN的类型不一样，所以不同企业甚至是同一个企业的不同部门之间形成了多个LAN孤岛。如何把这些“孤岛”互联起来，像使用电话系统那样方便地使用计算机网络，是网络互联要解决的问题。

网络互联是为了将两个或者两个以上具有独立自治能力、同构或异构的计算机网络连接起来，以形成能够实现数据流通、扩大资源共享范围，或者容纳更多用户的更加庞大的网络系统。广域网接入技术实现了各类互联网络与Internet之间的数据通信和各种信息资源共享的目的。

项目目标

本项目将引导大家熟悉网络互联技术的概念、网络互联的层次结构、网络互联的接入设备和广域网接入技术等方面的内容，学会识别网络间的互联类型，了解OSI参考模型中物理层、数据链路层、网络层及应用层在网络互联中各层次间进行的协议和功能转换技术以及每层使用的互联设备，掌握当前应用及研究中的广域网接入技术。

知识目标	能力目标	素质目标
1. 熟悉网络互联技术的基础概念； 2. 了解网络互联系统的层次结构及各层次中继系统的功能和特点； 3. 掌握广域网接入方式的主要技术特点	1. 能认知网络互联的类型； 2. 能辨别网络互联、互通和互操作的方法； 3. 能认知网络互联设备的功能和特点； 4. 能辨别和处理互联网络中中继系统的连接和配置故障	1. 培养认真细致的工作态度和工作作风； 2. 养成刻苦、勤奋、好问、独立思考和细心检查的学习习惯； 3. 能与成员精诚合作，具有一定的自学能力，以及分析问题、解决问题和创新的能力

任务 4-1 网络互联技术

通过介绍网络互联技术的相关概念，对网络的互联、互通和互操作有初步的了解，从而了解网络互联的目的和要求。

网络互联，是指利用一定的技术和方法，由一种或多种通信设备将两个或两个以上的网络，按照一定的体系结构模式联结起来，构成的一个更大规模的网络系统。网络互联可使用户在更大的范围内实现信息传输和资源共享。

互联的网络可以是同种类型的网络、不同类型的网络；互联的设备可以是运行不同网络协议的设备与系统。

网络互联的基本功能是指网络互联所必需的功能，包括不同网络之间传送数据时的寻址与路由功能选择等；扩展功能是指当互联的网络提供不同的服务类型时所需的功能，包括协议转换、分组长度变换、分组重新排序及差错检测等功能。

（一）网络的互联

1. 网络的互联、互通和互操作

网络互联、互通与互操作这三个概念是不同的。它们表示不同层次的含义，但三者之间又有密切关系。

互联（interconnection）是指在两个物理网络之间至少有一条在物理上连接的线路，但不能保证两个网络一定能进行数据交换。这取决于两个网络的通信协议是否相互兼容。

互通（intercommunication）是指两个网络之间可以交换数据。

互操作（interoperability）是指网络中不同计算机系统之间具有透明访问对方资源的能力。

网络互联是基础，互通是网络互联的手段，互操作是网络互联的目的。

2. 网络互联设备

将不同网络或网段连接起来的硬件设备称为网络互联设备，包括中继器、集线器、网桥、路由器和网关。

3. 网络互联的目的

网络互联是为了将两个或者两个以上具有独立自治能力、同构或异构的计算机网络连接起来，扩大联网距离和资源共享范围，提高网络的使用效率和网络管理能力。网络互联的主要目的如下。

（1）扩大联网距离和资源共享范围。网络互联可突破网络覆盖范围的物理限制（如端点最远距离、最多站点数等），扩大网络用户之间资源共享和信息传输的范围，使更多的资源可以被更多的用户共享。

（2）降低成本和分散负荷。当某一地区的多台主机要接入另一个地区的某个网络时，采用主机先行联网，再通过网络互联技术接入，可以大大降低成本。例如，某个部门有30台主机需要接入Internet，如果向电信部门申请30个端口，虽然可以达到目的，但成本比30台主机先连成局域网，再通过一条或几条线路接入Internet要高得多。此外，采用网络互联可分散负荷，分散处理使局域网的负载轻、工作站少，并使内部通信速度得以提高。

（3）提高安全性和可靠性。网络互联可以将各个性质不同的部门的网络自然地分隔开来，将具有相同权限的用户主机组成一个网络，在网络互联设备上严格控制其他用户对该网络的访问，可以增强安全保密性。

部分设备的故障可能导致整个网络的瘫痪，而通过网络互联技术可以有效地限制设备故障对网络的影响范围，如当任何一个局域网发生故障时不会影响到全网，从而提高了可靠性。

（4）可使不同网络中的节点互通互操作。现实中，不同体系结构的网络并存是一个普遍现象。不同网络之间的差异主要表现在拓扑结构、编址方案、最大分组尺寸、网络访问机制、超时机制、差错恢复、状态报告、路由选择、用户访问控制、连接和无连接服务等。此外，还要将不同厂家的网络产品融入一个大的复杂系统中。因此，必须为网络用户建立一个统一的平台，使得不同网络用户之间可以进行互通和互操作。

4. 网络互联的基本要求

为了保证网络互联顺利进行，实施网络互联时，需满足以下要求。

（1）在要求互联的网络之间至少要有一条物理通路。网络互联首先要使用传输介质和网络互联设备，实现网络之间的物理连接。物理连接的目的是在网络之间建立一条物理通路以及对这条物理链路制定控制规程。

（2）在不同网络进程之间提供合适的路由。不同网络间的通信可能要经过多个中间的互联设备。当在网络之间传输信息时，网间互联设备必须知道向哪里转发这些信息，即具有路径选择的功能，以便交换数据。

（3）保持原有网络的结构和协议。不要对参与互联的某个网络的硬件、软件或网络结构和协议做大的修改，甚至不应做任何修改。

（4）保持原有的网络性能指标。不能为提高整个网络的传输性能而影响各子网的传输性能。

所有网络互联的基本要求可归纳为：在网络之间提供一种物理链路控制的连接；在不同网络的处理机之间提供数据传输路由；提供一种统计服务，以便跟踪显示网络及其网络设备的运行情况。

5. 网络互联的复杂性

由于不同网络在拓扑结构、网络设备、传输介质、传输速率/带宽、主机类型、网络操作系统等方面的不同，使不同网络具有各不相同的特性。为了实现不同网络中的任意两台主机之间的通信，网络互连必须协调下列几个方面的差异。

（1）提供的服务。

不同的网络可能提供不同类型的服务。面向连接的服务与无连接的服务的差异，使面向连接的网络发出的报文分组跨越无连接的网络后必须重新排序。互联网络的服务不应该依赖原有各个网络的服务性质。

（2）适用的协议。

不同网络的各层协议可能不同，如：物理层与数据链路层的协议有IEEE 802、PSTN、X.25、DDN等，网络层的协议有IP、IPX、AppleTalk、DECnet等。因此，网络互连要考虑不同网络协议之间的转换问题。

（3）编址方案。

每种网络的通信端点、编址方案不同，分组穿越不同网络时，可能需要进行地址变换，可能还要支持目录服务功能。

（4）分组大小。

每个网络支持的最大分组尺寸不同。当一个分组从一个网络传送到另一个网络时，可能需要进行分片，再传入另一个网络时，可能需要进行重组。

（5）多路广播。

当多路广播的分组穿越不支持多播与广播功能的网络时，要通过重传机制来实现多播与广播。

（6）QoS与差错恢复。

不同网络具有不同的服务质量与差错恢复能力，网络互连既不能影响也不能依赖各个网络原来的能力。

（7）安全机制。

不同的网络操作系统具有不同的安全机制，对用户的访问控制也不相同，互联网要提供独立的安全机制，以解决安全保密问题。

（8）超时。

不同网络的时延会导致不同的超时，互联网络的定时机制应设置合适的超时值，以避免不必要的重传。

（9）计费方式。

不同网络具有不同的计费方式（如连接时间、分组传送的字节数等），也可能不收费，在网络互连时，应考虑这些因素。

（二）网络互联的形式

在实际应用中，网络互联有四种类型，即局域网和局域网互联、局域网和广域网互联、广域网和广域网互联、局域网通过广域网互联。四种网络互联形式如图4-1所示。

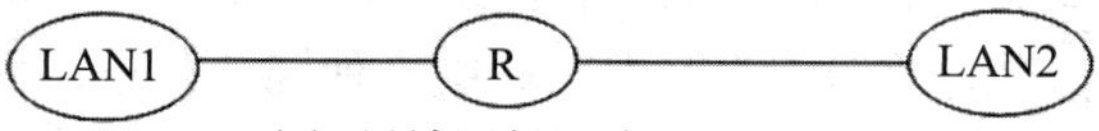

（a）局域网与局域网互联

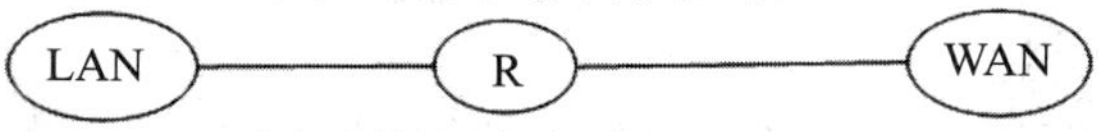

（b）局域网与广域网互联

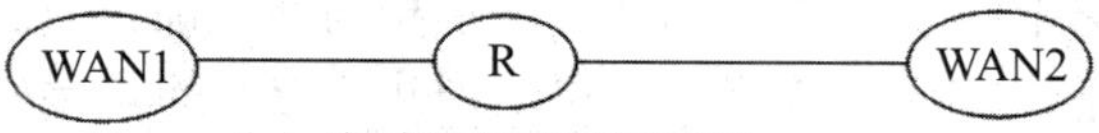

（c）广域网与广域网互联

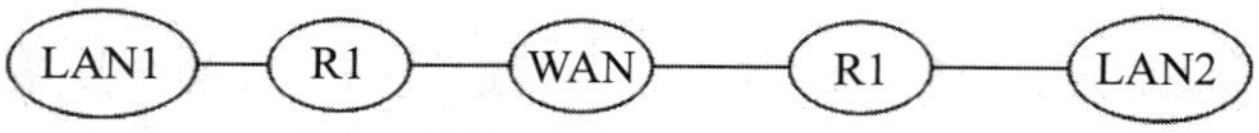

（d）局域网与广域网互联

图4-1　四种网络互联形式

1. 局域网和局域网互联

局域网所覆盖的范围有限，支持联网的计算机数量有限，传输的信息量有限。此外，当不同体系结构的局域网需要互联时，需要解决异构网互联的问题。计算机局域网的迅速发展使得网络化的计算机集成环境得以实现。一方面，越来越多的局域网之间或局域网与主机之间要求相互通信、信息资源共享、扩大联网距离，并要求与广域网互联；另一方面，在组建局域网时，往往把一个大系统分成几个局域网，然后再通过互联的方式将其连成一个整体。

（1）相同类型的局域网互联。

例如，有两个以太网需要互联，可能会有两种情况：一种是要连接的两个以太网在同一建筑物内，位置很靠近，这时可采用一个互联设备将这两个网络直接连接；另一种是要连接的两个局域网相距很远，则需要公共通信链路，如采用租用线路或拨号方式，将两个互联设备分别接到公共通信链路的两端。上述两种情况的局域网互联方案如图4-2所示。

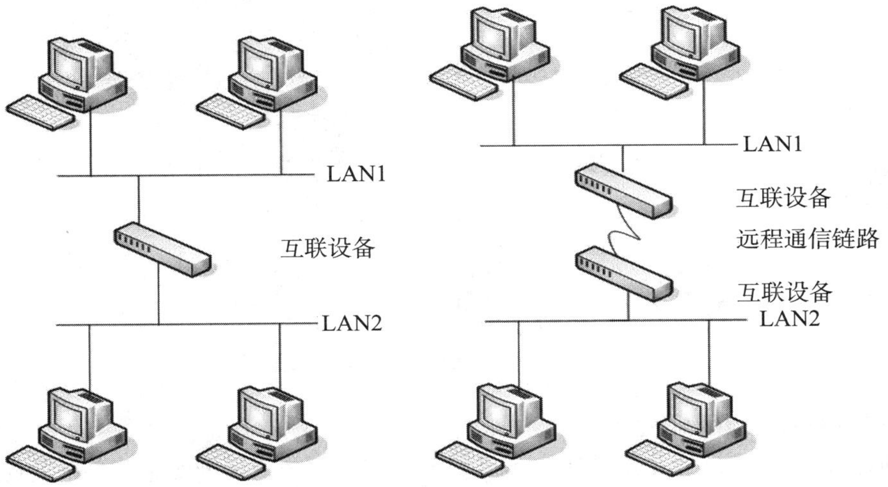

图4-2　两种局域网互联方案

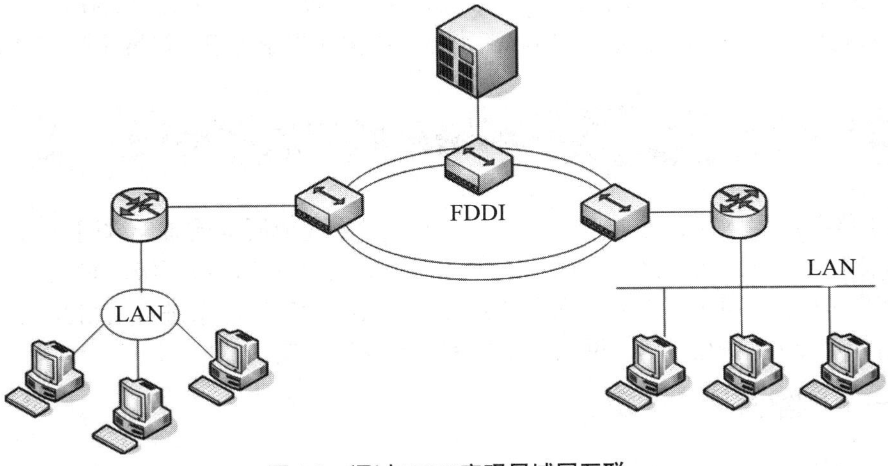

图4-3　通过FDDI实现局域网互联

（2）不同类型的局域网互联。

例如，要将不同地点的以太网和令牌环网互联，使它们能互相存取数据和访问有关应用。这种互联比起相同类型的局域网互联要复杂些，同样也有本地连接和远程连接两种方式。

（3）通过主干网将局域网互联。

例如，通过光纤分布式数据接口（fiber distributed data interface，FDDI）实现局域网互联，如图4-3所示。这种连接方法具有连接距离远、连接设备数量多、通信量大等优点。

（4）通过广域网将局域网互联。

广域网可和众多的局域网互联，也可以连接主机。这种互联方式需要专门的互联设备。例如，通过网关或路由器将局域网和广域网互联，如图 4-4 所示。在图4-4 中，广域网采用的是X.25通信协议，而网关的作用是实现局域网协议和X.25协议的转换。

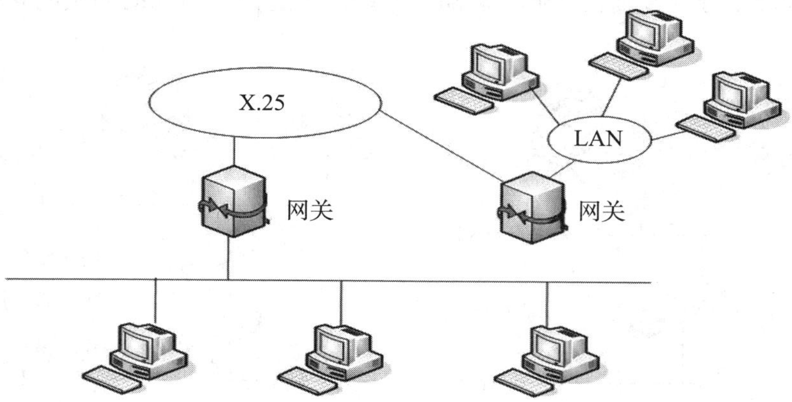

图4-4　通过广域网将局域网互联

2. 广域网和广域网互联

广域网之间的互联通常由政府电信部门或大型电信公司规划实施，一般的应用中不会涉及。广域网的互联分为无连接和面向连接两种形式。

在无连接互联方式下，通过IP路由器实现网络互联。将若干分组交换网通过一些路由器或网关互联起来组成互联网络时，路由器或网关相当于分组交换网中的交换节点。

任务4-2　网络互联的层次结构

为了屏蔽底层网络的差异，可以在不同的层次上完成同构或者异构网络的互联。通常可以采用两种方式实现网络互联：一种是利用应用程序，即应用级互联，在应用层实现；另外一种是利用操作系统，根据OSI-RM 的层次设计理论来进行网络互联，即网络级互联，网络级互联在通信子网的网络层和数据链路层实现。

（一）网络互联的层次

根据OSI参考模型介绍广域网在物理层、数据链路层、网络层及应用层互联的层次结构、各层的主要功能及每层使用的中继系统。

广域网主要工作于OSI参考模型的下三层，即物理层、数据链路层和网络层，如图4-5所示。由于目前网络层协议普遍采用IP，所以广域网技术或标准主要关注物理层和数据链路层的功能及实现。

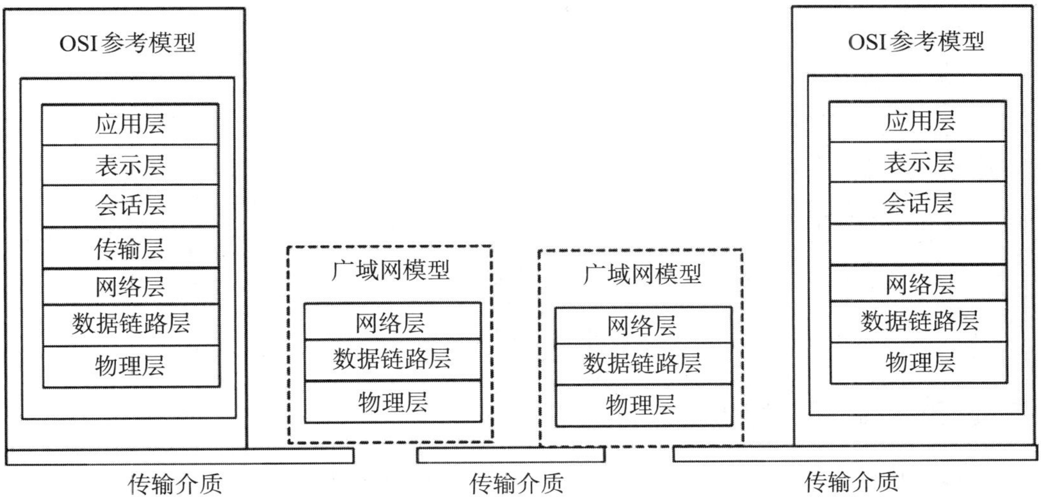

图4-5 广域网与OSI参考模型

在分层的模型中，对等层是一个很重要的概念，因为只有对等层才能进行相互通信，一方在某个层次上的协议必须与另一方在同一层次的协议相同。从不同的网络体系结构上选定一个相应的协议层次，使得从该层开始，被互联的网络设备中的高层协议都是相同的，其底层的硬件差异可以通过该层次来屏蔽，从而使多个网络得以互通。

要使通过互联设备连接起来的两个网络之间能够通信，两个网络上计算机使用的通信协议必须在某个协议层上是一致的。根据实际需要，在进行通信的两个网络之间选择一个相同的协议为基础，如果两个网络的第N层以上的协议都相同，那么网络互联设备可以在该层上工作，即称该设备为第N层互联设备。根据网络层次的结构模型，网络互联的层次可以分为：数据链路层互联，采用的互联设备是网桥；网络层互联，采用的互联设备是路由器；高层互联，传输层及以上各层协议不同的网络之间的互联属于高层互联，高层互联的设备是网关。

这些将网络互相连接起来的中间设备，ISO的术语称之为中继（relay）系统。中继系统在网间进行协议和功能转换，具有很强的层次性，如图4-6所示。

根据中继系统所在的层次，可以分为以下几种。

（1）物理层中继系统，即转发器或中继器（repeater）。

（2）数据链路层中继系统，即网桥（bridge）和交换机（switch）。

（3）网络层中继系统，即路由器（router）和三层交换机。

（4）网络层以上的中继系统（应用层），即网关（gateway）。

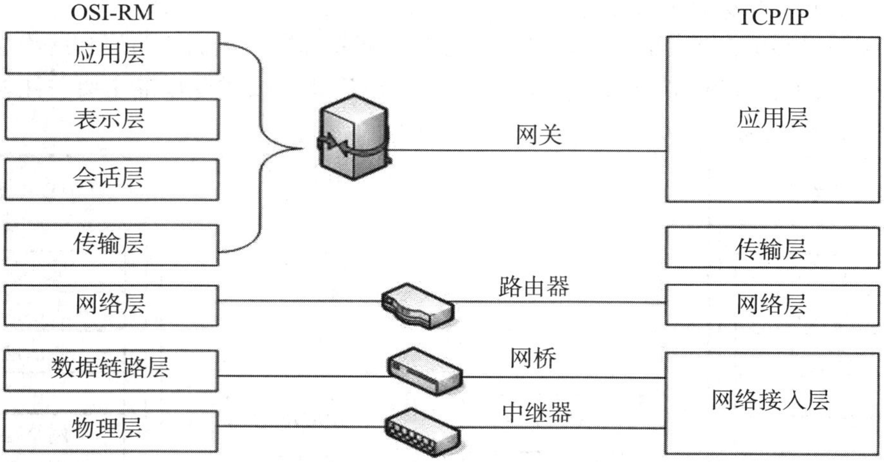

图4-6　网络互联的层次

（二）互联层次的功能

一般讨论网络互联时，都是指用路由器进行互联的网络。

1. 物理层的互连

中继系统作用于同种网络的OSI-RM物理层上，只对比特信号进行接收、波形整形、放大和发送，可以扩大一个网络的作用地域范围，一般不具备网络管理能力。使用的设备主要有中继器、集线器等。

2. 数据链路层的互联

在OSI-RM的数据链路层的互连主要应用桥接和交换技术，对帧信息进行存储、转发，对传输的信息有较强的管理能力。它们可控制数据流量、处理传输错误、提供物理编址以及管理对物理媒体的访问。数据链路层实现网络互连常用的设备是网络适配器、网桥和二层交换机等。

3. 网络层的互联

网络层互联一般连接相同协议的网络，可以连接异构网络，还可以利用协议将整个网络划分为若干逻辑子网。中继系统在网络层对数据包进行存储、转发，对传输的信息有很强的管理能力。网络层的互联主要解决的技术问题是：路由选择、拥塞控制、差错处理和分段技术等。网络层互联的典型设备是路由器，它具有判断网络地址和选择路径的功能，完成网络层中继的任务。

4. 应用层的互联

网关（gateway）是应用层使用的互联设备，属于能够连接不同网络的硬件和软件的结合产品，用来连接异类网络，是一个协议转换器。它工作在OSI/RM模型或TCP/IP体系的高层，通过网关可使不同的格式、不同的通信协议、不同的结构类型的网络连接起来，使不同协议网络间的信息包得以传送和接收，简化了网络的管理。

（三）企业级网络层次化的设计思路

企业级网络是指为满足中大型组织的业务需求而设计和部署的网络架构，是为企业内部和外部网络设计和实现的，通常具备高可靠性、可扩展性和安全性。企业级网络层次化设计是一种将网络划分为不同功能模块的分层架构方法，其核心思想是通过模块化设计简化网络管理，降低复杂度，同时优化流量路径和资源分配。大型企业的网络架构通常包括核心层、汇聚层和接入层，每一层都有其特定的功能和设计要求，从而使网络设计人员能够根据其在模型中的作用来选择合适的系统与功能。

这种层次化的设计思路有助于提供更精确的容量规划以及减少总费用。其实，没有必要将各层作为不同的实体来实现，定义它们是为了成功地设计网络，指明网络中必要的功能，实际采取的方式取决于所设计网络的需要。

1. 接入层功能

接入层是网络组网中最靠近用户的一层，是客户接入网络的集中点，其主要任务是连接用户设备（如计算机、手机、打印机等）到网络，并提供用户访问网络的接口。接入层通常部署在每个楼层、每个办公室或每个用户区域，以提供本地网络的连接。

（1）接入层的特点和功能。

用户接入：接入层提供用户设备接入网络的接口，例如通过以太网、Wi-Fi 等方式连接用户设备到网络。

安全性：接入层应用安全策略，控制用户设备的访问权限，并防止未经授权的设备接入网络。

速度和带宽：接入层需要提供足够的带宽和速度，以满足用户设备对网络资源的需求，确保用户能够快速访问网络和互联网。

网络地址分配：接入层负责为用户设备分配 IP 地址，并管理局域网中的地址分配和转发。

接入控制：接入层可以实施各种策略，如 VLAN（虚拟局域网）隔离、ACL（访问控制列表）过滤等，以控制用户设备之间的通信和资源访问。

接入层通常使用交换机作为核心设备，用于处理用户设备之间的数据交换和转发。此外，接入层还可能提供额外的服务，如 DHCP（动态主机配置协议）服务器用于自动分配 IP 地址、NAT（网络地址转换）用于连接内部网络和外部互联网等。

（2）接入层应用场景。

接入层是用户接入网络的第一层，其主要目标是提供可靠的接入服务，为终端用户设备提供网络连接。此层设备主要为接入层交换机，用以接入企业终端设备，如:PC、AP、IP 电话、服务器等。主要应用场景有如下几种。

家庭网络：在家庭网络中，接入层通常由家用路由器充当。它连接各种终端设备，如个人电脑、笔记本电脑、智能手机、智能家居设备等。

办公网络：在办公环境中，接入层提供有线和无线连接，支持员工使用各种设备接入企业网络。这包括台式电脑、笔记本电脑、IP 电话、打印机等设备。

公共场所网络：公共场所如咖啡馆、机场、酒店等也提供接入层服务，允许用户连接到互联网。这些网络通常提供无线接入，并要求用户进行身份验证或支付费用。

2. 汇聚层功能

汇聚层是网络组网中的中间层，连接多个接入层，并负责将数据流量从不同的接入层聚合到核心层。汇聚层的主要任务是实现数据的转发、交换和策略控制，同时提供高可用带宽，以确保各个接入层之间的公平共享和优化网络资源利用率。

（1）汇聚层的特点和功能。

数据聚合：汇聚层通过连接多个接入层，将来自不同接入层的数据流量聚合到核心层。这样可以减少核心层的负载，并提高整体网络性能。

数据转发和交换：汇聚层负责对接入层之间的数据进行转发和交换。它利用交换机等设备，根据目的地地址将数据包从一个接入层发送到另一个接入层。

策略控制：汇聚层可以实施策略控制，如路由策略、访问控制列表等，以管理和控制不同接入层之间的通信和数据流量。通过策略控制，可以确保数据传输的安全性和优化网络资源的利用。

冗余和可靠性：汇聚层通常会实施冗余配置和故障转移机制，以确保网络的高可用性和故障恢复能力。通过冗余配置，当某个汇聚层设备发生故障时，其他设备可以接替其工作，保持网络的连通性。

数据处理和过滤：汇聚层可以执行一些数据处理和过滤功能，如负载均衡、流量监测、防火墙设置等，以增强网络的性能和安全性。这些功能可以确保网络资源的合理分配和保护网络免受恶意攻击。

在汇聚层中，常见的设备包括交换机、路由器、防火墙等。这些设备通过实施各种网络协议和技术，将数据从接入层转发到核心层，并执行必要的数据处理和控制操作。

（2）汇聚层应用场景。

汇聚层位于接入层和核心层之间，它的主要任务是连接多个接入层，并将数据流量聚合到核心层进行处理和转发。以下是一些汇聚层的典型应用场景。

数据中心网络：在大型数据中心中，汇聚层负责连接多个服务器和存储设备，并将数据流量聚集到核心层。它提供高带宽和低延迟的连接，以满足大规模数据中心的需求。

校园网络：在大学校园网络中，汇聚层连接多个教学楼、实验室和学生宿舍的接入层。它提供高速连接和流量管理，以支持学生和教职员工的网络使用需求。

分支机构网络：在跨地理位置的分支机构网络中，汇聚层用于连接各个分支机构的接入层，并将数据流量聚集到核心层进行跨地区的通信和数据交换。

3. 核心层功能

核心层是网络组网中最高级别的层次，负责处理大量的数据流量，并连接不同的汇聚层和网络服务。核心层承担着重要任务，包括高速数据传输、路由决策和跨网络通信。

（1）核心层的特点和功能。

高速传输：核心层需要提供高速数据传输能力，以处理大量的数据流量和实现快速的路由转发。它通常使用高性能的设备和连接，如光纤链路和高速交换机，以保证数据传输的速度和效率。

路由决策：核心层根据网络拓扑和路由协议，进行路由决策，确定数据包的最佳路径。它使用复杂的路由算法和路由表，根据目的地址将数据包从源汇聚层转发到目标汇聚层。

跨网络通信：核心层连接不同的汇聚层和网络服务，使它们能够进行跨网络的通信。它实现了多个汇聚层之间的互联和数据交换，确保网络的连通性和数据的无缝传输。

可扩展性：核心层应具备良好的可扩展性，能够适应网络规模的增长和变化。它可以容纳更多的汇聚层和连接，以满足不断增长的数据流量和用户需求。

安全性和可靠性：核心层需要具备高级的安全性和可靠性机制，以保护网络免受安全威胁和故障的影响。它可能使用防火墙、入侵检测系统、冗余配置等技术，确保数据的安全传输和网络的高可用性。

在核心层中，常见的设备包括路由器、三层交换机、防火墙等。这些设备具有高性能和复杂的路由功能，能够处理大规模的数据流量和支持复杂的网络拓扑结构。

（2）核心层应用场景。

核心层位于网络的最顶层，它扮演着连接汇聚层和跨网络通信的关键角色。以下是一些核心层的典型应用场景。

互联网接入点：在互联网服务提供商 (ISP) 网络中，核心层负责连接多个汇聚层，并将数据流量路由到目标的互联网接入点。它处理大量的数据流量和路由请求，确保数据能够在不同网络之间进行高效的传输和交换。

大规模企业网络：在大型企业网络中，核心层用于连接多个汇聚层和数据中心，并提供高带宽和高可靠性的连接。它支持企业内部各个部门之间的通信和数据交换，以及与外部网络的连接。

云服务提供商网络：云服务提供商的网络架构中，核心层是连接多个数据中心和云区域的关键组成部分。它确保不同区域之间的数据传输和负载平衡，并提供高可用性和高性能的云服务。

简化结构如图4-7所示。

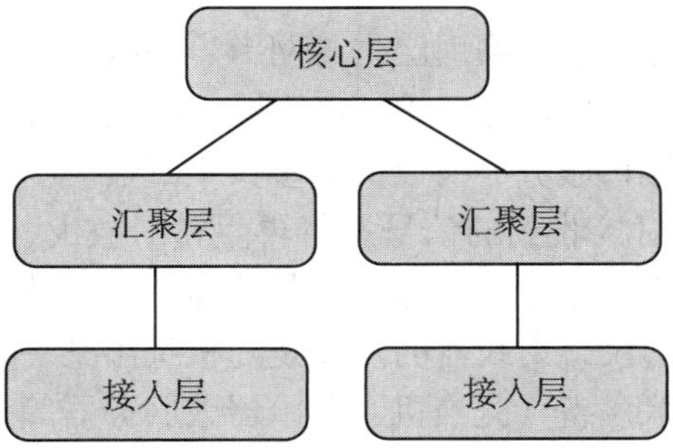

图4-7　简化企业级网络层次组网图

在实际应用中，网络架构的规模和复杂程度会有所不同。较小规模的网络可能只包含一个接入层和一个核心层，而较大规模的网络可能会有多个接入层和多个汇聚层。在网络架构的设计和实施中需要综合考虑多个因素，如性能要求、安全性、可靠性、可扩展性和成本效益等。合理规划和管理网络层次结构，确保各层之间的协调和协作，将有助于建立稳定、高效的网络环境。

任务4-3 网络互联的接入设备

（一）物理层互联设备

物理层是OSI参考模型的最底层，物理层设备有中继器、集线器、无线AP等。工作在物理层的设备由于性能限制无法分辨出传输信号中的数据信息，其任务就是为和它互相连接的设备提供一个传输数据的物理通道，数据流在物理信道上是以信号的方式进行传输的。

1. 中继器

中继器（repeater）是连接网络线路的一种装置，常用于两个网络节点之间物理信号的双向转发工作。中继器是最简单的网络互联设备，主要完成物理层的功能，负责在两个节点的物理层上按位传递信息，完成信号的复制、调整和放大功能，以此来延长网络的长度。中继器的优缺点如下。

（1）中继器的主要优点。

①中继器安装简单，可以轻易地扩展网络的长度，使用方便、价格相对低廉。

②中继器工作在物理层，因此它要求所连接的网段在物理层以上使用相同或兼容协议。

（2）中继器的主要缺点。

①中继器用于局域网之间有条件地连接。

②中继器不能提供所连接网段之间的隔离功能。

③中继器不能抑制广播风暴。

④使用中继器扩展网段和网络距离时，其数目有所限制。

2. 集线器

集线器工作于OSI参考模型的物理层，与网卡、网线等传输介质一样，属于局域网中的基础设备，采用CSMA/CD访问方式。集线器实际上就是中继器的一种，区别仅在于集线器能够提供更多的端口服务，所以又叫多口中继器。

集线器的主要功能是对接收到的信号进行再生整形放大，以扩大网络的传输距离，同时把所有节点集中在以它为中心的节点上。集线器的工作特点如下。

（1）依据IEEE 802.3协议，集线器的功能是随机选出某一端口的设备，并让它独占全部带宽，与集线器的上联设备（交换机、路由器或服务器等）进行通信。

（2）集线器主要用于共享网络的组建，是实现从服务器直接到桌面最经济的方案。

3. 无线访问节点

无线访问节点（access point，AP）是一个包含很广泛的名称，它不仅包含单纯性无线接入点（无线AP），也是无线路由器（含无线网关、无线网桥）等设备的统称。无线访问节点主要提供无线工作站对有线局域网和从有线局域网对无线工作站的访问，在访问接入点覆盖范围内的无线工作站时可以通过它进行相互通信，是无线网和有线网之间沟通的桥梁，相当于一个无线集线器、无线收发器。

单纯性无线AP就是一个无线的交换机，仅仅提供一个无线信号发射的功能。根据不同的功率，可以实现不同程度、不同范围的网络覆盖。在家庭、办公室内，无线AP与无线路由器类似，可以覆盖室内100 m、室外300 m的区域范围，同时支持多用户（30～100台计算机）接入、数据加密、多速率发送等功能，一个无线AP便可实现所有计算机的无线接入。

（二）数据链路层互联设备

数据链路层可以粗略地理解为数据传输通道，位于物理层与网络层之间，是数据传输过程中比较重要的一层。物理层设备为终端设备间提供传输媒介及连接，但通信设备之间的传输连接只在通信时暂时连接。每次通信都要经过建立通信连接和拆除通信连接两个过程，这种建立起来的数据收发关系被称为数据链路。承担这种工作任务的设备叫做数据链路层设备。常见的数据链路层设备有网卡、网桥和二层交换机。

1. 网卡

网卡（network interface controller，NIC），也称“网络适配器”，是实现计算机与局域网相互连接的设备。无论是普通计算机还是高端服务器，只要连接到局域网，就需要安装一块网卡。网卡是局域网中最基本的部件之一，它是连接计算机与网络的硬件设备。无论是双绞线连接、同轴电缆连接还是光纤连接，都必须借助网卡才能实现数据的通信。平常所说的网卡就是连接PC和LAN的网络适配器。网卡插在计算机主板插槽中，负责将用户要传递的数据转换为网络上其他设备能够识别的格式，并通过网络介质进行传输。

网卡的功能主要有并行到串行的数据转换、包的装配和拆装、网络存取控制、数据缓存和网络信号。其基本功能包括：

（1）将计算机的数据封装为帧，并通过网线（对无线网络来说就是电磁波）将数据发送到网络上去；

（2）接收网络上其他设备传过来的帧，并将帧重新组合成数据，发送到所在的计算机中。

2. 网桥

网桥是连接两个局域网的设备，工作在数据链路层，准确地说，它工作在MAC子层上，可以完成具有相同或相似体系结构网络系统的连接。网桥对端点用户来说是透明的，像一个“聪明的”中继器。网桥是为各种局域网存储转发数据而设计的，可以将不同的局域网连在一起，组成一个扩展的局域网。它将两个相似的网络连接起来，对网络数据的流通进行管理，不但能扩展网络的距离或范围，而且可以提高网络的性能以及增强网络的可靠性和安全性。

如图4-7所示，网络1和网络2通过网桥连接后，网桥接收网络1发送的数据包，检查数据包中的地址，如果地址属于网络1，它就将其放弃；如果地址属于网络2，它就继续发送给网络2。这样可利用网桥隔离信息，将网络划分成多个网段，隔离出安全网段，防止其他网段内的用户非法访问。由于网络的分段，各网段相对独立，一个网段的故障不会影响另一个网段的运行。网桥可以是专门的硬件设备，也可以由计算机加装的网桥软件来实现，这时计算机上会安装多个网络适配器（网卡）。

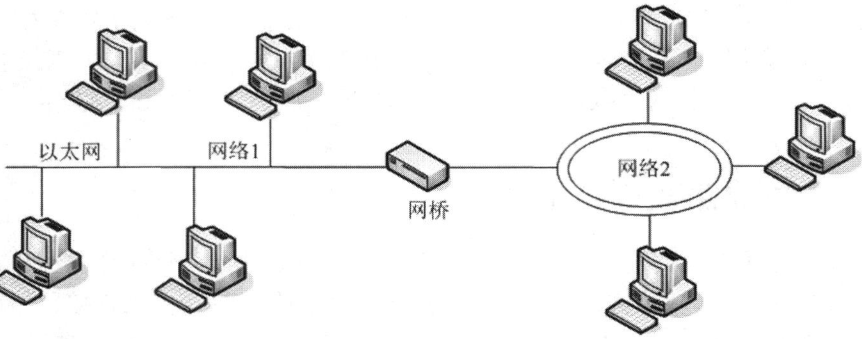

图4-7　网桥互联

网桥的功能在延长网络跨度上类似于中继器，然而它能提供智能化连接服务，即根据帧的终点地址处于哪一网段来进行转发和滤除。网桥对站点所处网段的了解是靠“自学习”实现的，网桥在一定条件下具有增加网络带宽的作用。网桥的功能主要有以下四点。

（1）网桥对所接收的信息帧不做任何修改，只查看MAC帧的源地址和目的地址。

（2）网桥可以过滤和转发信息。

（3）网桥可以连接两个同种网络，起信号中继放大作用，从而延伸网络范围。

（4）网桥具有地址学习功能。

3. 交换机

交换机是一种基于MAC地址识别，能完成封装、转发数据包功能的网络设备。交换机可以“学习”MAC地址，并将其存放在内部地址表中，通过在数据帧的始发者和目标接收者之间建立临时的交换路径，使数据帧直接由源地址到达目的地址。

交换机的工作原理如下。

（1）学习。以太网交换机了解每一端口相连设备的MAC地址，并将地址同相应的端口映射起来，存放在交换机缓存中的MAC地址表中。

（2）转发/过滤。当一个数据帧的目的地址在MAC地址表中有映射时，它被转发到连接目的节点的端口而不是所有端口（如该数据帧为广播/组播则转发至所有端口）。

（3）消除回路。当交换机包括一个冗余回路时，以太网交换机通过生成树协议避免回路的产生，同时允许存在后备路径。

交换机的主要功能包括物理编址、网络拓扑结构、错误校验、帧序列以及流控。目前交换机还具备了一些新的功能，如对VLAN（虚拟局域网）的支持、对链路汇聚的支持，甚至有的还具有防火墙的功能。交换机的工作原理如下。

（三）网络层互联设备

网络层位于OSI参考模型第3层，用于实现不同网络之间的数据通信，即网络间的数据通信。工作在网络层的设备的主要功能是为网络间的数据包提供传输路由，即设备在收到数据包后，选择到达目标主机的最佳路径，并沿该路径传送数据包到目的计算机上。

此外，网络层设备还能解决网络拥挤、网络流量控制等问题。路由器是工作在网络层最典型的设备。高档交换机也能提供路由功能，俗称“三等层交换机”，是工作在校园网中实现网络层互联最常见设备。

1. 路由器

路由是指通过相互连接的网络，把信息从源地点移动到目标地点的活动。一般来说，在路由过程中，信息至少会经过一个或多个中间节点。通常，人们会把路由和交换进行对比，这主要是因为在普通用户看来两者所实现的功能是完全一样的。其实，路由和交换之间的主要区别就是交换发生在OSI参考模型的第二层（数据链路层），而路由发生在第三层（网络层）。这一区别决定了路由和交换在传输信息的过程中需要使用不同的控制信息，所以两者实现各自功能的方式是不同的。

路由器是互联网的主要节点设备，通过路由决定数据的转发，转发策略称为路由选择。作为不同网络之间互相连接的枢纽，路由器系统构成了基于TCP/IP的国际互联网的主题脉络，它的可靠性则直接影响着网络互联的质量。路由器的功能包括连通不同的网络、选择信息传送的线路、自动过滤网络广播。图4-8所示为用路由器连接的网络。

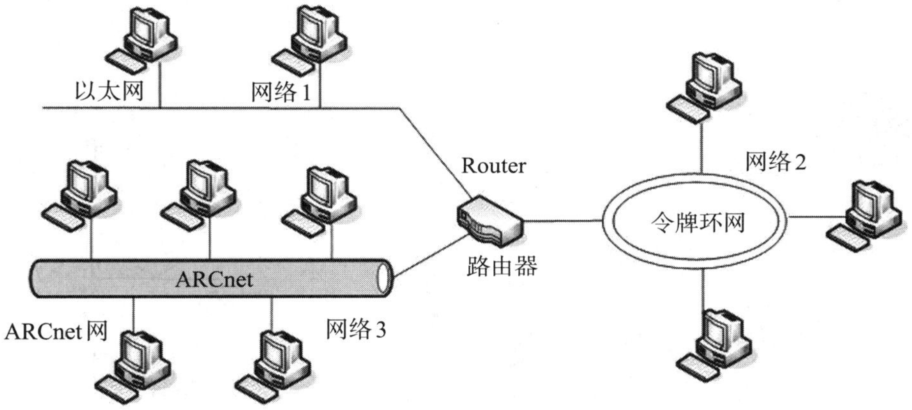

图4-8　用路由器连接的网络

2. 三层交换机

三层交换机是实现路由功能的基于硬件的设备。它能根据网络层信息对含有目的地址和信息类型的数据进行更好地转发、设置优先级和交换MAC地址，从而解决网络瓶颈问题。例如，假设主机A和主机B是通过三层交换机S连通的，那么，一旦主机A和主机B进行相互通信，交换机S就会像第二层设备一样记录下二者的MAC地址。当网络中另一台主机C要与主机A或主机B通信，发出ARP请求分组时，交换机S会立即响应，把主机C所需的目标MAC地址告诉它，以后主机C就可以直接使用对方的MAC地址与之通信，而交换机S在转发它们之间的数据包时，就不需要执行第三层“拆包”和“打包”的操作，从而大大降低了转发的时延。

更重要的是第三层交换可以不将广播包扩散。它直接利用动态建立的MAC地址来通信，又似乎可以看懂第三层的信息，如IP、ARP等协议，并且具有多路广播和VLAN间基于IP、IPX等协议的路由功能。

由于专用集成电路（ASIC）的加入，第三层交换机把传统的由软件处理的指令改为ASIC芯片的嵌入式指令，从而加速了对包的转发和过滤，使得高速下的线性路由和服务质量都有了可靠的保证。其运行速度要比路由器快得多，且还能运行RIP等传统路由协议。

（四）应用层互联设备

应用层主要是为用户提供访问网络的接口。应用层主要表现为软件包的形式，但应用层的服务也有通过硬件形式来提供的。应用层的网络安全控制产品主要有防火墙和入侵监测系统（IDS）。作为网络安全的重要组成部分，防火墙和IDS是日常使用最多的安全设备。如图4-9所示为用防火墙和IDS互联的网络。

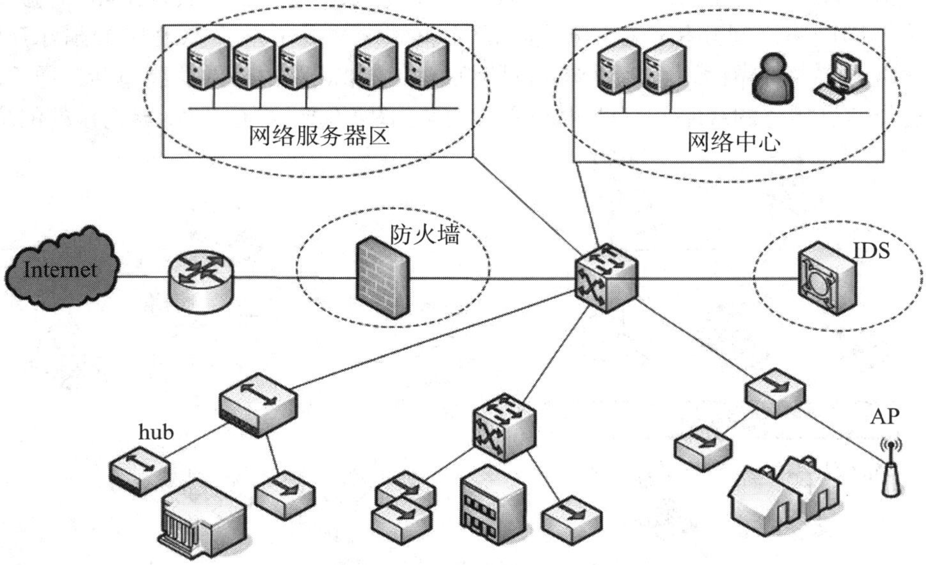

图4-9　防火墙和IDS互联的网络

1. 防火墙

防火墙是指一种将内部网和公众访问网（如Internet）分开的方法，实际上是一种隔离技术。防火墙可以使企业内部局域网（LAN）网络与Internet网络之间或者与其他外部网络互相隔离，限制网络互访以保护内部网络，最大限度地阻止网络中的黑客来访问企业网络。

（1）防火墙的基本特性。

①内部网络和外部网络之间的所有网络数据流都必须经过防火墙。因为只有当防火墙是内、外部网络之间通信的唯一通道时，才可以全面、有效地保护企业内部网络不受侵害。

防火墙的目的就是在网络连接之间建立一个安全控制点，通过允许、拒绝或重新定向经过防火墙的数据流，实现对进、出内部网络的服务和访问的审计和控制。

②只有符合安全策略的数据流才能通过防火墙。防火墙最基本的功能是确保网络流量的合法性，并在此前提下将网络的流量快速从一条链路转发到另外的链路上。

③防火墙自身应具有非常强的抗攻击免疫力。这是防火墙之所以能担当企业内部网络安全防护重任的先决条件。

（2）防火墙的功能 。

防火墙最基本的功能就是控制计算机网络中不同信任程度区域间传送的数据流。防火墙对流经它的网络通信进行扫描，这样能够过滤掉一些攻击，以免其在目标计算机上被执行。防火墙可以关闭不使用的端口，而且能禁止特定端口的流出通信，封锁特洛伊木马。防火墙还可以禁止来自特殊站点的访问，从而防止来自不明入侵者的所有通信。其功能可概括为以下四个方面。

①防火墙是网络安全的屏障。

②防火墙可以强化网络安全策略。

③对网络存取和访问进行监控审计。

④防止内部信息的外泄。

2. IDS

IDS主要用于检测黑客通过网络进行的入侵行为。专业上讲就是依照一定的安全策略，对网络、系统的运行状况进行监视，尽可能发现各种攻击企图、攻击行为或者攻击结果，以保证网络系统资源的机密性、完整性和可用性。

IDS的作用与防火墙不同，IDS入侵检测系统是一个监听设备，没有跨接在任何链路上，无须网络流量流经它便可以工作。因此，对IDS部署的唯一要求是：IDS应当挂接在所有所关注流量都必须流经的链路上。

3. 网关

网关就是一个网络连接到另一个网络的“关口”。网关又称网间连接器、协议转换器。网关在传输层上用以实现网络互连，是最复杂的网络互连设备，仅用于两个高层协议不同的网络互连。网关既可以用于广域网互连，也可以用于局域网互连。网关是一种充当转换重任的计算机系统或设备。在使用不同的通信协议、数据格式或语言，甚至体系结构完全不同的两种系统之间，网关是一个翻译器。与网桥只是简单地传达信息不同，网关对收到的信息要重新打包，以适应目的系统的需求。同时，网关也可以提供过滤和安全功能。大多数网关运行在OSI参考模型的顶层，即应用层。按照不同的分类标准，网关也有很多种。TCP/IP里的网关是最常用的，这里所讲的网关均指TCP/IP下的网关。

网关到底是什么呢？网关实质上是一个网络通向其他网络的IP地址。例如有网络A和网络B，网络A的IP地址范围为“192.168.1.1～192.168.1.254”，子网掩码为255.255.255.0；网络B的IP地址范围为“192.168.2.1～192.168.2.254”，子网掩码为255.255.255.0。在没有路由器的情况下两个网络之间是不能进行TCP/IP通信的，即使是两个网络连接在同一台交换机（或集线器）上，TCP/IP也会根据子网掩码（255.255.255.0）判定两个网络中的主机处在不同的网络里。而要实现这两个网络之间的通信，则必须通过网关。如果网络A中的主机发现数据包的目的主机不在本地网络中，就把数据包转发给它自己的网关，再由网关转发给网络B的网关，网络B的网关再转发给网络B的某个主机，如图4-10所示。

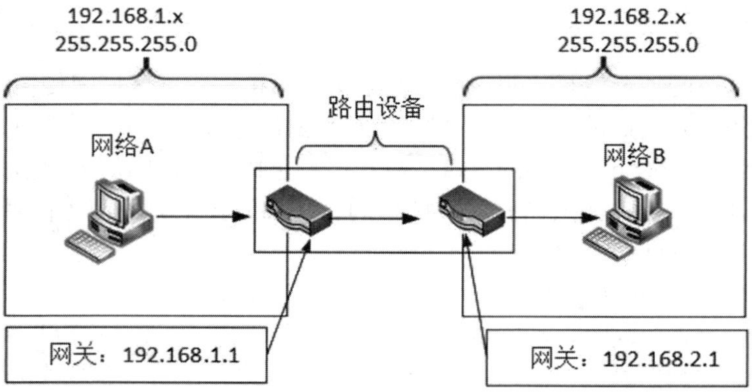

图4-10　网络A向网络B转发数据包的过程

所以说，只有设置好网关的IP地址，TCP/IP才能实现不同网络之间的相互通信。那么这个IP地址是哪台机器的IP地址呢？网关的IP地址是具有路由功能的设备的IP地址。具有路由功能的设备有路由器、启用了路由协议的服务器（实质上相当于一台路由器）、代理服务器（也相当于一台路由器）。

任务4-4　广域网接入技术

广域网接入技术是指计算机主机和局域网接入Internet的技术。在因特网中，也就是用户终端与Internet服务提供商（ISP）之间的互联技术。

广域网的接入方式可分为拨号接入方式、专线接入方式和无线接入方式三种。通常拨号接入的方式适用于小型子网和个人用户，专线接入的方式适用于中型子网，无线接入的方式适用于在城市和市郊进行中远距离联网的场景。

（一）拨号接入

拨号入网是一种利用电话线和公用交换电话网PSTN接入Internet的技术。

1. PSTN拨号接入

公用电话交换网PSTN拨号接入方式如图4-11所示，用户利用一条电话线和普通的调制解调器（modem），再向互联网服务提供商（Internet service provider，ISP）申请一个账号即可接入因特网，其基本原理是将用户计算机的数字信号通过调制解调器转换为模拟信号，然后通过电话线进行传输，最后经过ISP接入服务器接入到Internet。

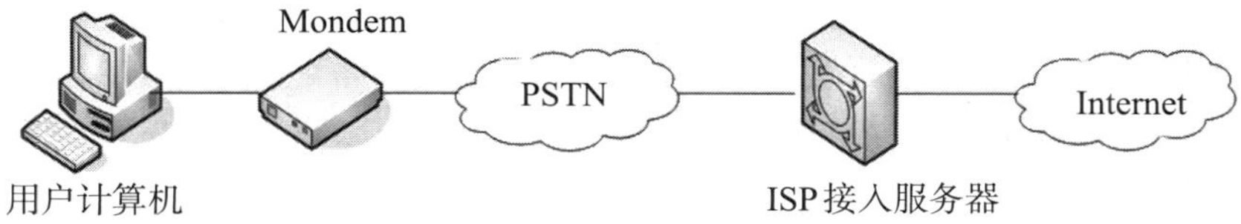

图4-11　PSTN拨号接入Internet

由于公共交换电话网很普及，调制解调器也很便宜，而且不用申请就可以开户，所以这种接入方式具有设备简单和覆盖面广等特点。但是，这种接入方式的速率在理论上最高只能达到56 kbps，不能满足宽带多媒体信息传输的需求，而且易受电话线路通信质量的影响，在拨号上网的时候不能进行语音通信。因此，与其他接入方式相比，近年来所占的用户比例越来越小。

2. 窄带ISDN拨号接入

窄带综合业务数字网（N-ISDN）接入技术俗称一线通，能在一根普通电话线上提供语音、数据、图像等综合业务。它可以提供一条全数字化的连接，其所提供的两个64 kbps的B信道用于通信，用户可同时在一条电话线上上网和打电话，或者以最高为128 kbps的速率上网。当有电话打入和打出时，可以自动释放一个B信道接通电话。窄带ISDN的接入方式如图4-12所示。

窄带ISDN与拨号上网方式相比，提高了上网速度，而且除了终端设备外，不需要改变电话线路和大规模的投资。窄带ISDN客户端的设备包括终端适配器TA、ISDN代理服务器、专用ISDN路由器等。

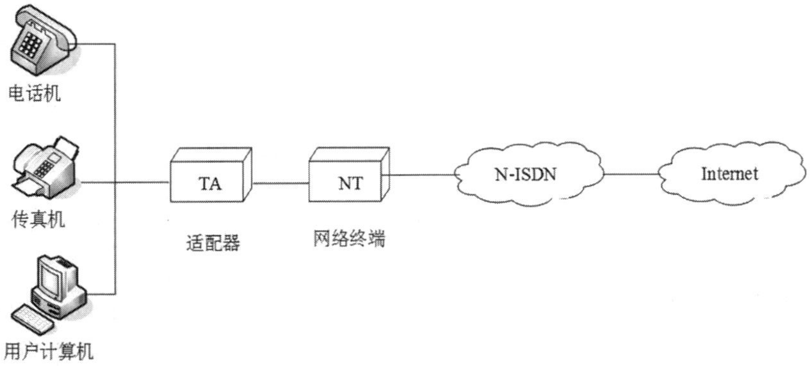

图4-12　窄带ISDN的接入方式

窄带ISDN的基本接入设备是TA，其作用主要是将用户计算机或模拟语音信号调制成ISDN标准的帧，使现有的非ISDN标准终端（如模拟电话机、传真机及用户计算机等）能够在ISDN上运行，为用户在现有终端上提供ISDN服务。ISDN终端适配器TA分为内置式和外置式两种。内置式适配器俗称适配器卡，其与普通的计算机卡一样可以直接插入计算机的ISA或PCI插槽中。外置式适配器是一个独特的ISDN终端设备，其除了具备内置式适配器的功能外，还提供两个模拟接口，用于接插模拟电话机和普通传真机。外置式适配器特别适合于既要利用ISDN上网，又要用模拟电话机进行通信的场所。

NT为网络终端，是电话局程控交换机和用户终端设备之间建立连接的接口设备。网络终端设备分为基本速率网络终端NT1和基群速率网络终端NT2两种，一般个人用户使用的是NTl。

3. ADSL 拨号接入

非对称数字用户线（asymmetric digital subscriber line，ADSL）是20世纪90年代提出的一种通过现有普通电话线为家庭、办公室提供宽带数据传输服务的技术。所谓“不对称”是指上行方向和下行方向的信息速率是不对称的，理论上它能够在普通电话线上提供高达8 Mbps的下行速率和1Mbps上行速率，传输距离达3～5 km。ADSL技术的主要特点是可以充分利用现有的电话线网络，在线路两端加装ADSL设备即可为用户提供宽带接入服务。

在访问Internet时，用户主要是从网上下载信息，一般用户传送给Internet的信息并不多，因此不对称传输带宽并没有妨碍ADSL作为用户网和公共交换网的接入线路。ADSL所支持的主要业务包括：Internet高速接入服务；多种宽带多媒体服务（如视频点播VOD、网上音乐厅、网上剧场、网上游戏、网络电视等）；点对点的远程可视会议、远程医疗、远程教学等服务。ADSL接入方式如图4-13所示。

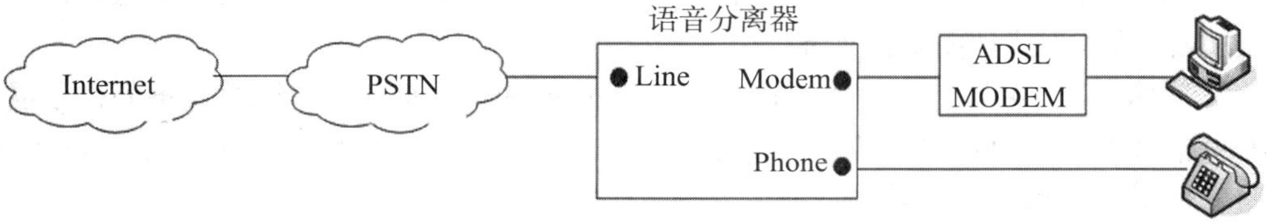

图4-13　ADSL接入方式

ADSL适用于人口密度大、高层建筑多、网络节点密集的地段，具有系统结构简单、使用维护方便和性价比高等特点。但ADSL标准中规定的速度仅是一个推荐值，在实际应用中，用户能达到的速率与线路的长度、线径、质量及电信运营商的资费政策有关。我国大多数ADSL接入的下行速率被限制在2 Mbps以内。

数字用户线路（digital subscriber line，DSL）是以铜电话线为传输介质的点对点传输技术，包括HDSL、SDSL、VDSL、ADSL、RADSL等，一般称之为xDSL。其中ADSL应用较为广泛，是最具前景及竞争力的一种。

有几种调制技术分别为不同的DSL所使用，如离散多音频调制（discrete multi-tone modulation，DMT）、无载波振幅相位调制、多虚拟数字用户线等。DSL调制解调器遵循北美与欧洲标准规定的数据速率倍数。我国采用的是DMT调制技术。所谓“多音调”就是“多载波”或“多子信道”的意思，使用0～4 kHz的频段来传输语音信号，使用40 kHz～1.1 MHz的频段传输数据信号，并将其划分为许多子信道，其中25个子信道用于上行信道，249个子信道用于下行信道，每个子信道占据4.312 5 kHz带宽，并使用不同的载波进行数字调制，如图4-14所示。

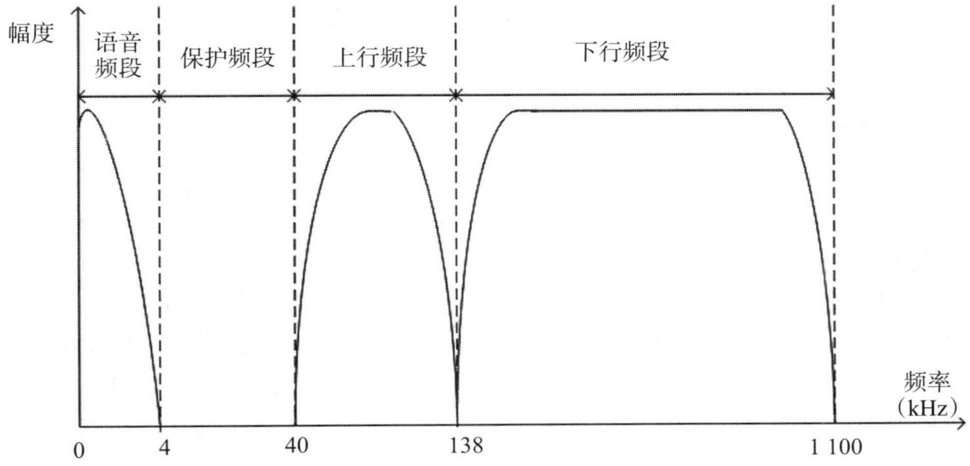

图4-14 ADSL中DMT技术的频谱分配

DSL不要求对数字数据进行模拟转换，即数字信号仍作为数字数据传送到计算机。这使电信公司可以将更大的带宽用于用户数据传输。同时，只要需要，还可以将信号分离，将一部分带宽用于传输模拟信号。这样就可以在一条线路上同时使用电话和计算机。

xDSL技术是一种点对点的接入技术，实施起来灵活、方便。xDSL技术是设计用来在普通电话线上传输高速数字信号，以双绞线为传输介质的传输技术组合，其中x代表不同种类的数字用户线路技术，包括非对称（ADSL、RADSL、VDSL）技术和对称（HDSL、SDSL、IDSL、MVL）技术。各种数字用户线路技术的不同之处主要表现在信号的传输速率、距离以及对称或非对称速率的区别上。xDSL的各种主要性能参数如表4-1所示。

表4-1 xDSL的各种主要性能参数

名称		上行速率（MAX）	下行速率（MAX）	线对	最大传输距离
ADSL	非对称数字用户线	16～640 kbps	1.5～8 Mbps	1	5.5 km
RADSL	速率自适应数字用户线路	128～768 kbps	384 kbps～9.2 Mbps	1	≥5.5 km
VDSL	甚高速数字用户线路	1.5～20 Mbps	13～52 Mbps	1	300 m～1.3 km
HDSL	高速数字用户线路	2 Mbps 或 5 Mbps	2 Mbps 或 5 Mbps	2	4～7 km
SDSL	对称数字用户线路	2 Mbps或5 Mbps	2 Mbps 或 5 Mbps	1	3.7 km
MVL	多虚拟数字用户线	768 kbps	768 kbps	1	7 km
IDSL	基于ISDN数字用户线路	128 kbps	128 kbps	1	5 km

总体来讲，拨号接入具有价格便宜、可随时连接网络、随时断开连接、能够根据联网时间计费等特点。

（二）专线接入

专线接入方式主要有通过路由器经DDN专线接入、有线电视网接入、LAN接入和无源光网络（光纤）接入等方式。

1. DDN专线接入

数字数据网（DDN）是利用数字信道传输数据信号的数据传输网。它是随着数据通信业务的发展而迅速发展起来的一种新型网络。它的传输介质有光纤、数字微波、卫星信道以及用户端可用的普通电缆和双绞线。DDN专线接入Internet的网络结构如图4-15所示。

DDN将数字通信技术、计算机技术、光纤通信技术以及数字交叉连接技术有机地结合在一起，可为用户提供不同速率的高质量数字专用电路和其他业务，满足用户多媒体通信和组建中高速计算机通信网的需求。

采用DDN专线接入Internet时，需要向电信部门申请DDN专线，除了基本费用以外，还要根据所租用的DDN的带宽或流量等来计费，费用比较高，目前主要是一些企事业单位使用。

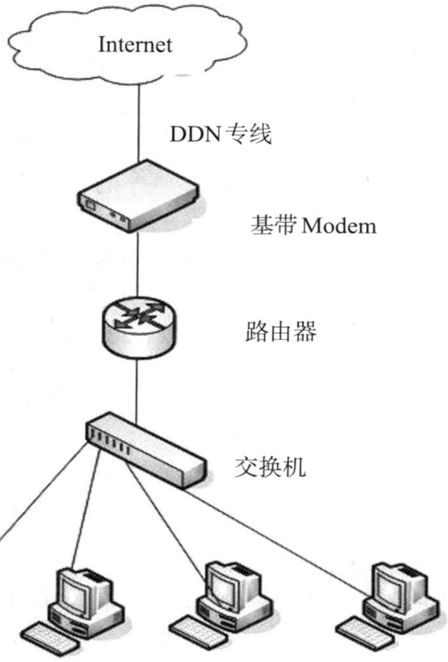

图4-15　DDN专线接入方式

2. 有线电视网接入

CATV和HFC均为电视电缆技术。有线电视（cable television，CATV）网是由广电部门规划设计的用来传输电视信号的网络，其覆盖面广，用户多。但有线电视网是单向的，只有下行信道。如果要将有线电视网应用到Internet业务中，则必须对其进行改造，使之具有双向功能。

混合光纤同轴电缆（hybrid fiber coax，HFC）网是在CATV网的基础上发展起来的，除可以提供原CATV网提供的业务外，它还能提供数据和其他交互型业务。HFC是对CATV的一种改造，在干线部分用光纤代替同轴电缆作为传输介质。CATV和HFC的一个主要区别是CATV只传送单向电视信号，而HFC提供双向的宽带传输。

电缆调制解调器（cable modem，CM）是一种通过有线电视网络进行高速数据接入的设备，其通常有三个接头，一个接有线电视插座，一个接计算机，一个接普通电话。大部分电缆调制解调器是外置式的，通过标准10 BASE-T以太网卡和双绞线与计算机相连。计算机和LAN通过电缆调制解调器 接入Internet，如图4-16所示。

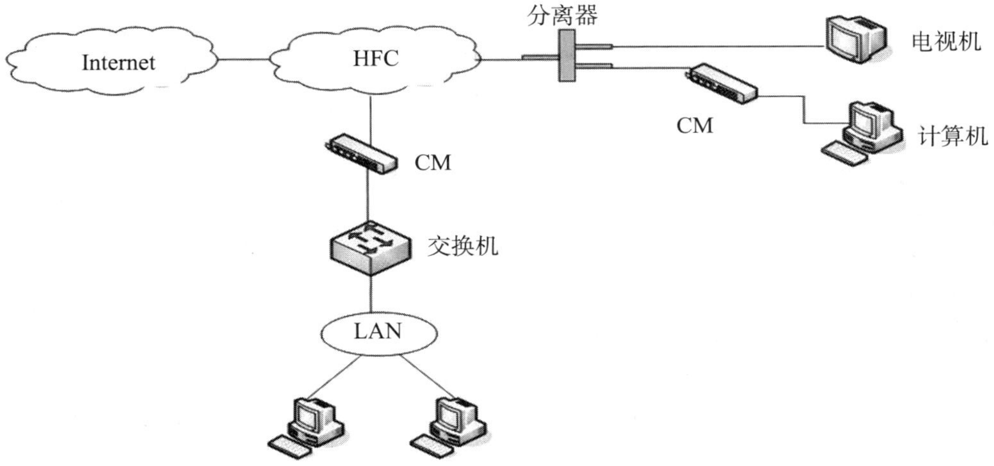

图4-16　有线电视网接入方式

modem通常的功能是调制信号和解调信号，而CM的功能却不限于此，它实际上是一系列功能的复合体，包含调制解调器、转换器、NIC和SNMP代理。

3. LAN接入

目前，采用局域网LAN接入Internet的方式比较普遍，特别是在以太网技术飞速发展和光纤已经通到小区或大楼的前提下，人们考虑将它作为高速宽带接入的首选方案。

基于以太网技术的宽带接入网由局侧设备和用户侧设备组成。局侧设备一般位于小区内，用户侧设备一般位于居民楼内。局侧设备提供与IP骨干网的接口，用户侧设备提供与用户终端计算机相接的10/100 BASE-T接口。局侧设备具有汇聚用户侧设备网管信息的功能。例如，FTTx（光纤到x）+ LAN方案是以以太网技术为基础的，可用来建设智能化的园区网络，在用户的家中安装以太网RJ-45信息插座作为接入网络的接口，可提供10/100 Mbps的网络速度。通过FTTx+LAN接入技术能够实现“千兆到小区、百兆到居民大楼、十兆到桌面”，为用户提供信息网络的高速接入。以FTTx + LAN的方式接入Internet的示意图如图4-17所示。

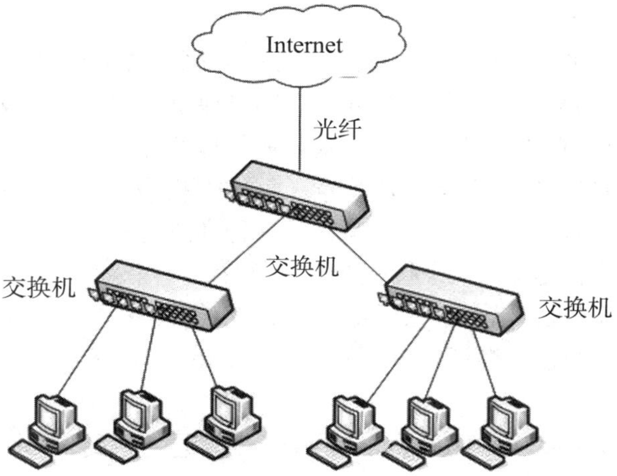

图4-17　以FTTx + LAN的方式接入Internet

以太网接入具有性价比好、可扩展、容易安装和开通以及高可靠性等特点，现已成为企事业单位和个人用户接入的主要方式之一。

此外还有采用宽带路由器接入方式。宽带路由器是专门供宽带接入用户共享访问Internet的产品，集成了路由器、防火墙、带宽控制和管理等功能，具备快速转发、灵活的网络管理和丰富的网络状态等特点。

宽带路由器一般具备1～4个WAN接口，能自动检测或手工设定宽带运营商的接入类型，可支持ADSL modem、CM的以太网口接入Internet，也支持以太网直接连接小区宽带。

4. 光纤接入

根据接入网室外传输设施中是否含有源设备，光纤接入网分为无源光网络（passive optical network，PON）和有源光网络（active optical network，AON）。

AON是指从局端设备到用户分配单元之间采用有源光纤传输设备，即光/电转换设备、有源光器件、光纤等。该方式的一种形式是FTTR，从交换机通过光纤用V5接口连接远端单元，再经过铜线分配到各用户。在这种网络中以光纤代替原有的铜线主干网，提高了复用率，同时采用V5接口又省去了数/模转换设备。当距离较长时，这种结构的成本反而低于铜线线路的成本，但是这种网络为每个用户提供的带宽有限，仍不能适应高速业务的需要。有源光纤网络的另外一种形式是有源双星结构FTTC 。该结构中采用有源节点，可以降低对光器件的要求，但初期投资较大，且存在供电、维护等问题。

PON指光传输段采用无源器件实现点对多点拓扑的光纤接入网。该方式采用无源光分路器将信号分送至用户。由于采用无源光分路器，所以初期投资较小，大量的费用将在所有宽带业务发展以后支出，但必须采用性能较好、带宽较宽的光设备。PON包括窄带无源光纤网络和以ATM为基础的宽带无源光纤网络（APON）。前者提供2 Mbps及以下速率的数据传输通道，后者可以提供最高速率达622 Mbps的数据传输通道。

目前光纤接入网几乎都采用PON结构。PON成为光纤接入网的发展趋势，其接入设备主要由光线路终端（optical line terminal，OLT）、光网络单元（optical network unit，ONU）或光网络终端（optical network terminal，ONT）组成，由无源光分路器件将光线路终端的光信号分到树状网络的各个光网络单元。一个OLT可接32个ONT或ONU，一个ONT可接8个用户，而一个ONU可接32个用户，因此，一个OLT最大可负载1 024个用户。PON技术的传输介质采用单芯光纤。在该技术中从局端到用户端的最大距离为20 km。接入系统总的传输速率为上行和下行各155 Mbps，每个用户使用的带宽可以从64 kbps到155 Mbps灵活划分，一个OLT上所接的用户共享155 Mbps带宽。PON接入技术如图4-18所示。

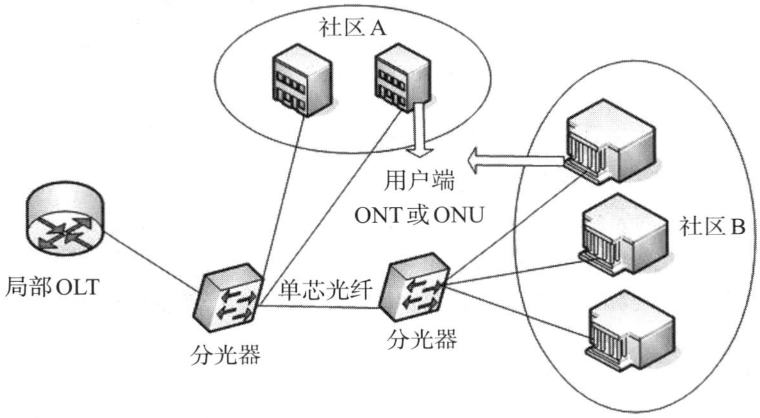

图4-18 PON接入技术

PON具有节省光纤资源、对网络协议透明的特点，在光接入网中扮演着越来越重要的角色。同时，以太网技术经过多年的发展，以其简便实用、价格低廉的特性，几乎已经完全统治了局域网，并在事实上被证明是承载IP数据包的最佳载体。随着IP业务在城域和干线传输中所占比例的不断攀升，以太网也在通过传输速率、可管理性等方面的改进逐渐向接入网、城域网甚至骨干网上渗透。而以太网与PON结合，便产生了以太网无源光网络（Ethernet passive optical network，EPON）。它同时具备了以太网和PON的优点，正成为光接入网领域中的热门技术。

EPON是一种新兴的宽带接入技术，现已成为主流宽带接入技术之一。它通过一个单一的光纤接入系统，实现数据、语音及视频的综合业务接入，并具有良好的经济性。EPON网络结构的特点、宽带入户的特殊优越性与计算机网络天然的有机结合，以及下一代网络将以网络为核心传输网的发展趋势，要求接入网演进成以以太网技术为核心的全业务综合接入网，以适应未来网络的发展方向。

EPON系统的结构如图4-19所示，一般由局端的光线路终端OLT、用户端的光网络单元ONU和光配线网ODN组成，其中，ODN全部由无源器件组成。EPON采用单纤波分复用技术（下行1 490 nm，上行1 310 nm），下行数据流采用广播技术，上行数据流采用TDMA技术。OLT至ONU间只需一根光纤。这时，局端至用户端的传输距离可达20 km。

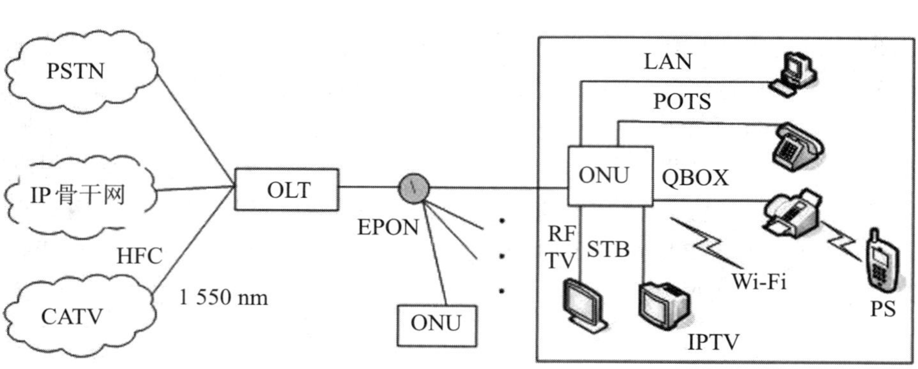

图4-19 EPON系统的结构

EPON具有同时传输语音、IP数据和视频广播的能力，其中，语音和IP数据采用IEEE 802.3以太网帧格式进行传输，数据业务给用户提供的最大带宽为1 000 Mbps，通过扩展第三个波长（通常为1 550 nm）还可以实现视频广播传输业务。

OLT位于局端，是整个EPON系统的核心部件之一，其作用是为光接入网提供网络侧与电话网、IP骨干网和有线电视网的接口，并通过一个或多个ODN与用户侧的ONU通信。

ODN是由无源光元件（如光缆、光连接器和光分路器等）组成的光配线网，为OLT与ONU之间提供光传输手段，其主要功能是让分光器进行光信号功率的分配，分发下行数据并集中上行数据。EPON系统采用WDM技术，下行数据采用1 490 nm波长的光信号，上行数据采用1 310 nm波长的光信号，实现单纤双向传输。一般情况下，EPON系统在下行方向采用广播方式传输数据，下行方向的光信号被广播到所有的ONU，通过过滤的机制，ONU仅接收属于自己的数据帧；上行方向采用时分多址（TDMA）方式，上行方向的每个ONU根据OLT发送的带宽授权发送上行业务。

由于EPON系统在下行方向采用广播方式，所以存在数据安全性问题，在需要的时候应对下行方向的信息进行加密处理。

ONU位于用户端，为接入网提供直接的或远端的用户侧接口。ONU的主要功能是终结光纤链路，并提供对用户业务的各种适配功能，负责综合业务接入。由于ONU用户侧是电接口，而网络侧是光接口，因此，ONU具有光/电和电/光转换功能，还要完成对信号的数字化处理、信令处理以及维护管理功能。当需要提供不同的业务时，在ONU中要配置不同的接口电路。在EPON系统中，语音和IP数据采用扩展的IEEE 802.3以太网帧格式进行传输，因而在通信的过程中，承载IP业务就不再需要协议转换，从而实现了高速的数据转发。

（三）无线接入

无线接入技术是指接入网的某一部分或全部使用无线传输介质，向用户提供移动或固定接入服务的技术。无线接入与任何其他接入方式相类似，首先必须有公共设施无线接入网。无线接入网对实现通信网的“五个W”意义重大，即要保证任何人（whoever）

随时（whenever）随地（wherever）能同任何人（whoever）实现任何方式（whatever）的通信。无线接入要求在接入的计算机上插入无线接入网卡，得到无线接入网ISP的服务后便可实现Internet的接入。

无线接入技术按照使用方式可以分为固定接入方式和移动接入方式两种。

1. 固定接入方式

固定接入方式采用微波、卫星短波等接入形式。微波接入的典型方式是建立卫星地面站，租用通信卫星的信道与上级ISP通信，其单路最高速率为27 kbps，可以多路复用，其优点是不受地域限制。卫星通信传输技术是利用卫星通信的多址传输方式，为全球用户提供大范围和远距离的数据通信。与微波技术类似，卫星通信传输技术利用专用的设备也可以接入Internet，且接入速率和距离都比较理想，但是由于微波有绕射力，所以这种技术适合用于在城市及市郊进行中远距离联网。在固定接入方式中，以本地多点分配业务（local multipoint distribution service，LMDS）为代表的宽带无线固定接入技术是近年来新兴的无线接入技术，越来越受到广泛关注。

在LMDS接入方式中，一个基站可覆盖2～10 km的区域，其工作频段在24～31 GHz，可用带宽为1 GHz以上，在较近的距离内双向传输话音、数据和图像等信息。它的出现大大缓解了目前接入网环境下带宽不足的问题。LMDS将点对多点（PMP）微波通信技术和ATM技术有效结合，采用快速动态容量分配（FDCA）的TDM/TDMA技术，可以动态地为每个用户提供高达37 Mbps的瞬时速率。

LMDS采用一种类似蜂窝的服务区结构，将一个需要提供业务的地区划分为若干服务区，每个服务区内设基站，基站设备经点到多点无线链路与服务区内的用户端通信。每个服务区覆盖范围为几千米至十几千米，并可相互重叠。

LMDS可支持的业务主要面向商业用户和集团用户，适用于业务量集中和用户群集中的地区。目前可提供的主要业务类型包括高质量语音业务、高速数据业务、模拟和数字视频业务、Internet接入业务。

2. 移动接入方式

移动接入方式除利用手机上网进行网页浏览、收发电子邮件等常规的Internet服务外，还可以发送短消息、下载铃声、屏保等。由于移动通信技术的快速发展，手机上网的速率快速提升。

在无线接入网中，应用最为广泛的是无线局域网WLAN，采用IEEE 802.11通信标准，又称无线保真（wireless fidelity，Wi-Fi），接入方式采用的波段是2.4 GHz，最高带宽为11 Mbps，在信号较弱或有干扰的情况下，带宽可调整为5.5 Mbps、2 Mbps和1 Mbps，以保障信号的稳定性和可靠性。Wi-Fi技术与蓝牙技术一样，同属于在办公室和家庭中使用的短距离无线技术。该技术的突出优势在于无线电波的覆盖范围广，传输速度比较快，厂商进入该领域的门槛比较低，因而目前应用十分广泛。现在，各大电信运营商都广泛部署了自己的WLAN，只要开启计算机的无线局域网，或开启智能手机的Wi-Fi功能，用户可以随时随地检测到各种无线网络。

蜂窝网络是一种广域无线通信技术，它使用分布在不同位置的基站来提供无线通信服务。每个基站覆盖一个特定的区域，这些区域被划分为蜂窝状的小区域，因此称为蜂窝网络。蜂窝网络广泛应用于城市、乡村和高速公路等广域范围。它提供了移动设备无缝漫游和长距离通信的功能。蜂窝网络适用于移动电话通信、智能手机上网、物联网设备连接等大范围无线通信需求。

（四）几种Internet接入方式的比较

如果用户想使用Internet所提供的服务，则必须首先将自己的计算机接入Internet，然后才能访问Internet中提供的各类服务与信息资源。网络接入技术是指计算机主机和局域网接入广域网的技术，即用户终端与ISP的互联技术，也泛指“三网”融合后用户的多媒体业务的接入技术。这与电信网体系结构中的接入网既有概念上的不同，又有技术上的联系。例如美国拥有完善的CATV网和庞大的铜缆资源，在网络接入技术应用方面就充分考虑了发挥现有设施和资源的作用，目前已有相当数量的CATV改造为双向传输网。在欧洲，数字用户线方式已得到广泛应用，面向全业务的无源光网络技术开始进入实用推广阶段，但是在“最后一千米”仍倾向于使用ADSL和VDSL技术。

各种网络接入技术因本身的特点分别有着不同的应用场合和前景。目前，用户可以选择的Internet 接入方式有PSTN模拟接入、ISDN接入、ADSL接入、CM接入、DDN专线接入、卫星无线接入等。PSTN、ISDN和ADSL 接入都是基于电话线路的，而CM接入则是基于有线电视HFC线路的。PSTN模拟接入速率低，ISDN接入尽管可以达到128 kbps，但也没有成为主流的接入方式。DDN专线接入以及卫星无线接入费用高昂，非个人用户所能接受。几种接入技术的比较如表4-2所示。

表4-2　几种接入技术的比较

接入方式	优点	缺点
拨号	接入成本低，简单方便	带宽偏低，缺乏严格的QoS保证
ISDN	充分利用电信现有网络资源，接入成本低，业务开展灵活	带宽较低；传输质量受传输距离影响较大，易受外界影响
xDSL	充分利用电信现有网络资源，对各种业务的支持能力强，能较好地保证QoS	传输质量受传输距离影响较大，易受外界影响
以太网	简单方便，带宽高	缺乏严格的QoS保证，且受距离限制
CM	利用宽带的有线电视网，带宽高，普及性高	双向改造投资大
无线	非常适合于布线不方便的场合、移动多媒体，可随时随地获取信息	带宽比以太网接入方式小，易受环境影响

用户在选择 Internet 接入方式时，可以从带宽、抗干扰能力、网络基础和国际标准等几方面进行比较。下面以CM与ADSL 为例进行介绍。

1. 带宽的比较

有线电视系统所用的CM上/下行速率为对称的10 Mbps，有较大的带宽优势。这在Internet 接入应用方面具有特殊的优势。CM不仅接入速率高，接入同轴电缆的带宽也达几百MHz，在上下行通道中具有极好的均衡能力。这种带宽优势使得接入Internet的过程可在一瞬间完成，不需要拨号和等待登录，用户可以随意发送和接收数据。不发送或接收数据时不占用任何网络和系统资源。

ADSL接入方式在一对铜质电话线上的上行速率达640 kbps～1.54 Mbps，下行速率达到1.5～8 Mbps，但在实际使用过程中下行速率在线路质量不太理想的情况下还可能更低些。由于只要有1.5 Mbps的数据传输速率即可达到MPEG1视频压缩质量要求，因此ADSL技术也是基于Internet的视频点播（VOD）应用、高速冲浪、远程局域网访问的理想技术。

CM接入方式传输速率虽高，但也存在一些问题。有线电视线路不像电话系统那样采用交换技术，所以无法获得一个特定的带宽，它就像一个非交换型的以太网，即在理想状态下，有线电视网只相当于一个传输速率为10 Mbps的共享式总线型以太网络。CM用户间是共享带宽的，当多个CM用户同时接入Internet时数据带宽就由这些用户均分，速率也就会下降。而ADSL接入方案在网络拓扑结构上可以看作是星形结构，每个用户都有单独的一条线路与ADSL局端相连，每一用户独享数据传输带宽。

2. 抗干扰能力的比较

有线电视系统接入Internet的介质——同轴电缆，相较于传统电话线的双绞线具有显著优势，它的外层为同轴屏蔽层，对外界干扰信号具有相当强的屏蔽作用，不易受外界干扰。只要在线缆连接端或器件上做好相应的屏蔽接地工作即可抑制外来干扰。

ADSL接入的接入线为铜电话线，传输频率为30 kHz～1 MHz，传输过程中容易受到外来高频信号的串扰。而高频信号的串扰是影响ADSL性能的一个主要原因。ADSL技术通过不对称传输、利用频分复用技术使信号分为上/下行信道，通过回波抵消技术来减小串扰的影响，实现数字信号的高速传送。在工程实践过程中，为了减轻来自空调、日光灯、马达等干扰源的串扰，工程人员总是尽量避免电话线悬空、分叉，有针对性地避开各类干扰源，以获得稳定的ADSL接入质量。

3. 网络基础的比较

ADSL技术是专门为普通电话线而设计的一种高速数字传输技术，充分利用了已有的电话线资源。在用户端设备没有普及之前，ADSL技术成了优选的Internet高速数字接入技术。只要在现有的电话线两端接入ADSL modem，不仅可以打电话，还可以进行高速Internet接入，互不干扰。而有线电视传输系统大部分网络为单向结构，要满足Internet接入需求，必须进行升级、改造，使过去的单向广播方式转变为双向的数据传输方式。

4. 国际标准的比较

1999年，国际电信联盟（ITU）通过了G.LiteADSL标准，是ADSL技术发展中一个重要里程碑，该标准确保不同厂家的ADSL Modem能互联互通。CM的标准DOCSIS得到了国际电信联盟的认可成为国际标准，未来，DOCSIS将与光纤互补，共同构建混合接入网络，推动全球宽带服务的普惠化。

总之，CM和ADSL在性能上各有优势。但在中国，有线电视系统中同轴电缆的高频特性是适应用户密集型小区的，尽管其在几百兆赫兹范围内均衡性能很好，但同轴电缆的传输距离却是一大限制。因此，有线电视网Internet接入适用于用户密集型小区，而远距离单独用户则应采用ADSL接入。

项目总结

网络互联是将分布在不同地理位置的网络连接起来，以构成更大规模的互联网络系统，实现更大范围内互联网络资源的共享。网络互联类型主要有局域网-局域网互联、局域网-广域网互联及广域网-广域网互联等。根据网络层次的结构模型，网络互联的层次可以分为在数据链路层实现互联、在网络层实现互联以及在传输层及以上的各层实现互联。

根据网络互联的层次结构，出现了物理层中继系统（集线器和中继器）、数据链路层中继系统（网桥和交换机）、网络层中继系统（路由器和三层交换机）、网络层以上的中继系统（网关）。

Internet接入就是把计算机连接到Internet上并且获取信息。当前应用及研究中的网络接入技术大致分为5类：一是调制解调器的改进技术；二是基于电信网用户线的数字用户线（DSL）接入技术；三是基于有线电视CATV网传输设施的电缆调制解调器接入技术；四是基于光缆的宽带光纤接入技术；五是基于无线电传输手段的无线接入技术。

拓展阅读

互联网诞生于20世纪60年代末，在20世纪90年代以后随着个人电脑的普及而风靡全球。1994年，中国正式接入互联网。随着互联网的应用领域越来越广，联网计算机总数和上网用户总数迅速增加，它逐渐改变了传统社会生活、人们的价值观及认识世界、思考问题的方法。

中国互联网络信息中心（CNNIC）发布的第52次《中国互联网络发展状况统计报告》反映了中国互联网发展的重要趋势与核心数据。截至2023年6月，我国网民规模达10.79亿人，较2022年12月增长1 109万人，互联网普及率达76.4%；在网络基础资源方面，我国域名总数为3 024万个；IPv6活跃用户数达7.67亿人；即时通信、网络视频、短视频用户规模分别达10.47亿人、10.44亿人和10.26亿人，用户使用率分别为97.1%、96.8%和95.2%；网约车、在线旅行预订、网络文学的用户规模较2022年12月分别增长3 492万人、3 091万人、3 592万人，增长率分别为8.0%、7.3%和7.3%，成为用户规模增长最快的三类应用；国内市场上监测到的活跃APP数量达260万款，进一步覆盖网民的日常学习、工作、生活。

在尊重传统的基础上，利用互联网的跨国界特性进行跨文化交流，展示中国文化的开放性和包容性。同时还可以与外国文化机构和组织合作，通过交流互鉴，提升传统文化的国际影响力，增进各国之间的了解与友谊，让世界更多地了解我国的传统文化。通过互联网平台讲述中国故事，传播社会主义核心价值观，树立文化自觉和文化自信，已成为塑造文化全球影响力的战略要素。通过这些方式，互联网不仅为传统文化的展示和传播提供了广阔的平台，也为树立文化自信、推动文化创新发展注入了新的活力。

项目习题

一、填空题

1. 网络互联设备包括__________、__________、__________、__________和网关。

2. 网络接入技术是指__________和__________ 接入Internet的技术。

3. 在xDSL技术中，HDSL和SDSL提供对称带宽传输，即双向传输带宽相同，而__________和__________提供非对称带宽传输，其中又以__________技术应用最多。

4. EPON采用单纤波分复用技术，下行数据流采用__________技术，上行数据采用__________技术。

5. HFC是__________和__________相结合的混合网络。

6. 将网络连接起来的设备称为网络互联设备，包括_______、集线器、________、路由器和网关。

7.在实际应用中，网络互联有4种类型，即局域网和局域网互联、____________、________________ 、广域网和广域网互联、__________。

8. 广域网的互联分为___________和____________________两种形式。

9. 根据网络层次的结构模型，在网络互联的层次中，数据链路层互联采用的互联设备是__________；网络层互联采用的互联设备是__________ 。

10. 网关的作用是实现________________和X.25协议的转换。

11. 物理层中继系统的主要设备是__________和__________ 。

12. 数据链路层中继系统的主要设备是__________和__________ 。

13. 网络层中继系统的主要设备是__________和__________。

14. 网络层以上的中继系统（应用层）的主要设备是__________。

15. 广域网主要工作于OSI参考模型的下三层，即________、_________和_________ 。

16. 广域网接入方式一般可分为______接入、_______ 接入和 ________接入。

17. 在Wi-Fi接入方式下，最高带宽为_______Mbps，在信号较弱或有干扰的情况下，带宽可调整为________Mbps、__________Mbps和_________Mbps，以保障网络的稳定性和可靠性。

二、选择题

1. 网络互联的层次在数据链路层互联，采用的互联设备是（　　）。

A. 中继器　　B. 路由器　　C. 网桥　　D. 网关

2. ADSL通常使用（　　）。

A. ATM网进行信号传输　　B. 电话线路进行信号传输

C. DDN网进行信号传输　　D. 有线电视网进行信号传输

3. 不以电话线为传输媒介的接入技术是（　　）。

A.CM　　B. DDN　　C. N-ISDN　　D. xSDL

4. 选择Internet 接入方式时可以不考虑（　　）。

A. 接入计算机或计算机网络与Internet之间的距离

B. 用户对网络接入速度的要求

C. 用户所能承受的接入费用和代价

D. Internet上主机运行的操作系统

5. EPON系统采用WDM技术，下行数据采用（　　）波长。

A. 1 310 nm　　B. 1 490 nm　　C. 1 550 nm　　D. 以上都不是

三、判断题

1. 网络互联是基础，互通是网络互联的手段，互操作是网络互联的目的。（　　）
2. 以太网接入具有的高带宽和低成本的特点，适合各种条件的Internet接入。（　　）
3. CATV和HFC是一种网络。（　　）
4. CM的功能包含调制解调器、NIC和SNMP代理等。（　　）
5. 目前光纤接入网几乎都采用PON或EPON结构。（　　）

四、简答题

1. 什么是网络互联？网络互联有哪些基本要求？
2. 网络互联主要有哪些方式？
3. 简述xDSL的工作原理和种类。
4. 试比较PON与AON的异同点。
5. 什么是EPON？简述EPON系统的特点和结构。
6. 简述无线接入的概念及无线接入方式有哪几种。
7. 目前，Internet接入网在技术上比较成熟的主流技术有哪些？
8. 什么是中继器？中继器有哪些功能？
9. 集线器的功能是什么？集线器的工作特点是什么？
10. 交换机和集线器的区别是什么？
11. 什么是路由器？路由器有哪些功能？
12. 什么是防火墙？防火墙有哪些基本特性？

项目5

实现网络通信

公司的局域网与广域网在小李的努力下已经顺利组建完成，小李的工作得到了同事们的认可，他的学习热情及信心倍增。小李对网络的基础知识已经很熟悉了，此时他心中又产生了一个新的疑问：为什么图像、声音、文字和视频等信息可以在电脑上显示？它们是如何转换并传输的？让我们一起回答小李这个新问题。

项目导读

随着通信技术的发展，各种灵活方便的通信手段得以实现，使得人们能在计算机网络上随心所欲地传输信息，不再受距离限制。计算机之间的通信是资源共享的基础，计算机通信网络的核心是数据通信设施。网络中的信息交换和共享意味着一个计算机系统中的信号通过网络被传输到另一个计算机系统中去处理和使用。如何有效地传输不同计算机系统中的信号，是数据通信技术必须解决的问题。

在网络中心参观时可以看到很多机柜，在机柜中安装了很多设备，这些设备通过不同的线缆进行连接，实现相互间的通信。在实际应用中，大多数信息传输与交换都是在计算机之间或计算机与外围设备之间进行的。数据通信就是在不同计算机之间传送表示数字、文字、语音、图形或图像的二进制代码信号的过程。

项目目标

本项目将引导大家熟悉数据通信的基本概念、数据通信的主要技术指标、数据通信方式、数据通信技术、数据编码技术、多路复用技术和数据交换技术等，并通过真实的任务训练大家辨别单工通信、半双工通信和全双工通信，以及计算数据编码多项式等技能。

知识目标	能力目标	素质目标
1. 熟悉数据通信系统的基本概念； 2. 掌握数据通信系统的主要技术指标； 3. 了解数据通信系统的通信方式； 4. 了解数据传输技术、数据交换技术和差错控制技术	1. 能认知数据通信的主要技术指标； 2. 能辨别单工通信、半双工通信和全双工通信； 3. 能认知数据传输技术、数据交换技术和数据编码技术等	1. 培养认真细致的工作态度和工作作风； 2. 养成刻苦、勤奋、好问、独立思考和细心检查的学习习惯； 3. 能与成员精诚合作； 4. 具有一定自学、解决问题和创新的能力

任务5-1　数据通信基础概念

数据通信是依照一定的通信协议，在两点或多点之间通过某种传输媒介（如电缆、光缆），以数字二进制信息单元的形式交换信息的过程。数据通信是为了实现计算机与计算机或终端与计算机之间的信息交互而产生的一种通信技术。信号是数据的具体的物理表现，它能将数据用电信号的形式表达。而通信就是把数据的具体物理表现从一个地方传递到另一个地方，完成信息（或消息）的传输和交换。

在数据通信中，概念性的术语很多，只有弄清楚这些概念术语，才能真正地掌握数据通信的意义。

（一）信息、数据与信号

信息是人们对现实世界事物的存在方式或运动状态的某种认识。任何事物的存在，都伴随着相应的信息的存在，信息不仅能反映事物的特征、运动和行为，而且还能够借助媒体（如空气、光波、电磁波等）传播和扩散。信息的载体可以是数值、文字、图形、声音、图像以及动画等。

数据是指把事件的某些属性规范化后的表现形式，它能被识别，也可以被描述。数据可分为模拟数据与数字数据两种。

信号是数据的具体物理表现，它是信息（数据）的一种电磁编码，具有确定的物理描述，信号中包含了所要传递的信息。例如电压、磁场强度等。信号一般以时间为自变量，以表示信息（数据）的某个参量（振幅、频率或相位）为因变量。

三者的关系：信息一般是用数据来表示的，而表示信息的数据通常要转变为信号进行传递，即数据是信息的载体，信息是数据的内容和解释，而信号是数据的编码形式。

（二）模拟信号和数字信号

线路上传输的电信号按其因变量的取值是否连续可以分为模拟信号和数字信号。

模拟信号是指在时间和幅值上都连续变化的信号，如图5-1（a）所示，如电视图像信号、语音信号、温度压力传感器的输出信号等。

数字信号是指离散的信号，如图5-1（b）所示，是计算机使用的由“0”和“1”组成的信号。数字信号在通信线路上传输时要借助电信号的状态来表示二进制代码的值。因为电信号可呈现两种状态，可以分别代表“0”和“1”。

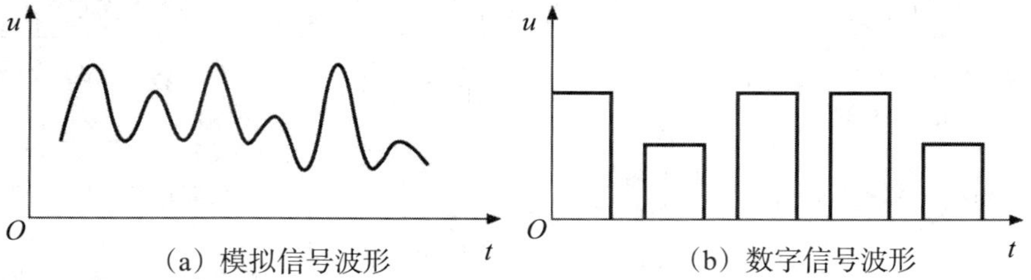

图5-1　模拟信号和数字信号波形

二者的关系：数字信号只包括“开”和“关”两种离散状态，模拟信号则包括从“开”到“关”的所有状态。

二者的转化：模拟信号可以通过采样、量化、编码等方式转化为数字信号，数字信号也可以通过解码、平滑等步骤恢复成模拟信号。

比如在数字化的电话交换和传输系统中，通常需要将模拟话音数据编码成数字信号后再进行传输。常用的一种方法称为脉冲编码调制（pulse code modulation，PCM）技术。

采样：以采样频率把模拟信号的值采出，如图5-2所示。

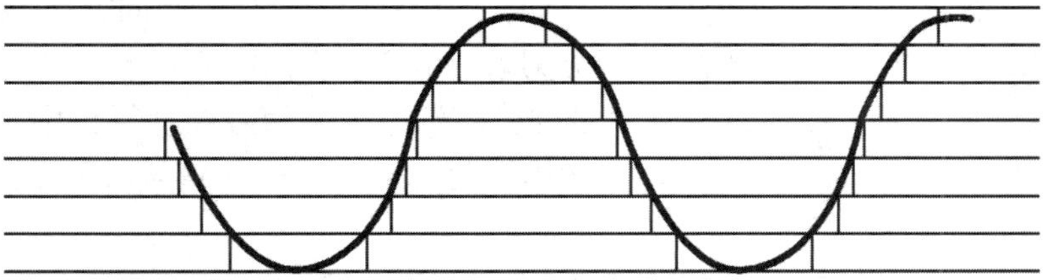

图5-2　模拟数据的采样

量化：使连续模拟信号变为时间轴上的离散值，如图5-3所示。

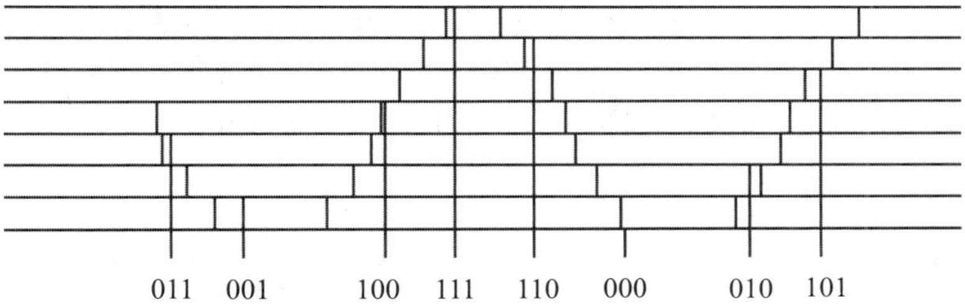

图5-3　模拟数据的量化

编码：将离散值变成一定位数的二进制码，如图5-4所示。

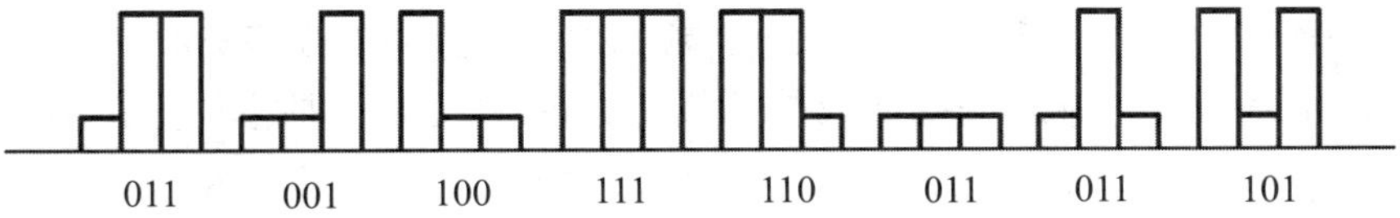

图5-4　模拟数据的编码

（三）基带信号与宽带信号

基带信号将数字信号1和0直接用两种不同的电压表示，再送到数字信道上去传输。来自信源的信号，像计算机输出的代表各种文字或图像文件的数据信号都属于基带信道上传送的信号。基带信号就是发出的可以直接表达要传输的信息的信号，比如我们说话的声波就是基带信号。

宽带信号将基带信号进行调制后形成的频分复用模拟信号，再传送到模拟信道上去传输。此时的基带信号经过载波调制后，可以在信道的较高频率范围的频段中传输。

在传输距离较近时，计算机网络采用基带传输方式，在传输距离较远时，计算机网络采用宽带传输方式。

（四）信道

信道是信号传输的必经之路，包括传输媒体和通信设备。传输媒体可以是有形媒体，如电缆、光纤等，也可以是无形媒体，如传输电磁波的空间。通过物理层协议建立起来的数据传输通道，在默认情况下，一条传输介质就是一条通道。通常采用信道复用技术实现在一条介质上划分多个信道，从而实现同一时刻多路、不同方向的通信。

按传输信号的类型分类，信道可以分为数字信道与模拟信道。

数字信道是用来传输离散数字信号的。离散的数字信号在计算机中是由“0”和“1”的二进制代码组成的数字序列，当利用数字信道传输数字信号时不需要进行变换，通常需要进行数字编码。

模拟信道是用来传输模拟信号的。模拟信号的电平随时间连续变化，语音信号就是典型的模拟信号。如果利用模拟信道传送数字信号，则必须经过数字信号与模拟信号之间的变换（A/D变换器）。调制解调器就是完成这种变换的。

信道带宽指的是信道传输数据的能力，是信道中每秒传输的最大信息量，也就是信道的最大传输速率，单位是bps。一般而言，一条信道的带宽值指的是在一种理想状态下，即不受任何干扰、没有任何衰减情况下，信道的传输速率。

（五）传输速率

传输速率是指通信线路上传输信息的速度，它是描述数据传输系统的重要技术指标之一。传输速率一般有两种表示方法，即信号速率和调制速率。

信号速率是指单位时间内所传送的二进制代码的有效位数，以每秒多少比特数计，单位为比特/秒（bit/s），即bps。数字信号的传输速率通常用“比特”来表示，即比特率。信号速率通常指的是当前实际的数据传输速率，永远小于或等于带宽值。

调制速率是指每秒传送的脉冲数，单位为波特（baud），是指信号在调制过程中，调制状态每秒钟转换的次数。模拟信号的速率通常用“波特”来表示。

注意：“波特”与“比特”的意义是不同的，每一“波特”（即模拟信号的一个状态）不仅仅表示一位数据，而是代表了多位数据。

（六）调制与解调

1. 调制

调制的作用是为了用“能量大”的信号承载另一种“能量小”的信号，使信号以更适合的形式在信道中传输，承载另一种信号的信号称为载波信号，而被承载信号才是我们真正要传输的信号。用坐船渡河的例子进行比喻，坐船的人可以认为是被承载的信号，而船就是载波信号。对于发送端要传输的信号，首先要进行调制，将被承载信号附加在载波信号上。

2. 解调

解调：当信号到达接收端的时候，还要将被承载信号释放出来，还原成真正有用的信号，这个释放的过程就是解调。它是调制的反过程。之所以要先经过调制，是为了便于低频信号在信道中实现远距离、高效地传输。到了接收端后，还要将其还原出来。

（七）通信方式

1. 单工、半双工与全双工通信

（1）单工通信。

单工通信是指数据信号仅沿一个方向传输，发送方只能发送不能接收，接收方只能接收而不能发送，任何时候都不能改变信号的传送方向。如图5-5所示。

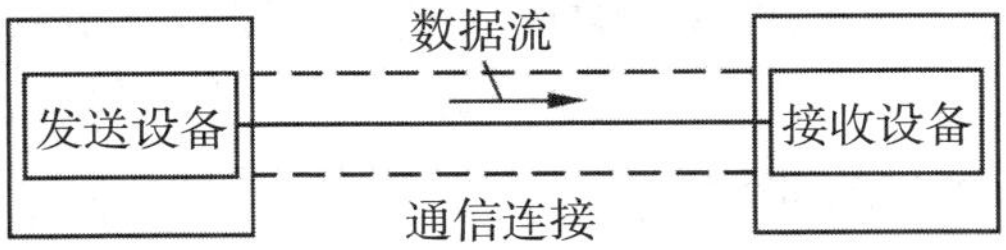

图5-5 单工通信示意图

（2）半双工通信。

半双工通信是指信号可以沿两个方向传送，但同一时刻一个信道只允许单方向传送，即两个方向的传输只能交替进行，而不能同时进行。如图5-6所示。

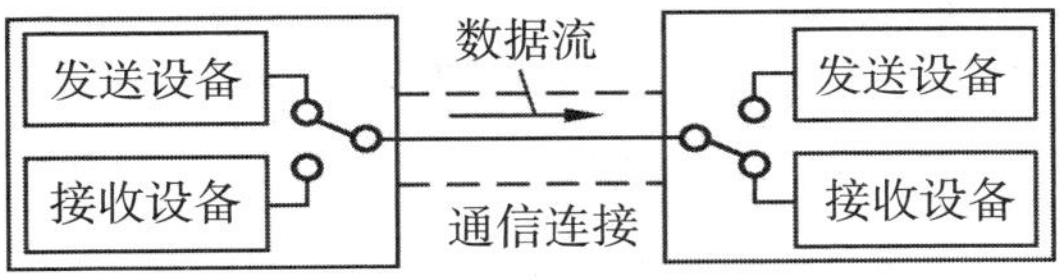

图5-6 半双工通信示意图

（3）全双工通信。

全双工通信是指数据可以同时沿相反的两个方向作双向传输，如电话通信。全双工通信需要两条信道，一条用来接收信息，一条用来发送信息，因此其通信效率很高。如图5-7所示。

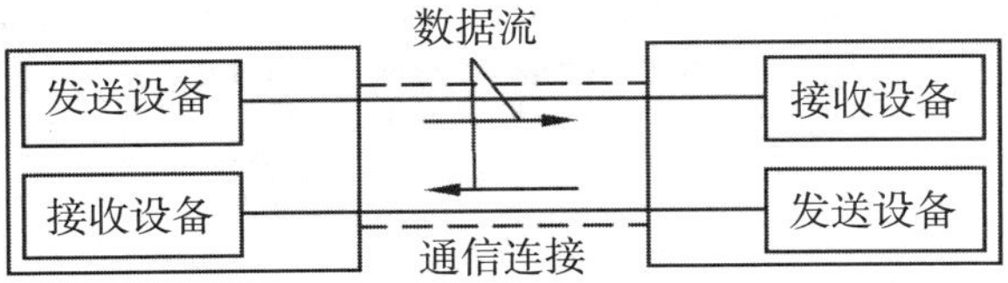

图5-7 全双工通信示意图

2. 串行通信和并行通信

（1）串行通信。

串行通信，是将待传送的每个字符的二进制代码按由低到高的顺序依次发送，如图5-8所示。其优点是收、发双方只需要一条传输信道，易于实现，成本低；缺点是传输速度较慢。在远程数据通信中，一般都采用串行通信方式。

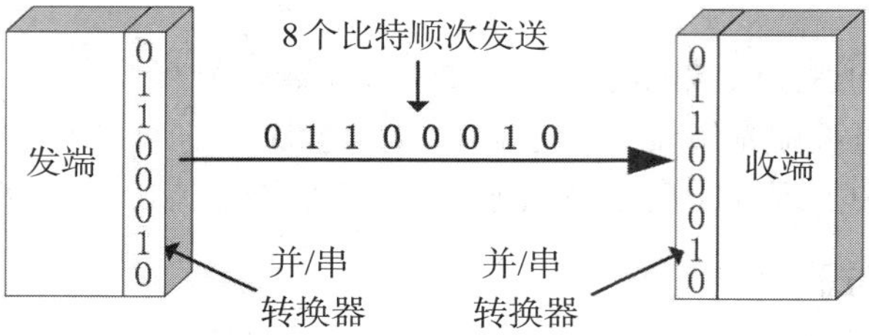

图5-8 串行通信示意图

（2）并行通信。

并行通信，是指数据以成组的方式在多个并行信道上同时进行传输，如图5-9所示。其优点是速度快，但发送与接收端之间有若干条线路，费用高，仅适合于近距离和高速数据通信的环境下使用。

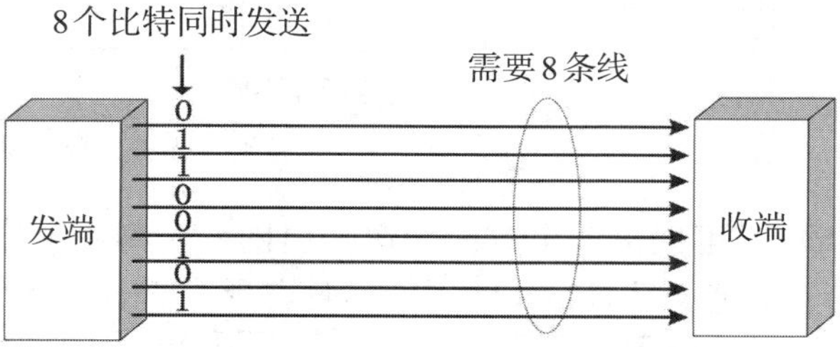

图5-9 并行通信示意图

3. 同步技术

“同步”就是要求通信的收发双方在时间基准上保持一致，它是数字通信中必须要解决的一个重要问题。

在数据通信过程中，同步技术通常指同步通信和异步通信两种方式。

（1）异步通信方式。

每传送1个字符都要在每个字符码前加1个起始位，以表示字符代码的开始；在字符代码和校验位后面加1或2个停止位，表示字符结束。接收方根据起始位和停止位来判断一个新字符的开始和结束，从而起到通信双方的同步作用如图5-10所示。

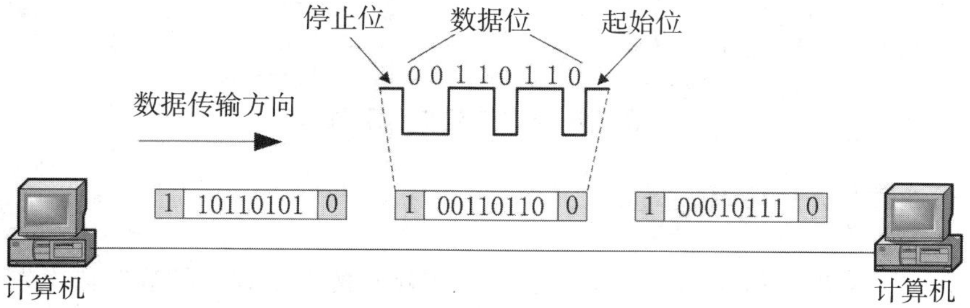

图5-10 异步通信方式

异步通信方式的实现比较简单，但每传输一个字符都需要多使用2到3位，所以适合于低速通信。

（2）同步通信方式。

该方式中，传输的信息格式是由一组字符或一个二进制位组成的数据块（帧）。

对这些数据，不需要附加起始位和停止位，而是在发送一组字符或数据块之前先发送一个同步字符SYN（以01101000表示）或一个同步字节（01111110），用于接收方进行同步检测，从而使收发双方进入同步状态。

在同步字符或字节之后，可以连续发送任意多个字符或数据块，发送数据完毕后，再使用同步字符或字节来标识整个发送过程的结束，如图5-11所示。

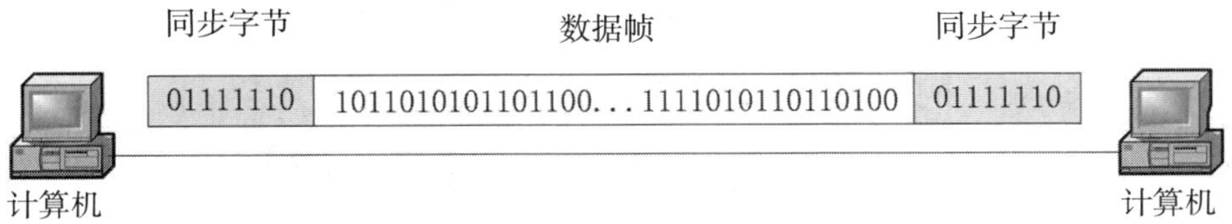

图5-11 同步通信方式

在同步传送时，由于发送方和接收方将整个字符组作为一个单位传送，且附加位又非常少，从而提高了数据传输的效率。这种方法一般用在高速传输数据的系统中，如计算机之间的数据通信。

任务5-2 数据交换技术

按照通信子网中的网络节点对进入子网的数据所实施的转发方式的不同来分类，可将数据交换的方式分为电路交换和存储转发交换。

（一）电路交换

电路交换（circuit switching）也称为“线路交换”，是一种直接的交换方式，与电话交换方式的工作过程很类似。两台计算机通过通信子网交换数据之前，首先要在通信子网中通过交换设备间的线路连接，建立一条实际的专用的物理通路。

电路交换实现数据通信需经过建立连接、数据传输、释放连接三个步骤，如图5-12所示。

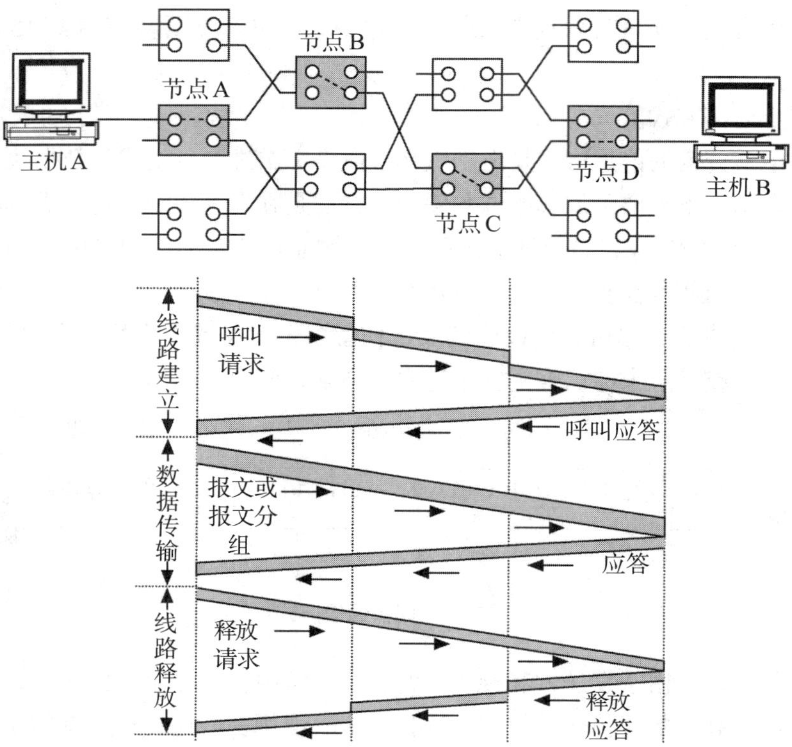

图5-12 电路交换示意图

电路交换的优点：

实时性好，适用于实时或交互式会话类通信，如数字语音，传真等通信业务。

电路交换的缺点：

呼叫时间大大长于数据的传送时间，通信线路的利用率不高，并且整个系统也不具备存储数据的能力，无法发现与纠正传输过程中发生的数据差错，系统效率较低；

对通信双方而言，必须做到双方的收发速度、编码方法、信息格式和传输控制等一致才能完成通信。

（二）存储转发交换

存储转发式交换（store-and-forward switching）是指网络节点先将途经的数据按传输单元接收并存储下来，然后选择一条适当的链路转发出去。根据转发的数据单元的不同，存储转发交换方式又可分为两类：报文交换和分组交换。

1. 报文交换（message switching）

报文交换是指网络中的每一个节点先将整个报文完整地接收并存储下来，然后选择合适的链路转发到下一个节点。每个节点都对报文进行存储、转发，最终到达目的地，如图5-13所示。

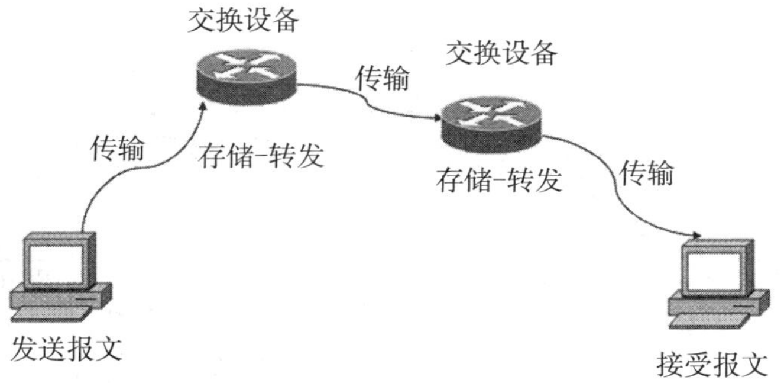

图5-13 报文交换示意图

在报文交换中，每一个报文由报头和要传输的数据组成，报头中有源地址和目标地址。节点根据报头中的目标地址为报文进行路径选择，并且对收发的报文进行相应的处理。

报文交换的优点：源节点和目标节点在通信时不需要建立一条专用的通路，与电路交换相比，报文交换没有建立连接和释放连接所需的等待和时延；线路的利用率高，任何时刻一份报文只占用一条链路的资源，不必占用通路上的所有链路资源，提高了网络资源的共享性；数据传输的可靠性高，每个节点在存储转发中，都进行差错控制，即进行检错和纠错。

报文交换的缺点：由于每一个节点都采用了对完整报文的存储/转发，因此传输时延较长，不适用于实时或交互式通信。

2. 分组交换（packet switching）

分组交换又称“包交换”，与报文交换同属于存储/转发式交换，它们之间的差别在于参与交换的数据的单元长度不同。分组交换不像报文交换以“整个报文”为单位进行交换传输，而是以更短、更标准的“报文分组”为单位进行交换传输。

根据网络中传输控制协议和传输路径的不同，分组交换又可分为两种方式：数据报分组交换及虚电路分组交换。

（1）数据报分组交换 。

在数据报小组交换过程中，每个分组被称为一个数据报，若干个数据报构成一次要传送的报文或数据块。每个数据报在传输的过程中，都要进行路径选择，各个数据报可以按照不同的路径到达目的地。因此，各数据报不能保证按发送的顺序到达目的节点，有些数据报甚至还可能在途中丢失。在接收端，再按分组的顺序将这些数据报组重新合成一个完整的报文。如图5-14所示。

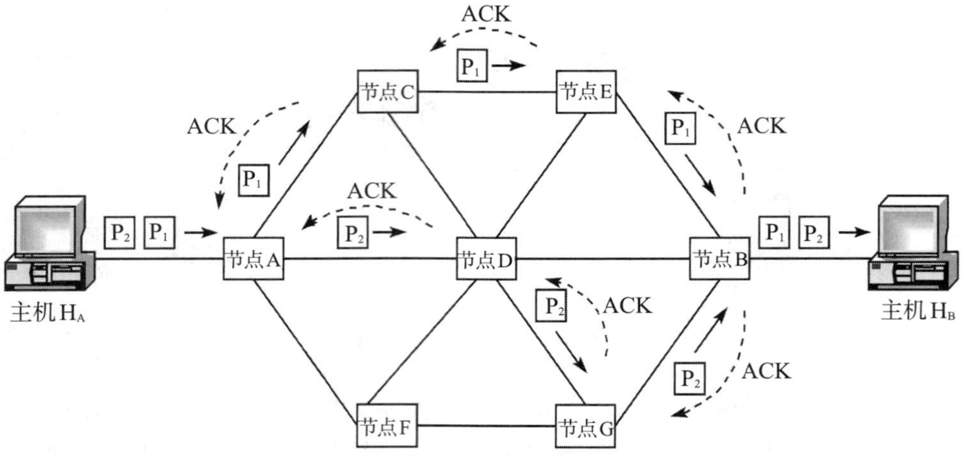

图5-14　数据报分组交换示意图

数据报分组交换有以下三个特点。

①每个分组都必须带有数据、源地址和目的地址，其长度受到限制，一般为2 000比特以内，典型长度为128个字节。

②同一报文的分组可以由不同的传输路径通过通信子网传输，到达目的节点时可能出现乱序、重复或丢失现象。

③传输延迟较大，适用于突发性通信，不适用于长报文、会话式通信。

（2）虚电路分组交换 。

虚电路分组交换方式结合了数据报分组交换方式与线路交换方式的优点，达到最佳的数据交换效果。

虚电路是为了传送某一报文而设立和存在的，它是两个用户节点在开始互相发送和接收数据之前需要通过通信网络建立的一条逻辑上的连接，所有分组都必须沿着事先建立的这条虚电路传输，用户在不需要发送和接收数据时清除该连接。

整个通信过程分为三个阶段：虚电路的建立、数据传输、虚电路拆除三个步骤。如图5-15所示。

虚电路分组交换有以下三个特点。

①虚电路在每次报文分组发送之前，必须在源节点与目的节点之间建立一条逻辑连接。

②报文分组不必携带目的地址、源地址等辅助信息，只需要携带虚电路标识号。报文分组到达目的节点时也不会出现丢失、重复或乱序的现象。

③报文分组通过每个虚电路上的节点时，节点只需要做差错检测，而不需要做路径选择。

3. 分组交换与报文交换相比的区别

①分组交换比报文交换减少了时间延迟。因为当第一个分组发送给第一个节点后，

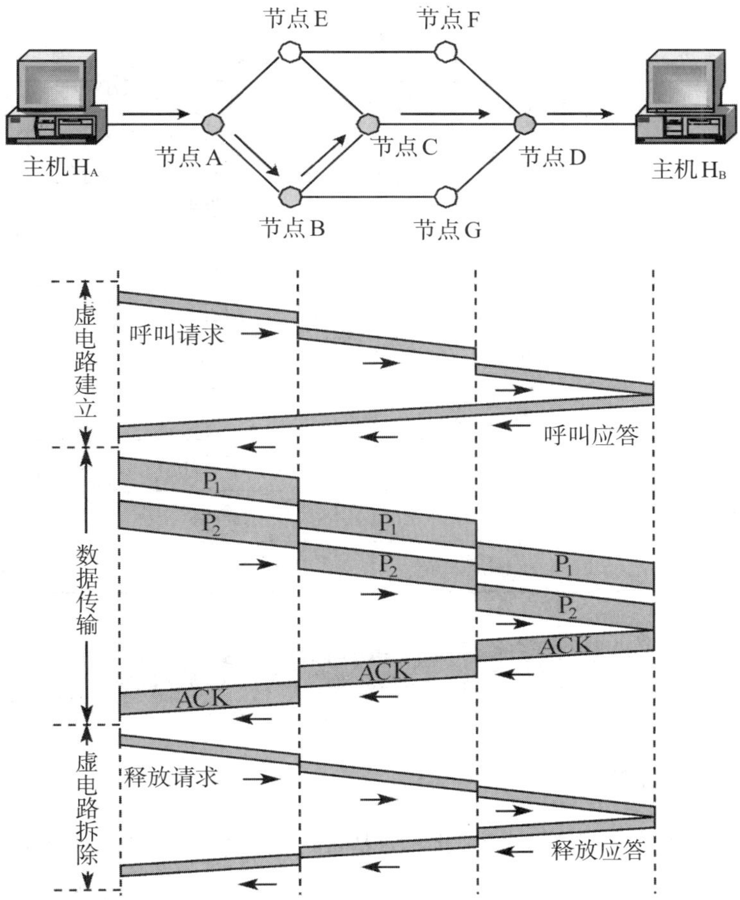

图5-15 虚电路分组交换示意图

接着就可发送第二个分组，随后可发送其他分组，这样多个分组可同时在网上传播，总的延时大大减少，网络信道的利用率大大提高 。

②分组交换把数据的最大长度限制在较小的范围内，这样每个节点所需要的存储量减少了，有利于提高节点存储资源的利用率。

③数据出错时，只需要重传错误分组，而不需要重发整个报文，这样有利于迅速进行数据纠错，大大减少每次传输发生错误的概率以及重传信息的数量。

④易于重新开始新的传输。可让紧急报文迅速发送出去，不会因传输优先级较低的报文而堵塞。

三种交换技术的对比如表5-1所示。

表5-1　三种交换技术比较

项目	交换方式		
	线路交换	报文交换	分组交换
接续时间	较长	较短	较短
传输延时	短	长	短
传输可靠性	较高	较高	高
过载反应	拒绝接受呼叫	节点延时增长	采用流控技术
线路利用率	低	高	高
实时性业务	适用	不适用	适用
实现费用	较低	较高	较高
传输带宽	固定带宽	动态使用带宽	动态使用带宽

任务5-3　数据传输技术

（一）数据传输类型

数据传输过程根据信号是否调制可分为基带传输和频带传输两种类型。

1. 基带传输

基带是指基本频带，即数字信号占用的基本频带。

基带传输是指在通信线路上原封不动地传输由计算机或终端产生的0或1数字脉冲信号。这样一个信号的基本频带可以从直流成分到数兆赫，频带越宽，传输线路的电容电感等对传输信号波形衰减的影响就越大。

基带传输具有信道简单，成本低的特点，但是其传输时占据信道的全部带宽，任何时候只能传输一路基带信号，信道利用率低。

2. 频带传输

频带传输是把二进制信号调制变换成能在公用电话网中传输的模拟信号，将模拟信号在传输介质中传送到接收端后，再由调制解调器将该模拟信号解调变换成原来的二进制信号。

在实现远距离通信时，经常借助于电话线路，此时就需要利用频带传输方式。采用频带传输时，调制解调器是最典型的通信设备，要求在发送端和接收端都要安装调制解调器，如图5-16所示。

图5-16 频带传输示意图

这样不仅克服了目前长途电话线路不能直接传输基带信号的缺点，而且能实现多路复用，从而提高了通信线路的利用率。

3. 宽带传输

宽带传输是指使用较大的信道带宽来传输信号的数字通信方式。宽带传输可以理解为基带传输的一种特殊情况，其中信道带宽足够宽以容纳更高频率范围的信号。

在宽带传输中，信号的频谱范围较广，可以涵盖更高的频率成分。这使得宽带传输能够支持更高的数据传输速率和更丰富的信号内容。宽带传输常用于高速互联网接入、数字电视和视频流媒体等应用。

宽带传输通常需要使用特殊的传输介质，如光纤或同轴电缆。这些介质具有较高的传输能力和抗干扰性能，以满足宽带传输对信号质量和传输距离的要求。

宽带传输的主要特点如下：

（1）宽带信道能够被划分成多个逻辑信道或频率段进行多路复用传输，信道容量大大增加；

（2）对数据业务、TV或无线电信号用单独的信道传输；

（3）宽带传输能够在同一信道上进行数字信息或模拟信息服务；

（4）宽带传输系统可以容纳全部广播信号，并可进行高速数据传输。

4. 基带传输、频带传输与宽带传输的区别

（1）基带传输由于信号不经过调制，整个信道只能传输一种信号，通信信道的利用率低。

（2）在近距离传输范围内，基带信号的衰减不大，信号内容不会发生变化。因此当传输距离比较近时，通常采用基带传输。大多数局域网如以太网或令牌环网，都采用基带传输。

（3）频带传输技术广泛应用于广域网中，在这种网络通信环境中，往往需要多种信号同时传输，需要实现较高的信道利用率，频带传输技术更加符合这种需求。另外，频带传输中的传输频率通常比较高，因此比较适合远距离的广域网通信。

（4）宽带传输是利用较大的信道带宽支持更高速率和更丰富信号内容传输的方式。根据具体应用需求和传输条件，选择适合的传输方式可以实现有效的数字信号传输。

（5）宽带比基带的传输距离更远。

（二）多路复用技术

多路复用是指在数据传输系统中，允许两个或多个数据源共享同一个传输介质，把若干个彼此无关的信号合并为一个在一个共用信道上进行传输，就像每一个数据源都有自己的信道一样。

多路复用一般可分为以下四种基本形式：

- 频分多路复用（frequency division multiplexing，FDM）
- 时分多路复用（time division multiplexing，TDM）
- 波分多路复用（wave division multiplexing，WDM）
- 码分多路复用（code division multiplexing，CDM ）

由于通信工程中用于通信线路架设的费用相当高，人们需要充分利用通信线路的容量。无论在广域网还是局域网中，传输介质的传输容量往往都超过了单一信道传输的通信量。因此，对于一条信道而言，如果只传输一路信号，则有可能造成信道带宽资源的浪费。

信道复用技术可以提高信道的利用率，通过将一条高带宽的信道分成若干条小带宽的子信道，进行多路低带宽需求的信号传输，可以大大提高原来信道的利用率，根据不同的信号和传输介质的类型，可以采用不同的信道复用技术。

1. 频分多路复用（FDM）

在频分复用系统中，信道的可用频带被分成若干个互不交叠的频带。在发送端，需要传输的多路基带信号通过FDM复用器分别用不同频带的载波进行调制，每路调制后的信号只占用原信道中的一部分频带，并在不同的子信道中传输；在接收端，通过FDM解复用器将不同的信号过滤出来，得到多路原始信号。

FDM复用器的调制工作要保证多路信号的工作频带不能重复，从而互不干扰地进行传输。 这类似于在大合唱中，如果要让每部分人的声音能够被观众识别出来，必须一部分人唱低音一部分人唱高音，如果所有人采用同一个音调唱歌，就很难区分每部分人唱歌的声音。

FDM的基本原理：多路数字信号被同时输入到频分多路复用编码器中，经过调制后，每一路数字信号的频率分别被调制到不同的频带，这样就可以将多路信号合起来放在一条信道上传输。接收方的频分多路复用解码器再将接收到的信号恢复成调制前的信号，如图5-17所示。

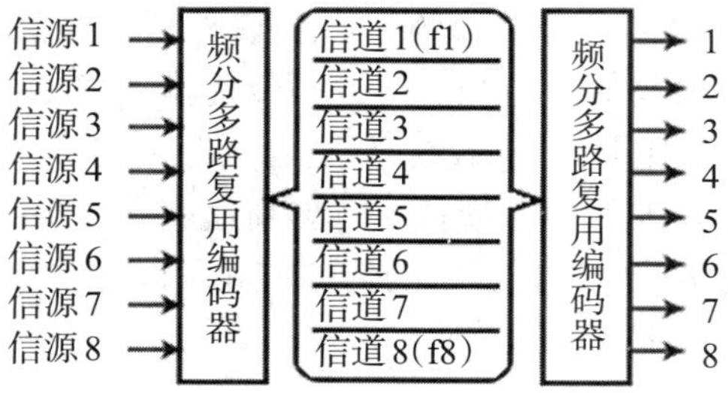

图5-17　FDM原理示意图

正交频分复用（OFDM）在无线网络中被广泛应用，其基本思想是将信道的可用带宽划分成若干相互正交的子载波，在每个子载波上独立进行数据传输，从而实现对高速串行数据流的低速并行传输。

2. 时分多路复用（TDM）

TDM的基本原理：两个以上的信号或数据流可以同时在一条通信线路上传输，其表现为同一通信信道的子信道。但从物理上来看，信号还是轮流占用物理信道的。时间域被分成周期循环的一些小段，每段时间长度是固定的，使不同信号在不同时间段内传送。在用户占有的时间片内，用户使用通信信道的全部带宽来传输数据。

例如：子信源1的采样数据可能是字节或者是数据块，使用时间段1；子信源2使用时间段2，如图5-18所示。

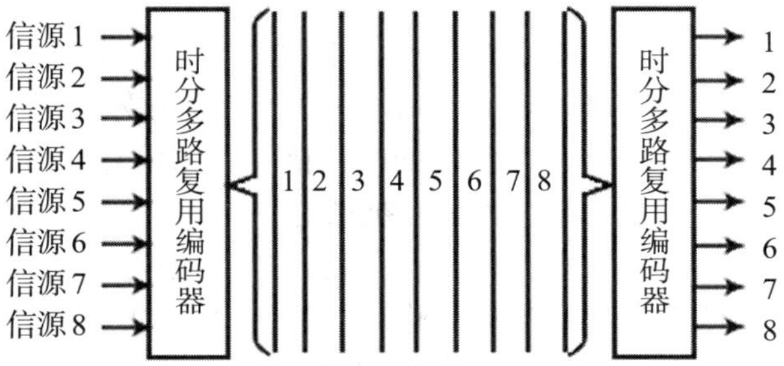

图5-18　时分多路复用原理示意图

3. 波分多路复用（WDM）

WDM的基本原理为：不同的信号使用不同波长的光波来传送数据，在传送端，两根光纤连到一个棱镜或衍射光栅，每根光纤里的光波处于不同的波段上，这样两束光通过棱镜或衍射光栅合到一根共享的光纤上，到达目的地后，再将两束光分解开来。如图5-19所示。

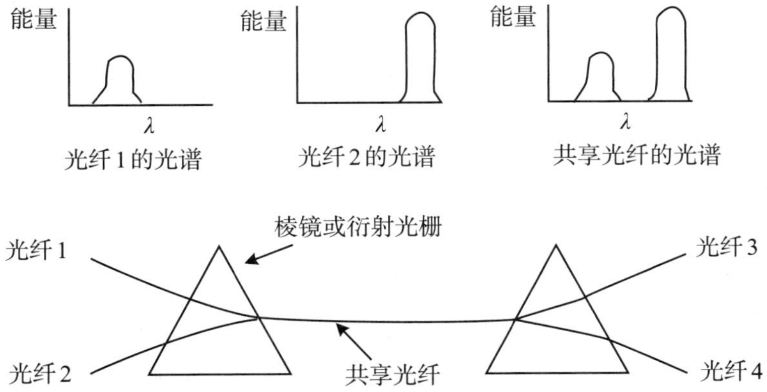

图5-19　波分多路复用原理示意图

所谓波分多路复用，是指在一根光纤上同时传输多个波长不同的光载波。实际上WDM是FDM的一个变种，用于光纤信道。波分复用是光信号中的频分复用技术，是在单条光纤中同时发送多束不同波长光束的技术，由于光波信号的频率一般非常高，因此一般用波长表示更方便。

在发送端，波分复用将两种或两种以上不同波长的光载波信号，通过合波器（又称复用器）汇合在一起，并耦合在光线路的同一根管线中传输；在接收端，分波器（又称去复用器）将各种波长的光载波分离，然后由光接收机做进一步处理以恢复原始信号。

波分复用的信道复用原理就是把一个光纤信道中的整个波长带宽划分为若干个小波长范围，每路光载波信号占用一个波长范围来传输。使得光纤上可传送多个不同波长的光载波子信道，让光纤的传输能力成倍增加。

随着技术的发展，目前可以复用80路或更多路的光载波信号，这种复用技术称为密集波分复用DWDM。波分多路复用系统在目前的高速主干网中已经广泛应用。

4. 码分多路复用

码分多路复用（CDM）技术又叫码分多址CDMA（code division multiple access）技术，它是在扩频通信技术基础上发展起来的一种无线通信技术。

其原理是每比特时间被分成m个更短的时间槽，称为码片（chip），通常情况下每比特有64或128个码片，每个站点（通道）被指定一个唯一的m位的代码或码片序列。当发送1时站点发送码片序列，发送0时站点则发送码片序列的反码。当两个或多个站点同时发送时，各路数据在信道中被线性相加。为了从信道中分离出各路信号，要求各个站点的码片序列是相互正交的。码分多路复用也是一种共享信道的方法，每个用户可在同一时间使用同样的频带进行通信，但使用的是基于码型的分割信道的方法，即每个用户分配一个地址码，各个码型互不重叠，通信各方之间不会相互干扰，抗干扰能力强。如图5-20所示。

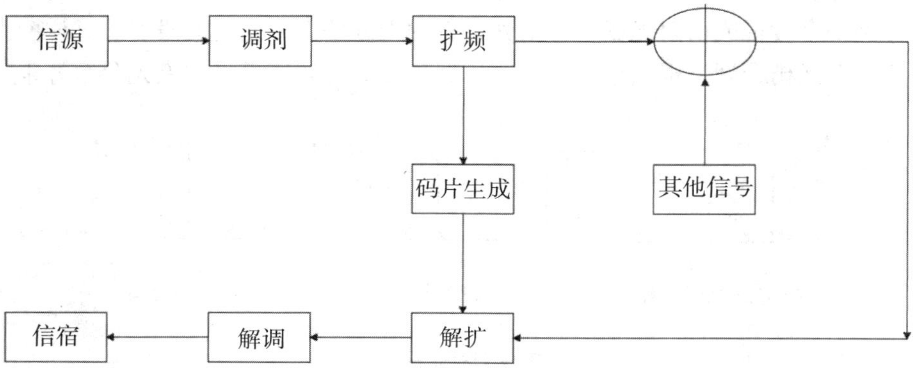

图5-20　码分多路复用示意图

码分多路复用通信系统抗窄频带干扰能力强，保密性强，各路的连接、变换较灵活，完全适合现代移动通信网所要求的大容量、高质量、综合业务、软切换等特性，但电路较复杂并需有精度高的同步系统。CDMA码分多址技术正受到越来越多的运营商和用户的青睐。

任务5-4 数据编码技术

在数据通信中，要传输的数据需要转换成信号才能在信道中传输。而数据可分为模拟数据和数字数据，信号也可分为数字信号和模拟信号。除了模拟数据的模拟信号可以直接在模拟信道上传输外（实际情况多数也需要编码），其余的传输均需进行编码。

需要说明的是，将模拟数据或数字数据编码为模拟信号通过传输介质发送出去的过程通常也叫做调制。

（一）模拟数据编码

模拟数据的模拟信号调制：模拟数据经由模拟信号传输时不需要进行变换，有时低频输入数据需要调制到高频，使得输出信号是一种带有输入数据的频率较高的模拟信号，常用的调制技术是幅度调制AM和频率调制FM。

模拟数据的数字信号编码：利用数字信号传输模拟数据的最常见的例子就是脉冲编码调制（PCM），它常用于对声音进行编码。脉码调制是以采样定理为基础，对连续变化的模拟信号进行周期性采样，利用不低于有效信号最高频率或其带宽2倍的采样频率，通过低通滤波器从这些采样中重新构造出原始信号。如果声音数据限于4 000 Hz以下的频率，那么每秒8 000次的采样就可以完整表现声音信号的特征。

由于数字信号传输失真小、误码率低、数据传输速率高，因此在网络中除计算机直接产生的数字信号外，语音、图像信息必须数字化才能经计算机处理。模拟数据数字化的主要方法是脉冲编码调制（pulse code modulation，PCM）。PCM最大的特点是把连续输入的模拟数据变换为在时域和振幅上都离散的量值，然后将其转化为代码形式进行传输。

脉冲编码调制包括采样、量化、编码三个步骤。

（1）采样。

采样是指每隔一定的时间间隔，采集模拟信号的瞬时电平值作为样本，该样本代表了模拟信号在某一时刻的瞬时值。一系列样本组成一组脉冲信号序列，代表模拟数据在某一区间随时间变化的值。

根据奈奎斯特采样定理可知，为了不失真地恢复模拟信号，采样频率应大于模拟信号频谱中最高频率的两倍。反之，如果采样频率低于模拟信号中最高频率的两倍，信号的频谱将会出现混叠现象，导致信息丢失。在实际应用中，为了保证模拟信号的完整恢复，通常选择采样频率为信号最高频率的2.56倍到4倍。

$$f=\frac{1}{T}\geqslant 2f_{\max}$$

式中，f——采样频率；T——采样周期；$f_{\max}$——模拟信号的最高频率。

（2）量化。

采样后得到的样本是连续值，需要将其量化为离散值。量化就是将采样所得到的脉冲信号序列按量级比较，决定取值的过程。量化级可以分为8级、16级或者更多的量化级，这取决于系统的精确度要求。为便于用数字电路实现，其量化电平数一般为2的整数次幂，这样有利于采用二进制编码表示。

（3）编码。

编码是把量化后的样本值变为相应位数的二进制代码，得到相应位数的二进制代码序列。如果有N个量化级，应该有$\log_2 N$位二进制数码。比如，量化级是64，则需要6位编码。经过编码后，每个样本就由相应的编码脉冲表示，脉冲序列代表了经PCM编码的模拟信号。

实际使用时，根据需求确定采样频率及量化等级。若采样频率过高，会导致编码解码器工作频率太快；量化等级过多，会使得到的数据量过大。因此，采样频率及量化等级满足需求即可。例如，语音信号数字化时，由于语音的最高频率是4 kHz，所以采样频率为8 kHz；语音样本采用128个量化等级，每个样本用7位二进制数表示。在数字信道上，传输此种PCM的数字化语音信号的速率是7×8 000=56 kbps。

（二）数字数据编码

根据数据通信类型的不同，通信信道可分为模拟信道和数字信道。相应的，数据编码的方法也可分为模拟数据编码和数字数据编码两类。

数字数据的模拟信号调制：模拟信号传输的基础是载波，载波的三大要素为幅度、频率和相位，数字数据可以针对载波的不同要素或它们的组合进行调制。数字调制有振幅键控法（ASK）、移频键控法（FSK）、移相键控法（PSK）。

数字数据的数字信号编码：数字信号可以直接采用基带传输。基带传输就是在线路中直接传送数字信号的电脉冲，它是一种最简单的传输方式，近距离通信的局域网都采用基带传输。基带传输时，需要解决的问题是数字数据的数字信号表示及收发两端之间的信号同步两个方面。

网络中基本的数字数据编码方式如图5-21所示。

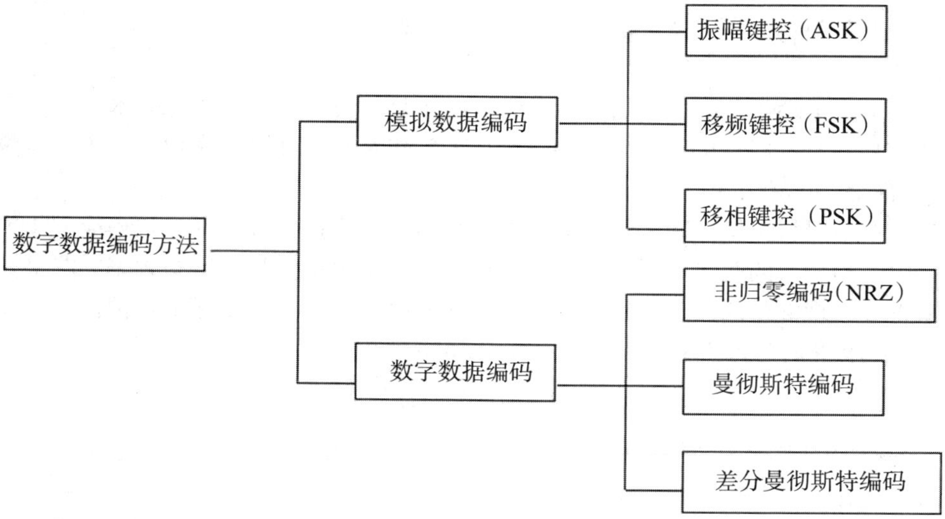

图5-21　网络中基本的数据编码方式

1. 数字数据的模拟信号编码

要进行远程数据传输，常常要利用公共电话交换网。首先利用Modem将发送端的数字信号调制成能够在公共电话网上传输的模拟信号，经传输后再在接收端利用modem将模拟信号解调成对应的数字信号。数据传输过程如图5-22所示。

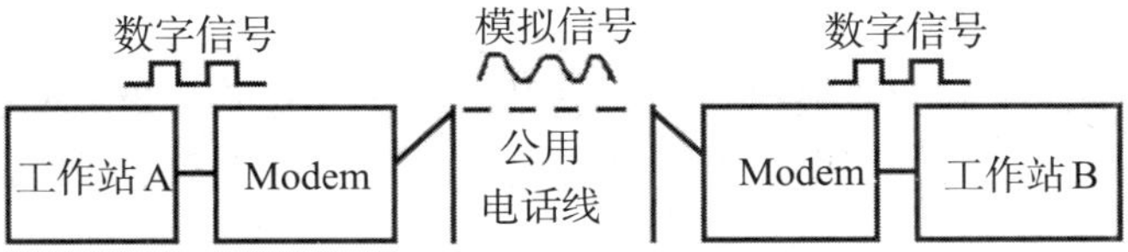

图5-22 远程系统中的数据传输示意图

模拟信号传输的基础是载波，载波的三大要素为幅度V、频率ω和相位φ。载波可表示为$u(t)=V\cdot\sin(\omega t+\varphi)$。

通过变化载波的三个要素来进行编码，就出现了三种基本的编码方式：振幅键控法（ASK）、移频键控法（FSK）、移相键控法（PSK）。

（1）振幅键控法（ASK）。

ASK方式就是通过改变载波的振幅V来表示数字1和0。例如保持频率ω和相位φ不变，让V不等于0时表示1，让V等于0时表示0。如图5-23所示。

（2）移频键控法（FSK）。

FSK方式就是通过改变载波的角频率ω来表示数字1和0。例如保持振幅V和相位φ不变，让ω等于某值时表示1，让ω等于另一个值时表示0。如图5-23所示。

（3）移相键控法（PSK）。

PSK方式就是通过改变载波的相位φ的值来表示数字1和0，如图5-23所示。PSK包括以下两种类型。

①绝对调相，即用相位的绝对值表示数字1、0。

②相对调相，即用相位的相对偏移值表示数字1、0。

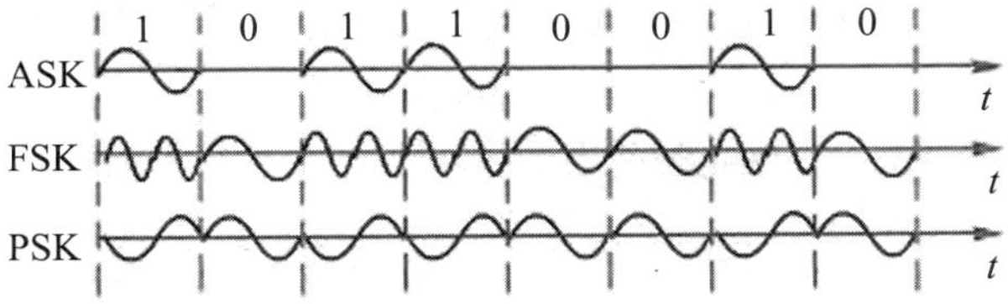

图5-23 数字数据的模拟信号编码示意图

2. 数字数据的数字信号编码

数字信号可以利用数字信道直接进行传输（即基带传输），此时需要解决的是数字数据的数字信号表示及收发两端之间的信号同步两个问题。

在基带传输中，数字数据的数字信号编码主要有三种方式：非归零码、曼彻斯特编码、差分曼彻斯特编码。

（1）非归零码（NRZ）。

其编码规则是用低电平表示“0”，用高电平表示“1”，但必须在发送NRZ码的同时，用另一个信号同时传送同步信号。如图5-24（a）所示。

（2）曼彻斯特编码 。

其编码规则是每比特的周期T分为前$T/2$与后$T/2$，前$T/2$传送该比特的反码，后$T/2$传送该比特的原码。如图5-24（b）所示。

（3） 差分曼彻斯特编码 。

其编码规则是每比特的值根据其开始边界是否发生电平跳变来决定。一个比特开始处出现电平跳变表示“0”，不出现电平跳变表示“1”，每比特中间的跳变仅用做同步信号 。如图5-24（c）所示。

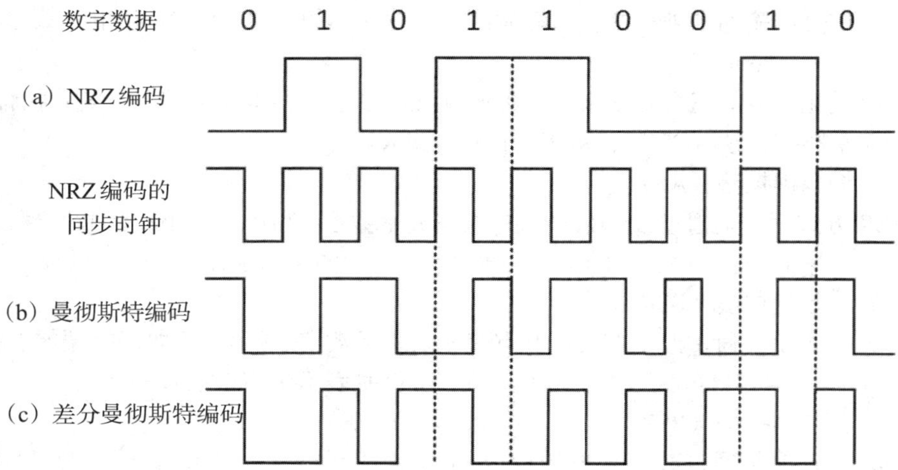

图5-24　数字数据的数字信号编码示意图

任务5-5　差错控制技术

（一）差错产生的原因与差错类型

1. 差错产生的原因

信号在信道上发生差错的原因有多种。首先，随着传输距离的增加，信号在物理信道上的线路本身的电气特性产生的信号幅度、频率、相位的畸形和衰减；其次，电路传输过程中相邻线路之间的串线干扰以及电气信号在线路上产生反射噪声的回波效应造成信号的衰减；最后，线路在开放环境中会受到大气中的闪电、电源开关的跳火、自然界磁场的变化以及电源的波动等外界因素影响。所有以上因素都会造成信号不断变弱或发生错误。差错产生的过程如图5-25所示。

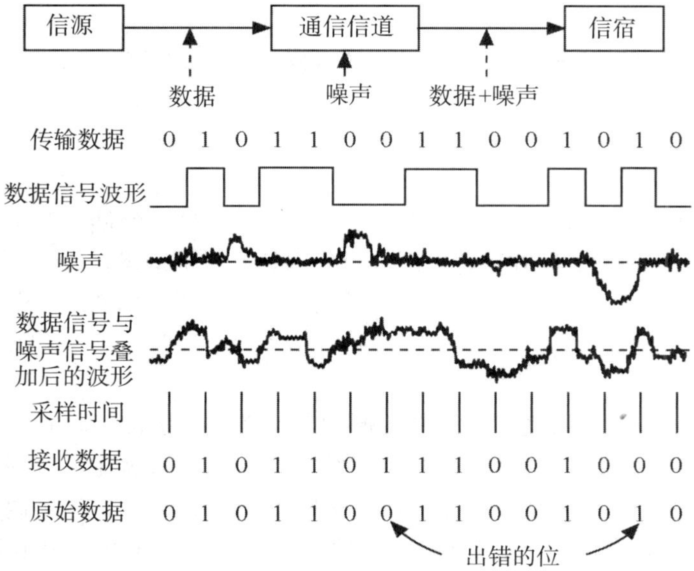

图5-25 差错产生的过程

2. 差错的类型

传输中的差错都是由噪声引起的。噪声有两大类，一类是信道固有的、持续存在的随机热噪声；另一类是由外界特定的短暂原因所造成的冲击噪声。

（1）热噪声 。

热噪声由传输介质导体的电子热运动产生，它是一种随机噪声，所引起的传输差错为随机差错。这种差错的特点是所引起的某位码元的差错是孤立的，与前后码元没有关系。它导致的随机错误通常较少。

（2）冲击噪声。

冲击噪声是由外界电磁干扰引起的，与热噪声相比，冲击噪声幅度较大，是引起传输差错的主要原因。冲击噪声所引起的传输差错为突发差错，这种差错的特点是前面的码元出现了错误，往往会使后面的码元也出现错误，即错误之间有相关性。

3. 数据传输质量

数据传输过程中经常用误码率和丢包率来衡量数据传输的质量。

（1）误码率。

误码率是衡量数据通信系统在正常工作情况下传输可靠性的指标，是指二进制码元在数据传输系统中被传错的概率。误码率等于传输出错的码元数与传输总码元数的比值可表示为$P_e=N_e/N$。其中N为传输的二进制码元总数，N_e为被传错的码元数。

在理解误码率的定义时还应注意以下三个问题。首先，误码率是衡量数据传输系统正常工作状态下传输可靠性的参数；其次，对于一个实际的数据传输系统，不能笼统地说误码率越低越好，要根据实际传输要求提出误码率指标，在数据传输速率确定后，误码率越低，传输系统设备越复杂，造价也越高；最后，对于实际数据传输系统，如果传输的不是二进制码元，要换算成二进制码元来计算。

（2）丢包率。

丢包率是指数据传输过程中，丢失的数据包数量与发送的数据包总数的比率，通常用百分比来表示。

（二）差错控制

差错控制的方法有两种。第一种方法是改善通信线路的性能，使错码出现的概率降低到满足系统要求。第二种方法是采用抗干扰编码和纠错编码将传输中出现的某些错码检测出来，并纠正错码。第二种方法最为常用，目前广泛采用的有奇偶校验码、方块码和循环冗余码等。

1. 奇偶校验

奇偶校验又称“字符校验”，其基本原理是：在每个字符编码的后面另外增加一个校验位，主要目的是使整个编码中1的个数成为奇数或偶数。在每个字符的数据位传输之前，先检测并计算奇偶校验位，根据采用的奇偶校验位是奇数还是偶数，推出一个字符中包含“1”的数目，接收端重新计算收到字符的奇偶校验位，并确定该字符是否出现传输差错。

奇偶校验只能发现单个比特差错，如果有多个比特出错，奇偶校验法无效。一般只能用于对通信要求较低的异步传输和同步传输环境中。

2. 方块校验

方块校验又称“报文校验”，其在奇偶校验方法的基础上，在一批字符传送之后，另外再增加一个检验字符，该检验字符的编码方法是使每一位纵向代码中1的个数也成为奇数或偶数。采用这种方法可以进一步降低数据传输的误码率，效果非常显著。

3. 循环冗余码

循环冗余码（cyclic redundancy code，CRC）是使用最广泛并且检错能力很强的一种检验码。CRC的工作方法：在发送端产生一个循环冗余码，附加在信息数据帧后面一起发送到接收端，接收端将收到的信息按发送端形成循环冗余码同样的算法进行除法运算。若余数为“0”，就表示接收的数据正确；若余数不为“0”，则表明数据在传输的过程中出错，发送端重传数据。

（1）生成多项式 。

在CRC校验时，发送和接收应使用相同的除数多项式G(X)，称为生成多项式。CRC生成多项式由协议规定，目前已有多种生成多项式被列入到国际标准中，例如：

CRC-12　　$G(X)=X^{12}+X^{11}+X^{3}+X^{2}+X+1$

CRC-16　　$G(X)=X^{16}+X^{15}+X^{2}+1$

CRC-CCITT　$G(X)=X^{16}+X^{12}+X^{5}+1$

CRC-32　　$G(X)=X^{32}+X^{26}+X^{22}+X^{16}+X^{12}+X^{11}+X^{10}+X^{8}+X^{7}+X^{5}+X^{4}+X^{2}+X+1$

（2）CRC校验和信息编码的求取方法。

设r为生成多项式$G(X)$的阶：

①在数据多项式$M(X)$的后面附加r个“0”，得到一个新的多项式M'(X)。

②用模2除法求得$M'(X)/G(X)$的余数。

③将该余数直接附加在原数据多项式 $M(X)$ 的系数序列的后面，结果即为最后要发送的检验和信息编码多项式 $T(X)$。

（3）CRC校验中求余数的除法运算规则。

多项式用模2除法运算，加法不进位，减法不借位。加法和减法都等同于异或运算。长除法同二进制运算是一样的，只是做减法时按模2进行，如果减出的值的最高位为0，则商0；如果减出的值的最高位为1，则商1。

下面举例说明数据编码多项式 $T(X)$ 的具体求法。

例：假设准备发送的数据信息码是1101011011，生成多项式 $G(X)=X^4+X+1$，计算信息编码多项式 $T(X)$。

解： $M(X)$=1101011011

$G(X)$=10011

r=4

信息码附加4个0后形成新的多项式 $M'(X)$：11010110110000

用模2除法求 $M'(X)/G(X)$ 余数的过程为：

```
            1 1 0 0 0 0 1 0 1 0
         ____________________________
1 0 0 1 1 ) 1 1 0 1 0 1 1 0 1 1 0 0 0 0
            1 0 0 1 1
            ---------
              1 0 0 1 1
              1 0 0 1 1
              ---------
                0 0 0 0 1
                0 0 0 0 0
                ---------
                  0 0 0 1 0
                  0 0 0 0 0
                  ---------
                    0 0 1 0 1
                    0 0 0 0 0
                    ---------
                      0 1 0 1 1
                      0 0 0 0 0
                      ---------
                        1 0 1 1 0
                        1 0 0 1 1
                        ---------
                          0 1 0 1 0
                          0 0 0 0 0
                          ---------
                            1 0 1 0 0
                            1 0 0 1 1
                            ---------
                              0 1 1 1 0
                              0 0 0 0 0
                              ---------
                                1 1 1 0
```

帧：1101011011

除数：10011

附加4个零后形成的串：11010110000

传输的帧：11010110111110

将余数1110直接附加在 $M(X)$ 后面求得要传输的信息编码多项式：

$T(X)$=11010110111110

项目总结

通过项目学习，对数据通信方式、数据传输技术、数据编码技术和差错控制技术有了完整的认识，学会判别基本的传输方法，包括基带传输、频带传输、宽带传输等，重点理解串行通信与并行通信以及同步技术的概念。通过本项目的学习，大家对不同计算机系统中的信号传输有了一个基本的了解。

拓展阅读

信息通信业是全面支撑经济社会发展的战略性、基础性和先导性行业，一直以来得到国家政策的大力支持。2020年以来，中央会议多次提及“新基建”概念，会议要求出台新型基础设施投资支持政策，改造提升传统产业，培育壮大新兴产业，加快5G网络、数据中心、工业互联网等新型基础设施建设进度。新基建以信息网络为基础，面向高质量发展需要，提供数字转型、智能升级、融合创新等服务的基础设施体系，为网络设备行业的发展提供了强大动能。2020年是中国5G大规模商用化元年，截至2023年6月，移动电话基站总数达1 129万个，其中累计建成开通5G基站293.7万个，占移动基站总数的26%。移动互联网应用蓬勃发展，多类应用用户规模获得一定程度的增长。工业互联网行业持续提升端、网、边、云、用的产业供给水平，促进共性技术与个性技术整合创新，呈现出较快发展态势。我国5G行业虚拟专网建设超过1.6万个，工业互联网标识解析体系覆盖31个省（区、市），具有一定影响力的工业互联网平台超过240家，国家工业互联网大数据中心体系基本建成。

总体来看，5G网络的建设需要采购大量设备，其中芯片器件所占成本高，技术难度最大。在当前国际形势下，华为和中兴完全具备5G基站基带芯片的设计能力，且产品性能强劲。虽然面临国外其他产品的竞争，但完全可以满足国内运营商的需求，5G基站基带芯片的研发可以实现国产替代。

提到5G，众所周知，华为作为5G的领导者，率先推出了业界标杆5G多模芯片解决方案巴龙5000，是全球首个提供端到端产品和解决方案的公司。华为的产品主要涉及通信网络中的交换网络、传输网络、无线及有线固定接入网络、数据通信网络及无线终端产品，为世界各地通信运营商及专业网络拥有者提供硬件设备、软件、服务和解决方案。

作为一家民营企业，华为为中国直接创造的就业岗位约10万个，为社会稳定作出了巨大贡献。华为的营业收入70%来源于海外市场，生产的电信设备远销全球一百多个国家和地区，全球有近三分之一的人口正在使用华为的通信设备，这无疑为中国在全球赢得了较好的荣誉和声望。2021年华为纳税903亿元，位居全国第三，为国家的国防建设和基础设施建设作出了巨大贡献。

项目习题

一、填空题

1. 信息一般是用________来表示的，而表示信息的数据通常要转变为________进行传递。

2. 线路上传输的电信号按其因变量的取值是否连续可以分为_________和__________。

3. 可同时传送多个二进制位的传输方式称为_______方式，一次只传送一个二进制位的传输方式称为_________方式。

4. 分组交换有_______分组交换和________分组交换两种，它是计算机网络中使用最广泛的一种交换技术。

5. 信号可以双向传输，但不能同时进行双向传送，只能交替进行。在任何时刻，通道中只有在某一方向传输的信号，这种通信方式叫作________。

6. ________是指在通信线路上原封不动地传输由计算机或终端产生的0或1数字脉冲信号。

7. 模拟信号在数字信道上传输前要进行________处理；数字数据在数字信道上传输前需进行________，以便在数据中加入时钟信号，并提高抗干扰能力。

8. 宽带传输系统可以是模拟或数字传输系统，它能够在同一信道上进行________和________传输。

9. 数据传输中的差错都是由噪声引起的，噪声有两大类：一类是信道固有的、持续存在的随机________噪声，另一类是由外界的突发干扰源引起的________噪声。

10. 常用的检错码主要有________和________两类 。

11. 对于一个实际的数据传输系统，不能笼统地说误码率越低越好，要根据实际传输要求提出误码率指标；在数据传输速率确定后，误码率_______，传输系统设备越复杂，造价也越高。

12. 差错控制的方法有两种，但是采用抗干扰编码和纠错编码将传输中出现的某些错码检测出来，并纠正错码的方式最为常用，目前广泛采用的有_______、_______和_______等。

13. 根据数据通信类型的不同，通信信道可分为_________和_________两类。

14. 数据编码的方法可分为_________编码和_________编码。

15. _________是将模拟数据数字化的主要方法。

16. 多路复用一般可分为三种基本形式，分别是_______、_______、_______。

17. 按照通信子网中的网络节点对进入子网的数据所实施的转发方式的不同可将数据交换的方式分为_______和_______。

18. 电路交换实现数据通信过程需经过_______、_______、_______三个步骤。

19. 分组交换有_______分组交换和_______分组交换两种，它是计算机网络中使用最广泛的一种交换技术。

20. 信息一般是用_________来表示的，而表示信息的数据通常要转变为________进行传递。

21. 按传输信号的类型分类，信道可以分为_______与_______。

22. ________是指通信线路上传输信息的速度，它是描述数据传输系统的重要技术指标之一。

23. __________是指信号可以沿两个方向传送，但同一时刻一个信道只允许单方向传送。

24. ________是指数据以成组的方式在多个并行信道上同时进行传输。

25. 如果模拟信号的频率为10～20 MHz，采样频率必须大于________时，才能够使得到的样本信号不失真。

26. 某信道采用PCM编码，采样周期为125 μs，每个样本量化为64个等级，该信道的信号速率为________kbps。

二、选择题

1. 在网络中，计算机输出的信号是（　　）。
A. 模拟信号　　B. 数字信号　　C. 广播信号　　D. 脉冲编码信号

2. （　　）是指在一条通信线路中可以同时双向输出数据的方法。
A. 单工通信　　B. 半双工通信　　C. 同步通信　　D. 全双工通信

3. 在数字编码方式中，(　　) 是一种自含时钟编码方式。
A. 非归零码　　B. 曼彻斯特编码　　C. 脉冲编码　　D. 二进制编码

4. 在计算机网络系统的远程通信中，通常采用的传输技术是（　　）。
A. 基带传输　　B. 宽带传输　　C. 频带传输　　D. 信带传输

5. 下列交换方式，实时性最好的是（　　）
A. 数据报方式　　B. 虚电路方式
C. 电路交换方式　　D. 各种方法都一样

6. TCP协议能够提供一个可靠的（保证传输的数据不重复、不丢失）、面向连（　　）的数据流传输服务。
A. 全双工　　B. 半双工　　C. 双工　　D. 全双工或半双工

7. 通信信道中的随机差错是由（　　）引起的。
A. 冲击噪声　　B. 音频噪声　　C. 热噪声　　D. 采样噪声

8. 利用模拟通信信道传输数据信号的方法称为（　　）。
A. 频带传输　　B. 宽带传输　　C. 异步传输　　D. 同步传输

9. 两台计算机利用电话线传输数据信号时，必备的设备是（　　）。
A. 网卡　　B. 调制解调器　　C. 中继器　　D. 同轴电缆

10. （　　）传递需要调制编码。
A. 数字数据在数字信道上　　B. 数字数据在模拟信道上
C. 模拟数据在数字信道上　　D. 模拟数据在模拟信道上

三、简答题

1. 简要描述信息、数据与信号的基本概念。
2. 什么是单工、半双工和全双工通信？有哪些实际应用的例子？
3. 什么是串行通信？什么是并行通信？
4. 简述数据编码的基本方式、作用和各种方式的分类方法。
5. 简述基带传输、频带传输和宽带传输的基本概念。

项目6

搭建操作系统环境

在熟悉了计算机网络通信的硬件设备后，小李现在需要安装相关软件和应用程序。他首先需要全面掌握计算机工作的核心软件——操作系统。小李收集了相关资料，并逐步了解了计算机网络操作系统的发展、功能、分类以及基本属性等信息。他还了解到国产操作系统正在逐步成熟并得到推广，与之相匹配的生态市场也在快速发展。下面是小李收集的关于银河麒麟操作系统的资料，让我们通过这些资料，一起来学习操作系统的相关内容。

项目导读

在计算机中，操作系统是其最基本也是最重要的基础性系统软件。从计算机用户的角度，计算机操作系统体现为其提供的各项服务；从程序员的角度，主要是指计算机登录的界面或者接口；从设计人员的角度，操作系统是指各式各样模块和单元之间的联系。操作系统设计的关键是对体系结构的设计，经过不断的发展，计算机操作系统已经由一开始的简单控制循环体发展成为较为复杂的分布式操作系统，再加上计算机用户需求的多样化，计算机操作系统已经成为既复杂又庞大的计算机软件系统之一。

项目目标

知识目标	能力目标	思政目标
1. 掌握操作系统的定义、功能及分类； 2. 了解操作系统的发展历程及国产操作系统的发展； 3. 掌握银河麒麟操作系统的安装和基本操作	1. 能够分辨不同的操作系统； 2. 能够熟练安装操作系统； 3. 能够熟练完成操作系统的其他基本操作	了解国产信息技术的发展现状，并成为国产信息技术产品的推广者和使用者，也使得我们有更强的民族自信心和自豪感

任务6-1 操作系统介绍

（一）操作系统的功能及分类

1. 操作系统定义

操作系统（operating system，OS）是一组管理并控制计算机的硬件、软件资源并提供公共服务，来组织用户交互的相互关联的系统软件程序。根据运行的环境，操作系统可以分为桌面操作系统、手机操作系统、服务器操作系统、嵌入式操作系统等。

用于提供让用户与系统交互的操作界面，根据界面的形式不同可分为两种，一种是命令行交互，另一种是图形界面交互。

2. 操作系统的功能

操作系统主要包括以下几个方面的功能。

（1）文件管理。

文件管理由文件系统实现，文件系统本质上是以某种形式组织的数据结构，一般位于存储器的开始区域，文件系统中有模块记录了存储器中所有文件和目录的名称、数据位置、修改时间等信息。常见的文件系统有 Windows 操作系统的 NTFS、FAT、EXFAT，Linux 操作系统的 EXT2/3/4，Unix 操作系统的 ZFS 等，不同的文件系统都有自己的组织格式、功能和特点。

（2）进程管理。

进程管理的工作主要是进程调度，通常把处于执行状态的软件称为进程（process），其中操作系统等系统软件的执行进程称为系统进程（system process），而应用软件的执行进程称为用户进程（user process），操作系统的各大基础模块就是以系统进程的形式实现相应功能的。

在单用户单任务的情况下，处理器仅被一个用户的一个任务所独占，进程管理的工作十分简单。但在多道程序或多用户的情况下，组织多个作业或任务时，就要解决处理器的调度、分配和回收等问题。

（3）存储管理。

存储器管理包括存储分配、存储共享、存储保护、存储扩张等，计算机的存储器分为内部存储器和外部存储器，内存属于计算机硬件系统中主机的一部分，而外存又叫辅存，属于外部设备，常用的外存，包括硬盘、光盘、U 盘等。

（4）设备管理。

主要负责内核与外围设备的数据交换，实现对硬件设备的管理，包括对输入输出设备的分配、初始化、维护与回收等。多道程序系统中，设备不允许用户直接使用，而是由操作系统统一调度和控制。设备分配功能是设备管理的基本任务。设备分配程序按照一定的策略，为申请设备的用户程序分配设备，记录设备的使用情况等。

（5）处理器管理。

中央处理单元（center process unit）指具有运算器和控制器功能的大规模集成电

路，简称“CPU”或微“处理器”。微处理器在计算机中起着最重要的作用，是计算机的心脏，构成了系统的控制中心，对各部件进行统一协调和控制。

处理器管理负责调度和分配计算机系统的重要资源。处理器管理中最重要的是时间片的管理，到了某个时间操作系统就会要求处理器挂起当前的任务，进入操作系统的代码来控制处理器。处理器管理还可以处理中断事件。处理器本身只能发现中断事件并产生中断而不能进行处理，配置了操作系统后，就可对各种事件进行处理。处理器管理的另一功能是处理器调度。处理器可能是一个，也可能是多个，不同类型的操作系统将针对不同情况采取不同的调度策略。

（6）作业管理。

作业管理功能为用户提供一个使用系统的良好环境，使用户能有效地组织自己的工作流程，并使整个系统高效地运行，负责处理用户提交的任何要求。

3. 操作系统分类

计算机操作系统根据不同的用途可以分为不同的种类，从功能角度可分为实时系统、批处理系统、分时系统、网络操作系统等。

（1）实时系统主要是指系统可以快速地对外部命令进行响应，在对应的时间里处理问题，协调系统工作。

（2）分时系统可以满足用户的人机交互需要，多个用户共同使用一个主机，很大程度上节约了资源成本。分时系统具有多路性、独立性、交互性、及时性的优点。

（3）批处理系统出现于20世纪60年代，能够提高资源的利用率和系统的吞吐量。

（4）网络操作系统是一种能代替操作系统的软件程序，是网络的心脏和灵魂，是向网络计算机提供服务的特殊的操作系统。网络操作系统借网络互相传递数据与各种消息，分为服务器和客户端。服务器的主要功能是管理服务器和网络上的各种资源、实现网络设备的共用、统合并控制流量，降低系统瘫痪的可能性。而客户端的功能是接收服务器所传递的数据，并通过用户友好的界面或逻辑处理，帮助用户高效获取所需资源。

（二）操作系统的发展历程

1. 第一代操作系统（1946—1955年）

从1946年诞生第一台电子计算机以来，它的每一代进化都以减少成本、缩小体积、降低功耗、增大容量和提高性能为目标，计算机硬件的发展也加速了操作系统的形成和发展。

在这个阶段中，所有的计算任务都是通过在插线板或穿孔卡片上编辑机器语言实现对计算机硬件的直接控制的，没有完整的程序设计语言，更没有体系化的操作系统，按照“控制和调度计算机硬件设备”这一定位来界定操作系统，这一阶段的“操作系统”就是科学家们写在穿孔卡片上的具备不同功能的程序，当要让计算机启动或者执行某一计算任务时，就找到并载入写有启动程序或相应计算机功能程序的卡片。

2. 第二代操作系统（1955—1965年）：批处理系统

20世纪50年代，晶体管的发明使得计算机的可靠性大大提高，计算机得以实现长时间的连续运行。但是这时的计算机仍然非常昂贵，因此需要尽量避免浪费计算机的使用时间。解决这个问题的办法是引入批处理系统，其工作过程是：在收集了一批计算机任务后，卡片数据被读取并写入用于记录任务的输入磁带，然后将输入磁带送到机房里并装到磁带机上，随后操作员在一台性能较好但更加昂贵的计算机（如IBM 7094）上装入一组特殊的程序，该程序能够从输入磁带上依次读取需要执行的计算任务并运行，并将结果输出到输出磁带上。一个任务结束后，这组特殊的程序可以自动地从输入磁带上读取下一个任务并继续运行。当输入磁带上的一整批任务都执行完毕后，操作员取下输入磁带和输出磁带，更换另一个输入磁带执行下一批任务，并利用IBM 1401把输出磁带中的结果打印出来。以上这个在高性能计算机上负责批量地自动读取和执行计算任务，实现输入输出调度的程序就是第二代操作系统，即批处理系统。批处理系统使得昂贵的高性能计算机的计算时间得到最大限度的利用，而不会被频繁的卡片读写任务中断。

3. 第三代操作系统（1965—1980年）：多道程序

在第二代操作系统中，计算任务是按照顺序执行的，从提交一个计算任务到取回运算结果往往需要长达数小时的时间，这浪费了计算机用户大量的时间。事实上，此时已经出现了中小规模集成电路计算机，计算机的可靠性和潜在性能有了很大的提高，迫切需要一种操作系统来发挥硬件的性能、节省用户的时间，因此出现了分时操作系统。它可以将CPU按时间片轮流分配给需要执行的计算任务，从而实现了多计算任务的“同时”运行。这个特性与现代多任务操作系统类似，但是这一阶段的操作系统还不具备很强的通用性，只能被称为“多道程序”。

4. 第四代操作系统（1980年至今）：通用操作系统

随着大规模集成电路的发展，在每平方厘米的芯片上可以集成数千个晶体管（发展到今天，intel处理器每平方毫米上已经可以集成1亿个晶体管），计算机的性能得到了极大的提升，而其价格却显著降低，人类进入了个人计算机时代。在操作系统方面，早期的个人计算机操作系统，如贝尔实验室的Unix和微软公司的MS-DOS，能实现通过键盘输入命令向计算机发送指令，因而具备了很好的通用计算任务执行能力。苹果公司开发了具有图形用户界面（graphical user interface，GUI）的个人计算机Macintosh，取得了巨大的成功。受到Macintosh成功的影响，微软公司开发了名为Windows的基于GUI的系统，并在几十年中支撑了庞大的Wintel联盟，成为通用计算机操作系统领域的领先者。

（三）国产操作系统发展

当前，微软系列操作系统是使用频率最高的操作系统，在全球具有绝对的霸主地位。截至2021年7月，Windows在全球桌面操作系统的市场占有率为74.79%，远高于其他操作系统；位居第二名的是苹果macOS，市占率为16.16%；Linux、Chrome OS等占比约9.05%。对此我们坚持研发国产系统，打造一个专属于中国人的操作系统，这样不仅可以增强民族自信心，还能够激发青年一代的创新热情，开发更多国产的信息产业产品，从而让民族科技走向世界。

我国在操作系统领域的探索已长达三十余年，市面上能查询到的国产操作系统至少有15种，但真正能长期坚持版本迭代的只有麒麟软件、统信软件和中科方德。目前，三家企业产品已完成对主流CPU和架构的适配，并逐步应用于信创、金融、电信、医疗等领域。

国产主流操作系统大部分是基于Linux内核的二次开发，对国产操作系统而言，最核心、最重要的就是系统所适配的应用生态。造系统容易，建生态难。因此，很多硬件很难匹配国产操作系统，要想开发国产操作系统首先必须逆向适配。历年来，许多国产操作系统也都是因为生态匮乏无法形成良性循环，最终被市场淘汰。这就是为什么国产操作系统在消费级市场，与Windows仍存明显差距的原因。

目前，伴随着东数西算、新基建等利好政策相继推出，中科方德、统信UOS、银河麒麟在操作系统的易用性、稳定性和生态方面不断更新，正逐步从“能用”迈向“好用”。

银河麒麟操作系统是2019年由天津麒麟和中标软件整合而来，该公司发布的银河麒麟操作系统V10，被评为“2020年度央企十大国之重器”。进入2022年，麒麟软件相继与龙芯、兆芯、联通、浪潮、新华三等企业展开合作，截至2023年底，与银河麒麟操作系统适配的产品数量突破400万款。

统信软件成立于2019年11月，由诚迈科技等操作系统厂家共同出资组建。2019年至2021年，统信UOS适配产品数量累计达到20余万件。2022年5月，该公司宣布将以深度（deepin）社区为基础，建设立足中国、面向全球的桌面操作系统根社区，打造中国桌面操作系统的根系统。

中科方德技术团队相关工作可以追溯到1999年，股东包括中国科学院软件研究所及多家合伙企业，目前拥有服务器操作系统、桌面操作系统等产品线，可提供云计算、高可用集群软件等工具，重点服务于电子政务、通信、国防军工、金融、科教文卫、能源、交通等行业和领域。2022年，该公司入选工信部“信创漏洞库技术支撑单位”，并获得“国家重点软件企业”认证。

操作系统每过二十年左右会出现一次跨越式发展机遇，计算环境会发生巨大的变化，并引导相应的应用场景呈现数量级增长，形成围绕操作系统的丰富产业生态，而麒麟软件、统信软件、中科方德等国产操作系统正处在这一周期中，未来表现值得期待。

（四）银河麒麟操作系统特性

银河麒麟操作系统（KylinOS），早期起源于国防科技大学，是一款国产的操作系统，支持桌面和服务器操作系统。作为中国自主可控的操作系统之一，其在政府、金融、交通、教育等领域得到了广泛应用。银河麒麟操作系统的研发历程可以追溯到2002年，经过多年的演化和整合发展，现已成为一款集成丰富应用软件生态、具备安全可靠性、支持多种CPU平台的操作系统。其中，最新版本的银河麒麟V10已经全面支持飞腾、鲲鹏、海思、龙芯、申威、海光、兆芯等国产CPU以及英特尔、AMD等平台。同时，该版本还增强了对第三方软件的适配性和Windows环境的兼容性，实现了版本在线更新，能够更好地满足用户的需求。

银河麒麟操作系统的一个显著特点，就是其丰富的应用软件生态。该操作系统集成了11类3 500款小程序，包括办公、图形、游戏、绘图、社交等领域，能够满足各种用户的需求。此外，该操作系统采用插件模式，将主题、桌面、任务栏、开始菜单并行加载，提高了软件的加载速度。同时，其组件模式的桌面管理风格进一步增强了操作系统的稳定性和可靠性。

银河麒麟操作系统还具有出色的安全性能。该系统采用自研的Kysec、BOX等机制，可以有效识别和拦截非法软件的导入。此外，该系统支持指纹、虹膜、声纹、人脸、指静脉等多种登录认证方式，为用户提供更加便捷的身份验证方式。

在服务器领域，银河麒麟也有着广泛的应用。最新版本的银河麒麟V10服务器操作系统，具备原生态应用、大数据、云服务等功能，可以帮助企业建立数据中心，使用虚拟化应用服务、分布式文件系统等技术，提高企业的IT运维效率和安全性。

总体来说，银河麒麟操作系统的发展历程代表了中国自主可控操作系统的演进历程，不仅在政府、金融、交通、教育等领域得到广泛应用，还在桌面和服务器操作系统领域拥有强大的竞争力。随着中国自主可控技术的不断发展与壮大，相信银河麒麟操作系统也将持续获得社会各界的关注和支持。

图6-1　麒麟操作系统图标

银河麒麟操作系统基于Linux内核，同源异构支持四种CPU架构（AMD64、ARM64、MIPS64、SW64）和六大CPU平台（鲲鹏、龙芯、申威、海光、兆芯、飞腾），提供高效简洁的人机交互、美观易用的桌面应用、安全稳定的系统服务。银河麒麟桌面操作系统V10深层挖掘用户操作习惯，对桌面环境进行了设计创新。在桌面登录、电源管理、系统应用等方面融入新的设计风格，在保持界面美观的同时，最大程度上优化交互体验。

银河麒麟桌面操作系统V10具有丰富的系统自研应用，从功能性、易用性等方面最大化提升用户体验。支持多种格式的图片预览和打印，截图方式多样，支持简单高效的跨屏截图、延迟截图功能，音频可裁剪后自定义输出。通过银河麒麟桌面操作系统V10可查看天气、日历，设置便签、闹钟等多种便捷操作。系统文件管理器操作简单，交互丰富。移动设备融合和触控手势的加入增强了系统的多样性，新增自研打印机应用，覆盖更多办公场景。网络支持Wi-Fi 6信号连接，多网卡自由切换，支持WPA2企业级认证，并可通过TLS与证书认证实现安全的网络连接，企业Wi-Fi使用更加高效，网络热点支持5G Wi-Fi，访问速度更快。

（五）银河麒麟操作系统应用场景

1. 面向麒麟桌面操作系统的应用

（1）软件商店。

软件商店是一款内容丰富的图形化软件管理工具，为用户提供软件的搜索、下载、安装、更新、卸载等一站式管理服务。软件商店作为应用分发平台，为用户推荐常用软件和优质软件，用户不仅可以快速搜索需要的软件，还可根据具体需求，通过软件商店的分类查找相关的软件。每款上架的软件都有详细的软件信息以供参考，可根据实际需要进行下载安装。

（2）KMRE。

麒麟移动运行环境（KMRE）摒弃虚拟机和模拟器方案，真正地将系统和移动环境合二为一，从本质上让系统支持移动应用的运行，从而形成了一套先进完整的移动应用生态迁移解决方案。本地APK包支持直接安装，使桌面PC与移动设备融合，为用户提供了更加便捷的操作体验，解决用户应用的多样化需求。

（3）KWRE。

麒麟Windows运行环境（KWRE）是一套跨平台在系统上运行Windows应用的兼容环境，支持在多个架构下对所需Windows应用进行适配，使得Windows应用可以在银河麒麟桌面操作系统V10上运行，满足客户日常办公与生产需要。

KWRE一键安装技术让用户在银河麒麟桌面操作系统V10上安装Windows应用程序变得非常简单。只需在软件商店中搜索对应的应用程序，无须进行任何配置，点击“安装”系统会自动下载并部署应用KWRE环境。

（4）多屏协同。

多屏协同致力于为用户提升会议、教室、协同办公等场景的工作效率。支持来源于不同移动端的无线投射，设备可通过Miracast协议或PIN码认证方式与主机互联，并且可在系统设置中管理连接认证的设备，更为便捷的是，在非同一网络下，设备也可与主机连接投屏；支持源端画面与声音重定向输出，鼠标可自动隐藏；支持任意窗口大小以及全屏，连接稳定，画面清晰。

（5）触控交互。

在高效办公的场景下，手指触控已经逐步替代鼠标和键盘操作，触摸屏、触控板逐步成为人机交互的焦点。通过对触控逻辑及方案的优化，可以实现从单指到多指的多种操作方式，同时兼容触控显示的绝大多数硬件设备及软件，用户可自由控制银河麒麟桌面操作系统V10上的窗口或应用的拖拽、滑动、弹出、切换等。

2. 面向银河麒麟服务器操作系统的应用

银河麒麟高级服务器操作系统V10是针对企业级关键业务，适应虚拟化、云计算、大数据、工业互联网时代对主机系统的可靠性、安全性、性能、扩展性和实时性的需求，依据CMMI5级标准研制的提供内生安全、云原生支持、国产平台深入优化、高性能、易管理的新一代自主服务器操作系统。系统可同源支持飞腾、鲲鹏、龙芯、海光、兆芯自主平台；可支撑构建大型数据中心服务器高可用集群、负载均衡集群、分布式集群文件系统、虚拟化应用和容器云平台等，可部署在物理服务器和虚拟化环境、私有云、公有云和混合云环境。广泛应用于政府、国防、金融、教育、财税、公安、审计、交通、医疗、制造等领域。

（1）多种硬件平台支持。

银河麒麟高级服务器操作系统最新版本支持飞腾、鲲鹏、龙芯、兆芯、海光以及Intel/AMD架构的处理器，并为上百款的读写、存储、网络设备提供了驱动支持。用户可以在企业级的系统性能、可靠性以及经济预算间自由选择，也可以考虑在已有的设备上实施新的系统方案。

（2）虚拟化技术、云平台支持。

银河麒麟高级服务器操作系统内置了全球最领先的开源虚拟化技术-KVM。图形化的安装与配置工具帮助用户方便地搭建虚拟化环境，通过虚拟设备取代物理硬件，在提升现有设备使用效率的同时节约了系统成本。

银河麒麟高级服务器操作系统适配支持华为、阿里、腾讯、麒麟、金山、紫光、浪潮、青云、微软等云平台，提供新业务容器化运行和高性能可伸缩的安全容器应用管理平台。

（3）便捷的应用移植。

银河麒麟高级服务器操作系统针对国内外主流的中间件应用给予了充分的支持与优化，包括国内中间件中创、东方通、普元、金蝶、用友等，以及国际主流中间件如WebLogic、Tuxedo、WebSphere、Tomcat等，确保了软硬件平台与应用系统之间能够高效、可靠地进行数据传递和转换。在此基础上，各式的应用软件、管理工具、系统服务得以跨平台运行，用户可以在商用付费或开源免费软件中选择性价比更高的解决方案。

（4）强大的开发环境。

以GUN编译器套件（GUN compiler collection，GCC）为核心并集成了Eclipse的强大的开发环境，几乎覆盖了集成开发环境（IDE）的每个方面，其中CDT（C/C++）和JDT（Java）是Eclipse两个主要的开发工具包。银河麒麟高级服务器操作系统V10同时支持跨平台应用Qt开发框架。

银河麒麟高级服务器操作系统对GCC进行了漏洞修复和功能增强，支持旧版本的更新移植。目前的GCC包含C/C++、ObjectiveC、Fortran的前端，并包括这些语言的支持库（libstdc++、libobjc等）。GCC的开发是GNU计划的一部分，旨在增强包括GNU/Linux在内的GNU系统的编译器。GCC的开发完全是在开放的环境中进行的，并支持其他的平台。

银河麒麟高级服务器操作系统还可支持诸如Python、Perl、Shell、Ruby、PHP等脚本语言。

任务6-2 操作环境搭建

（一）麒麟桌面系统的安装

1. 最低配置与推荐配置

银河麒麟操作系统的最低配置与推荐配置见表6-1所示。

表6-1 最低配置与推荐配置

版本形态	最小内存	推荐内存	最小硬盘空间	推荐硬盘空间
银河麒麟桌面操作系统	2 GB	8 GB 及以上	50 GB	128 GB 及以上
银河麒麟高级服务器操作系统	4 GB	8 GB 及以上	15 GB	128 GB 及以上

2. 安装准备

（1） 准备所需设备和资料。

安装光盘或 U 盘启动器、《银河麒麟桌面操作系统 V10 安装手册》

（2） 检查硬件兼容性 。

银河麒麟桌面操作系统具有良好的硬件兼容性，与近年来生产的大多数硬件兼容。由于硬件的技术规范改变频繁，因此可能难以保证系统会100%地兼容硬件。

（3）备份数据。

安装系统之前，请将硬盘上的重要数据备份到其他存储设备中。操作系统安装时会对硬盘重新进行分区和格式化，因此需要做好备份，避免不必要的损失。通常要备份的内容包括系统分区表、系统中的重要文件和数据等。

（4）硬盘分区。

一块硬盘可以被划分为多个分区，分区之间是相互独立的，访问不同的分区如同访问不同的硬盘。一块硬盘最多可以有四个主分区，如果想在一块硬盘上拥有多于四个分区，就需要把分区类型设为逻辑分区。麒麟操作系统支持多个操作系统的共存和多重引导，与其他操作系统共存时，需要为麒麟系统划分单独的分区，并保证分区有足够的可用磁盘空间（至少10 GB），为了提升系统性能，还建议添加Swap分区。

Swap分区是Linux操作系统中的一个特殊功能，它是作为虚拟内存的一种实现方式。它的主要作用是当物理内存不足以满足当前应用程序的需求时，可以暂时将一些内存数据保存到硬盘上的Swap分区中，以此来释放更多的内存空间，以便让当前正在运行的程序能够继续执行。Swap分区的目的是确保系统的稳定性，即使在内存紧张的情况下也能保持正常运行。

3. 运行时服务（runtime services）配置开机引导

电脑加电启动后，启动BIOS，BIOS将进行系统的上电自检、枚举本地设备并初始化，初始化完成后BIOS的runtime服务将搜索那些处于激活状态的或是可引导启动的设备，搜索的顺序则按照在BIOS中设置的启动顺序进行。（因此当需要使用光驱或U盘中的操作系统启动电脑时，需要配置这些设备作为优先引导设备。）

4. 光盘安装

准备好银河麒麟操作系统的安装光盘及有光驱的电脑，即可开始安装，步骤如下：

（1）按下主机电源开关，主机开机启动；

（2）进入开机启动方式配置界面，确认是从光驱启动主机；

（3）进入“Startup Device Menu”，选择带有“CD/DVD”字样的选项，保存后退出；

（4）将安装光盘放入光驱，重启电脑。

5. U盘安装

准备好麒麟操作系统的U盘及电脑即可开始安装，步骤如下：

（1）开机启动，将制作好的安装U盘插入电脑；

（2）进入BIOS，选择从U盘启动，保存后退出；

（3）开机启动方式选择带有“USB”字样的选项。

注意： 使用USB接口的光驱作为引导光驱时，开机启动也应选择从U盘启动。

6. 引导成功

开机后出现如图6-2所示画面时，表示开机引导成功。

图6-2　麒麟操作系统开机画面

在麒麟操作系统的开机界面中，五个选项的具体操作如下：

（1）试用银河麒麟操作系统而不安装（T）：进入银河麒麟桌面操作系统的试用版本，可观察其界面布局以及相关菜单，同时包含了所有的安装方式。此界面中除“安装Kylin 4.0”图标外，其布局和安装之后的系统相同，可在此界面上试用并体验银河麒麟操作系统。

（2）安装银河麒麟操作系统（I）：与“试用银河麒麟操作系统而不安装”相比，没有试用模式，直接进行安装。

(3) 检测盘片是否有错误 (C): 安装之前检查磁盘是否存在坏点，执行检查之后若盘片不存在问题，则会提示 “Check finished: no errors found” “Press any key to reboot yoursystem”。

(4) 测试内存 (M): 对主机内存进行详细检测。可捕获内存错误和一直处于很高或者很低的坏位。执行测试之后若出现 “Pass 100%” 则表示内存不存在问题。按任意键后系统会重启。

(5) 从第一硬盘引导 (B): 退出安装，从第一硬盘引导进入系统。

7. 安装方式选择

选择“安装银河麒麟系统”后，依次选择“安装语言”→“勾选许可协议”→“选择时区”→“创建管理员用户”，完成后进入“安装方式选择”，两种安装方式的区别如图6-3所示。

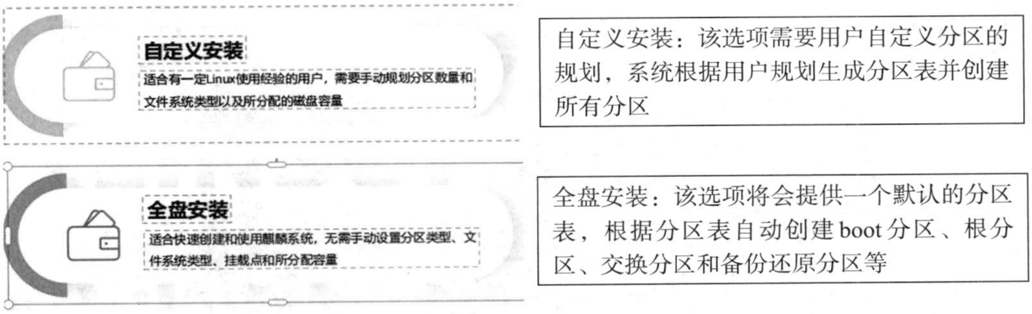

图6-3 两种安装方式的区别

8. 系统安装

(1) 安装方式选择“全盘安装”，勾选“需要安装系统的硬盘”，如图6-4所示。

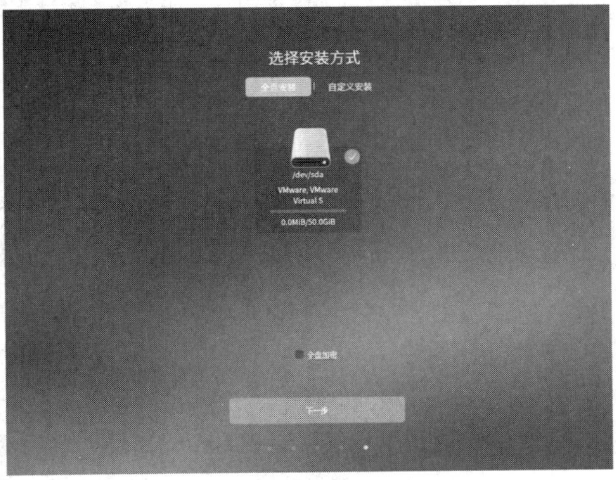

图6-4 安装方式选择

(2) 桌面显示默认提供的分区表，勾选“格式化整个磁盘”，如图6-5所示。等待安装完成，重启系统后即可使用麒麟系统。

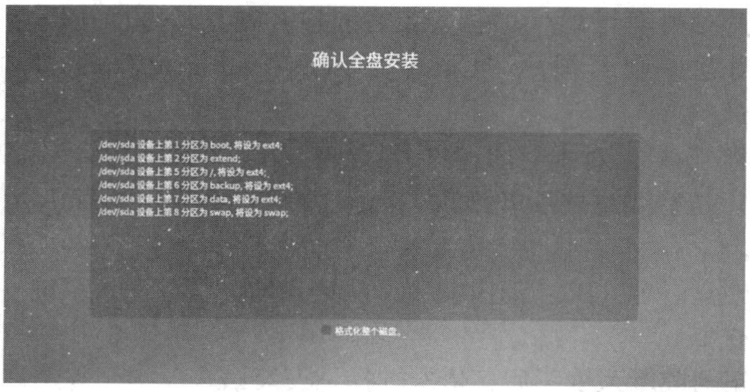

图6-5　选择全盘安装

（3）如果对于硬盘的空间使用有明确的要求或规划，则应当选择自定义安装方式，自行创建各个分区。或者当主机中需要多个操作系统共存时，则必须选择自定义安装。

在自定义安装界面中，点击加号创建分区，已创建的分区可以点击减号删除或对其进行编辑，如图6-6所示。

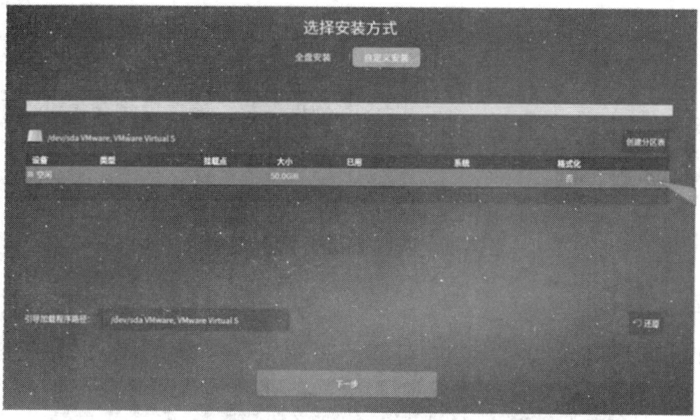

图6-6　选择自定义安装

①创建/boot分区，如图6-7所示。

图6-7　创建/boot分区

②创建根分区，如图6-8所示。

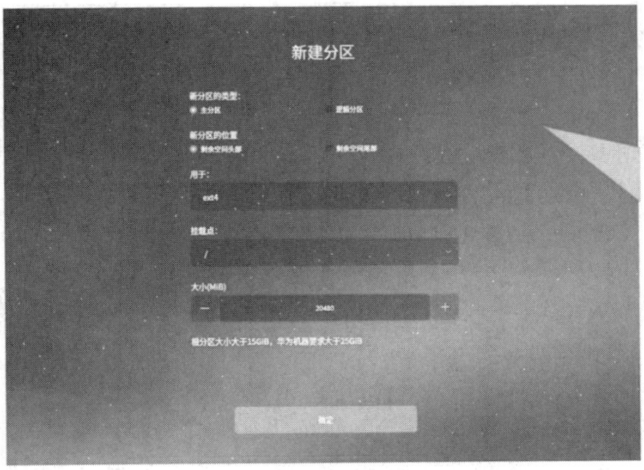

图6-8 创建根分区

③创建备份还原分区，如图6-9所示。

图6-9 创建备份还原分区

④创建/swap分区，如图6-10所示.

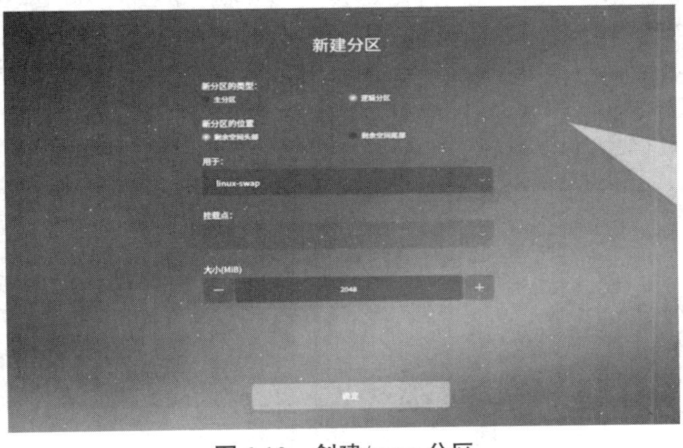

图6-10 创建/swap分区

⑤创建数据分区，如图6-11所示。

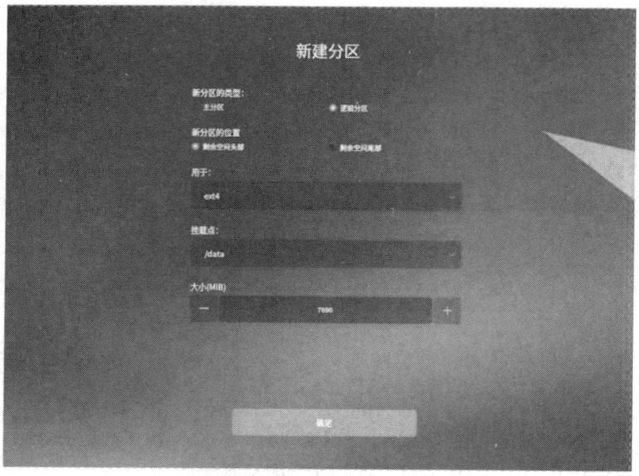

图6-11　创建数据分区

⑥确认分区表信息，等待安装完成，重启系统后即可使用麒麟系统，如图6-12所示。

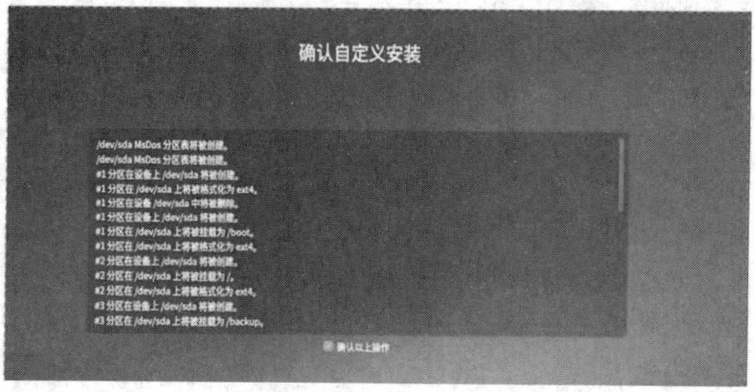

图6-12　确认分区表信息

9. 完成安装

麒麟操作系统界面如图6-13所示。

图6-13　麒麟操作系统界面

（二）常用软件安装

1. 启动软件商店

软件商店是一款图形化软件管理工具，为用户提供软件的搜索、下载、安装、更新、卸载等一站式软件管理服务。软件商店作为软件分发平台，为用户推荐常用软件和高质量软件。每款上架的软件都有详细的软件介绍信息以供参考，用户可以根据实际需要下载安装。

点击桌面左下角开始菜单工具，打开开始菜单栏目（图6-14）。用户可以通过鼠标上下滚动、搜索软件名称、按首字母查询、按类别查询等方式找到软件商店，点击“软件商店”，即可启动软件商店。

在开始菜单中右击软件商店可进行多种选择：

（1）固定到所有应用：可将软件商店图标固定到开始菜单的软件排序前列。

（2）固定到任务栏：固定到任务栏后，可直接单击桌面左下角任务栏中的软件商店快速打开。

（3）添加到桌面快捷方式：添加桌面快捷方式后，可在桌面上找到软件商店的图标快速打开。

图6-14　开始菜单

2. 账户登录

软件商店支持未登录麒麟ID账户和登录麒麟ID账户两种状态使用。未登录麒麟

ID账户时，也可直接使用软件商店的基础功能，但无法对软件进行评分、评论等操作。本章节以登录麒麟ID使用软件商店为例详细介绍使用步骤。

软件商店登录账户需先注册麒麟ID，如尚未注册，可点击登录界面【注册】或在首次扫码登录时，跳转至麒麟统一用户中心进行相关注册。

如已注册麒麟ID，可直接登录麒麟ID账户。点击首页左下角【登录】按钮，便会弹出【麒麟ID登录中心】。用户可通过账号密码、手机短信验证码、微信扫码三种方式登录。对于不同系统版本，登录界面存在差异性，请以实际页面为准。

（1）密码登录。

①输入账号密码后点击登录按钮，会弹出滑动验证界面进行验证（图6-15）；

②验证通过后即可成功登录；

③密码登录时可选择是否记住密码。

图6-15　密码登录界面

（2）手机登录。

①输入注册手机号，点击获取验证码，在弹出的滑动验证界面进行验证；

②验证通过后将自动向注册手机号码发送短信验证码，输入相应短信验证码；

③点击登录即可登录软件商店。

（3）微信扫码登录。

点击软件商店登录框右下角二维码，使用微信扫一扫快速登录（图6-16）；

注意：如果微信所在账户未注册过麒麟ID，需注册后再次扫码登录。

图6-16 微信扫码登录

如果忘记密码，可以点击登录界面的【找回密码】，跳转至麒麟统一用户中心，使用手机号、邮箱、密保问题三种方式中任意一种找回密码。

3. 主菜单

软件商店的主界面标题栏包括主页、办公、影音、图像、全部分类、移动应用、驱动、软件管理等多个模块。以下分别对各核心模块进行介绍。

（1）主页。

打开软件商店，默认开启【主页】，如图6-17所示，首页包括广告推荐、探索新品、下载排行、主题板块等，向下拖拽滚动条可以看到常用应用展示。在主页用户可以点击广告位或是点击推荐板块进行软件下载，即可跳转至软件的详情页面。如首页的下载排行、精选应用、大家都在用的移动应用，有想打开、更新、或下载的软件，也可以直接点击该软件右侧的【下载】按钮，也可点击该模块右上角【更多】按钮进入相应内容页面，探索更多软件。注意，移动应用目前仅支持ARM架构，如您的架构不是ARM架构，则不显示【大家都在用的移动应用】板块。

图6-17 系统主页

（2）全部分类。

点击左侧导航栏的【全部分类】按钮（图6-18），进入软件分类界面。软件商店提供了包括办公、开发、图像、影音、网络、游戏、教育、社交、系统、安全等多种软件分类，点击二级目录中任意类别即可查看该类别中所有软件，如图6-18所示。在不同的类别下，您可以选择目标软件进入软件详情页面。在各类别下面，支持默认排序、下载排行、评分排行等多种排序方式，默认排序依据自研热度算法为您推荐应用，下载排行根据当前该类别下所有软件的下载量由高到低排序，评分排行根据当前该类别上所有软件用户评分由高到低排序。在该页面，您也可以直接打开已经下载的软件或对其进行更新。在上架预告页面可查看即将上架的软件，在软件卡片中，可直接点击官网按钮进入该软件官网了解详细信息，您也可以点击该软件进入软件详情页查看软件信息。

图6-18　全部分类页面

（3）驱动。

点击左侧导航栏的【驱动】即可进入驱动页面（6-19），该页面提供打印机、扫描仪、高拍仪、指纹设备等多种类型的驱动。注意，因不同的驱动适配的架构不同，在【驱动】页面中实际显示的驱动类型会有所差别。

图6-19　驱动页面

（4）移动应用。

软件商店为用户提供麒麟软件自主研发的高性能的移动运行环境KMRE，点击左侧导航栏的【移动应用】即可进入移动应用页面（图6-20），首次进入移动应用页面时需要下载麒麟移动运行环境，点击【下载体验】按钮，下载安装完成后，会提示您重新启动电脑，重启电脑后再次打开软件商店移动应用页面，等待初始化环境后即可下载安卓应用。

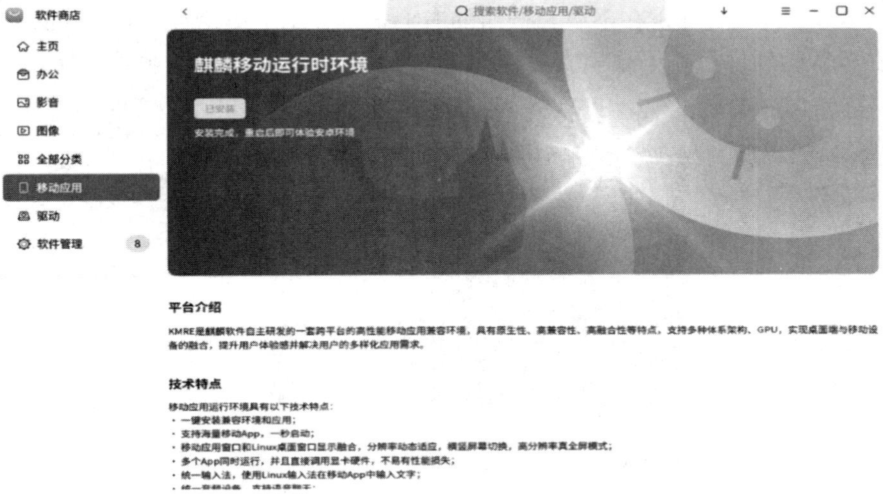

图6-20　下载麒麟移动应用运行环境

初始化安卓环境后即可看到如图6-21所示的移动应用页面，该页面支持多种类别的应用下载，注意不同机型上显示类别可能有所差异。在各类别页面，支持默认排行、下载排行、评分排行等多种排序方式。您可以选择任一类别选项，搜索、下载您的目标软件。下载软件后，点击打开可直接使用该安卓应用，体验感丰富。

图6-21　移动应用页面

4. 软件管理

点击左侧导航栏的【软件管理】打开个人应用管理页面，可以查看和操作当前需要更新的软件以及卸载本机已安装的软件，同时可以查看本机安装、云安装的历史记录，通过客户端右上角的【↓】下载箭头，可以查看当前软件下载情况。

（1）下载。

点击客户端右上角的【↓】下载箭头后，可弹出【正在下载】页面，如图6-22所示。如正在下载软件，【正在下载】按钮的右上角将显示下载个数，页面中以卡片形式显示正在下载的软件。在下载完成前，可随时暂停、继续、取消下载某一软件。

图6-22　正在下载页面

（2）更新软件

如本机软件有更新，左侧导航栏的【软件管理】右侧会出现提示，且软件更新也会出现数量提示，如图6-23所示。在软件卡片右下角，点击【更新】可开始更新该软件，或在页面右上角选择【全选】后，点击【全部更新】。软件在更新完成前，可随时暂停、继续、取消软件更新操作。软件下载完成后会自动安装，直到出现【打开】按钮即说明软件安装完成。

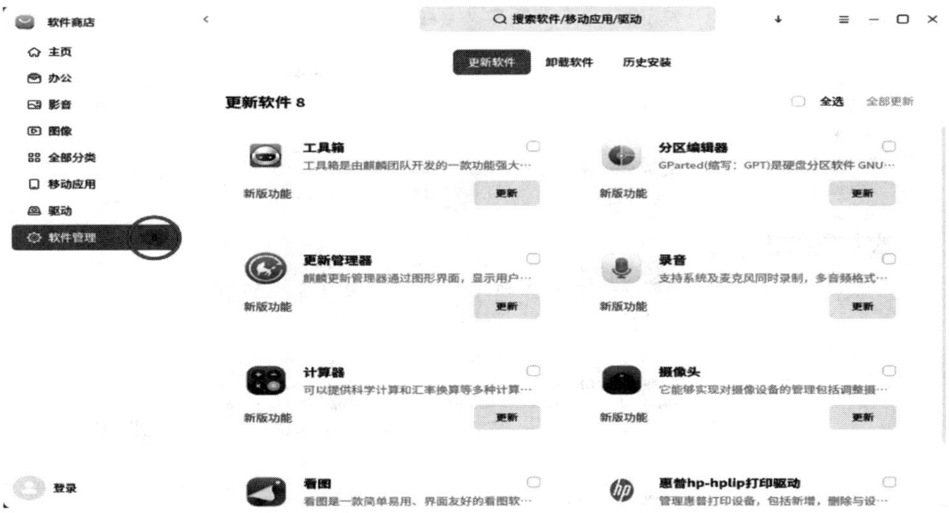

图6-23　应用更新界面

（3）卸载软件。

如想卸载从软件商店下载安装的本机软件，除在本机启动菜单中单击右键进行删除外，用户还可在此页面选择相应软件卡片，点击【卸载】。如需批量操作，则点击右上角【全选】，选择【一键卸载】，如图6-24所示。

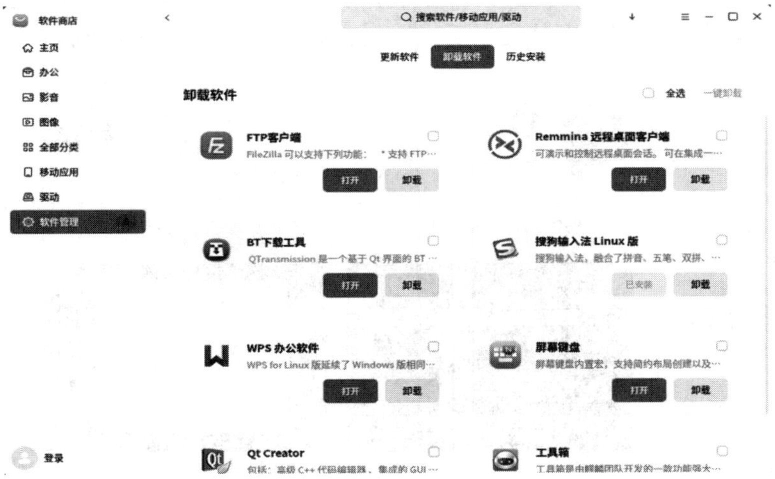

图6-24　应用卸载界面

（4）历史安装。

【历史安装】查看软件的安装历史，如图6-25所示。默认显示本机安装历史，即本机在软件商店中下载安装的软件列表。如您登录了麒麟ID账号，还可通过在云安装历史下查看该账号在其他电脑终端安装的软件记录。

若某些软件已从本机卸载，可在该页面点击【下载】重新下载安装。

图6-25　历史安装

（5）软件详情。

点击任意一款软件可以进入软件详情界面，如图6-26所示。软件详情页可查看该软件的图标、软件名称、软件包名、类别、评分、下载次数、下载大小、当前版本等，并提供软件的使用截图和软件介绍。如需下载该软件，可点击右上角【下载】按钮进行下载，下载完成后自动安装，安装完成后点击【打开】可直接运行该软件。

图6-26　软件详情页面

软件商店同时支持安全检测功能，如软件已经签名，并且通过人工检测，则会是“√”的状态。已签名软件将显示签名单位：麒麟软件有限公司。

在软件详情界面可以查看该软件的评分以及用户的评论，如您想对该软件进行评分与评论，请先下载该款软件并登录麒麟ID账户。软件评分的总分为5分，软件评论默认按发表时间排序，最新的评论会显示在最上方。

软件详情界面的用户评论区如图6-27所示，用户登录后，可以根据个人喜好对软件进行评分和评论。鼠标点击五角星即可对该软件进行评分；登录麒麟ID并下载安装该软件后可在评论框输入评论内容，注意评论字数不能超过200字，评论输入完成后点击提交即可在下方评论区看到刚发表的评论。在查看软件评论的同时，也可以点赞他人的评论，发表对该评论的看法，如果想删除自己的评论可以点击评论右下角的【删除】按钮。

图6-27 软件评价

（6）搜索栏。

搜索栏是软件商店的核心搜索功能，默认搜索软件商店已上架的软件，搜索方式支持软件名称（汉字、拼音）搜索、软件包名搜索。用户可以在搜索栏输入搜索内容，再点击回车或搜索栏上的搜索符号，若想一键删除搜索内容，可点击搜索框中的“×”图标。如图6-28所示，点击搜索框输入搜索内容，搜索框下方将显示相关匹配的软件，如有目标软件点击即可直接跳转。

图6-28　搜索栏

搜索完成后，将显示符合搜索内容的软件搜索结果及检索内容数量，如图6-29所示。当搜索结果较多时，可以通过滑动页面找到目标软件。

图6-29　搜索结果

（7） 操作栏。

软件商店客户端右上角（图6-30）的配置操作栏包含【设置】、【检查更新】、【帮助】、【关于】。

图6-30 软件商店操作栏

在【设置】中可对软件包下载目录、安装包清理机制、软件自动更新、通知提醒等进行设置。用户可开启自动更新软件商店，当软件商店客户端版本发生更新时，将自动静默将其更新至最新版本；当开启自动更新软件时，用户在软件商店下载的软件有新版本时，会自动将相应软件静默更新至最新版本；当未开启自动更新软件时，软件商店将默认推送软件可更新通知，用户也可以在设置中关闭该通知，如图6-31所示。

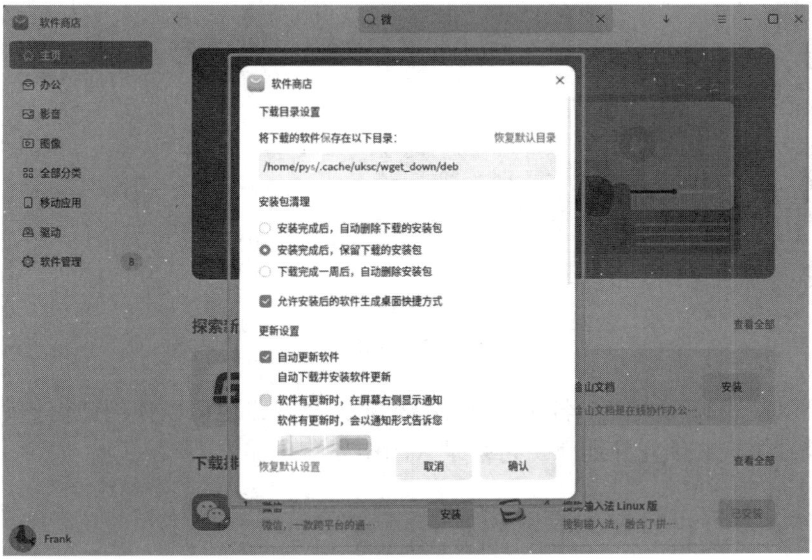

图6-31 设置

点击【检查更新】可查看当前客户端是否为最新版本，点击【关于】可查看当前客户端版本号。如果用户在使用过程中希望进一步了解产品功能或出现错误提示，可以点击操作栏中【帮助】菜单，打开软件商店客户端的使用手册，参照用户手册查找相应的解决方法。

（8） 窗口操作。

软件商店窗口右上角支持最小化、最大化窗口，双击软件商店页面空白处，也可触发放大、缩小窗口。点击右上角关闭按钮可退出软件商店。

任务6-3 用户账户的建立

（一） 网络账户

云账户可同步账户中已经设置好的系统配置到云端，如系统、设备、个性化、网络等。当使用另一台计算机时，只要登录相同的云账户（图6-32），即可一键同步之前保存的相关计算机配置。

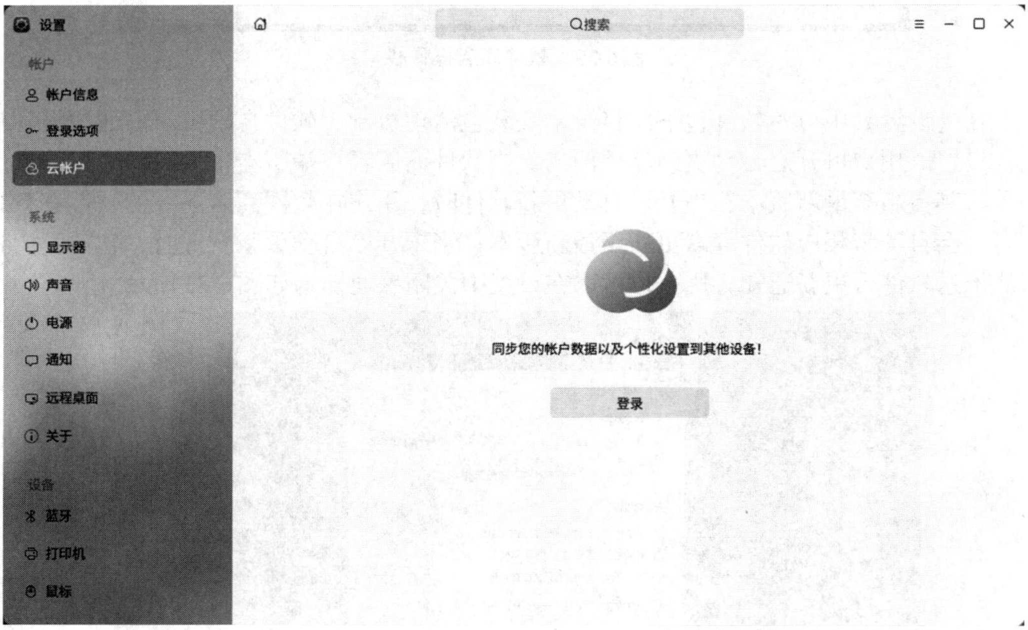

图6-32 云账户

用户可以使用邮箱、用户名或手机号码登录云账户，也可以使用微信扫码登录，如之前未注册过账户，须先注册账户再登录（图6-33）。

图6-33 云账户登录页面

登录云账户后会自动同步相关设置（图6-34）。

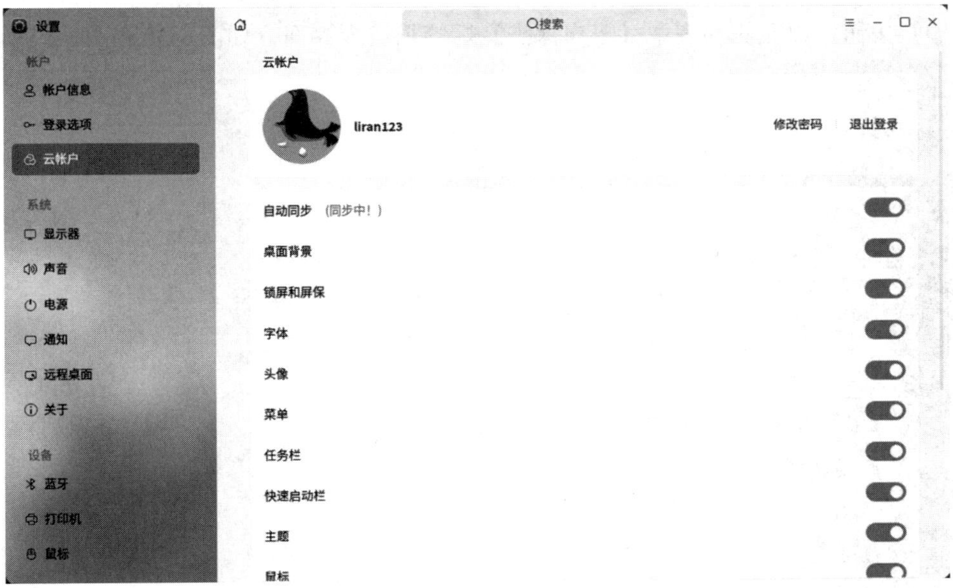

图6-34 云账户同步设置

（二）创建用户账户

在账户信息中，可以对用户的密码、头像等属性进行设置，同时可以设置免密登录和自动登录。如图6-35所示，可以看到当前的用户为kylin。

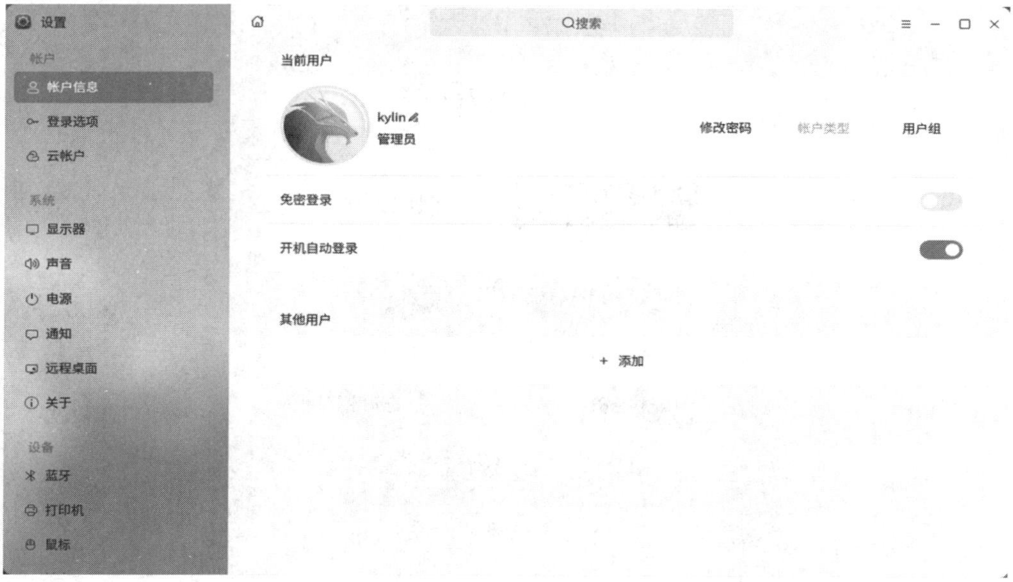

图6-35　账户信息

1. 账户保护

安全中心提供系统账户密码强度策略、账户锁定策略等配置功能。点击首页的【账户保护】按钮，或左侧列表中【账户保护】标签页进入界面，如图6-36和图6-37所示。

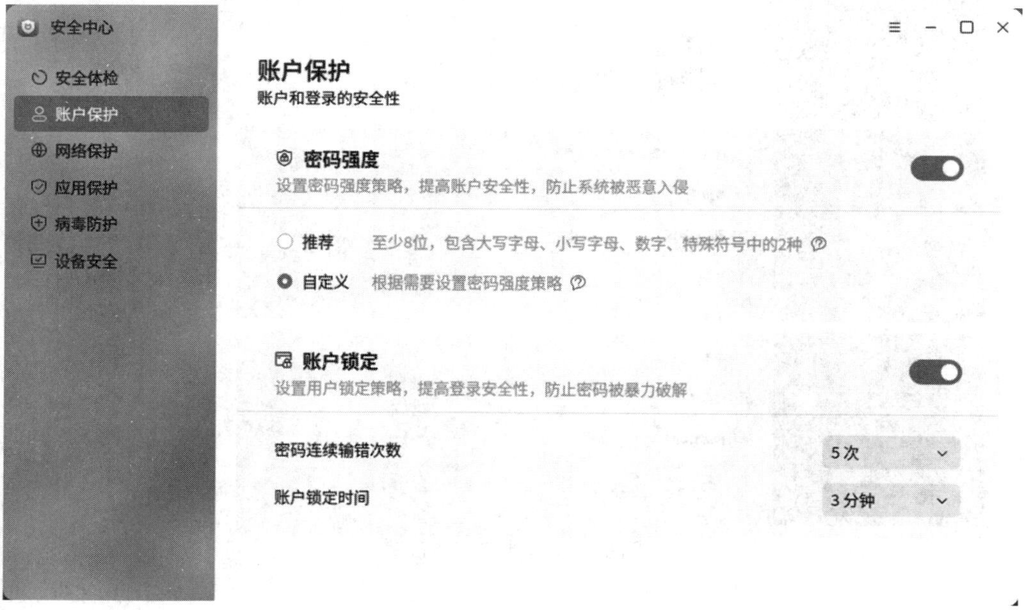

图6-36　账户保护首页

点击用户名旁边的修改图标，可以修改用户昵称，点击确认生效（图6-37）。

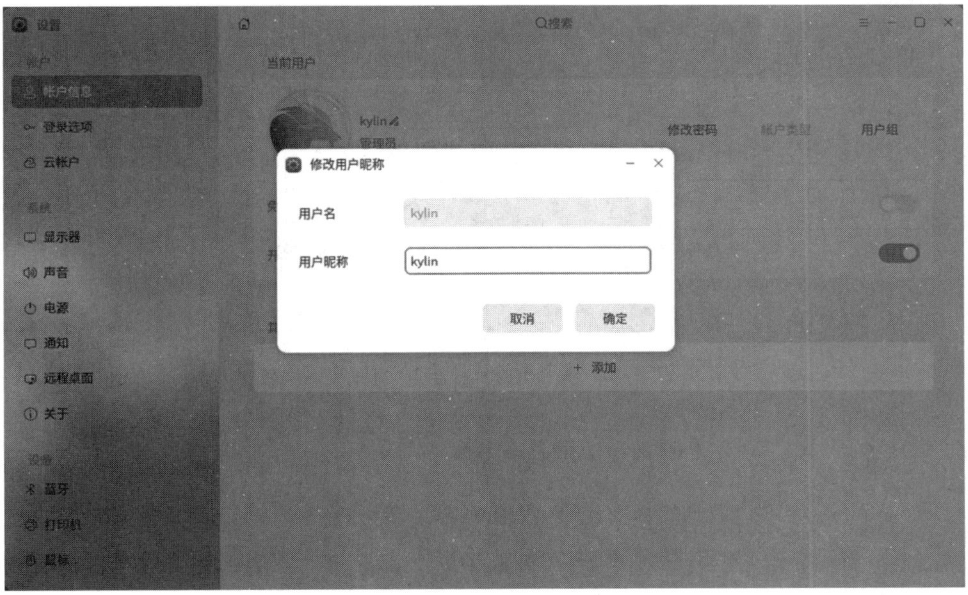

图6-37　修改用户昵称

点击用户组，可以对用户组进行添加、修改、删除操作（图6-38）。

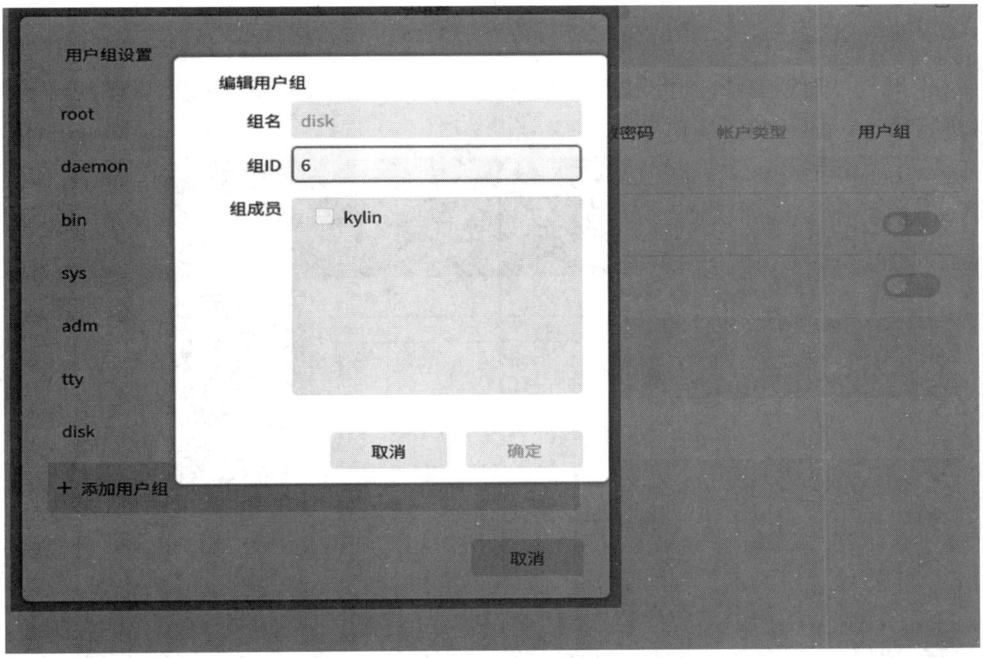

图6-38　用户组操作

在“其他用户”中选择“添加”可新建用户（图6-39），同时设置用户的权限。

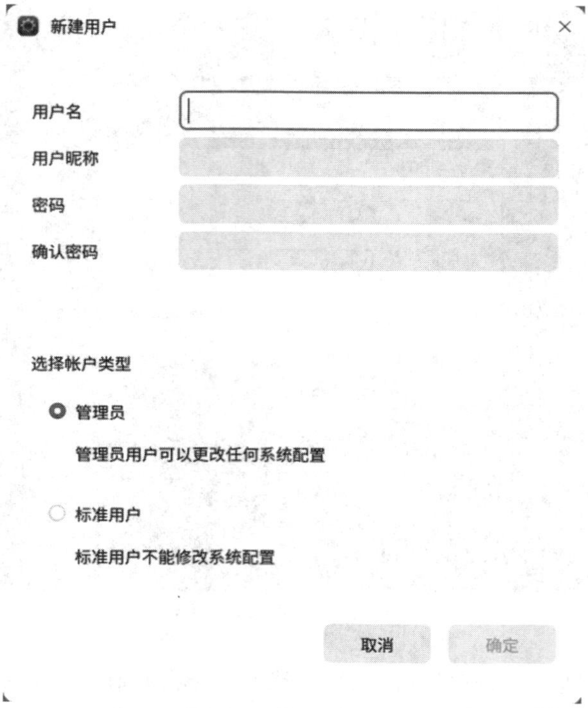

图 6-39　新建用户

对于创建的标准用户，可以进行修改密码操作，如图 6-40 所示。管理员可对账户类型进行修改（图 6-41）。

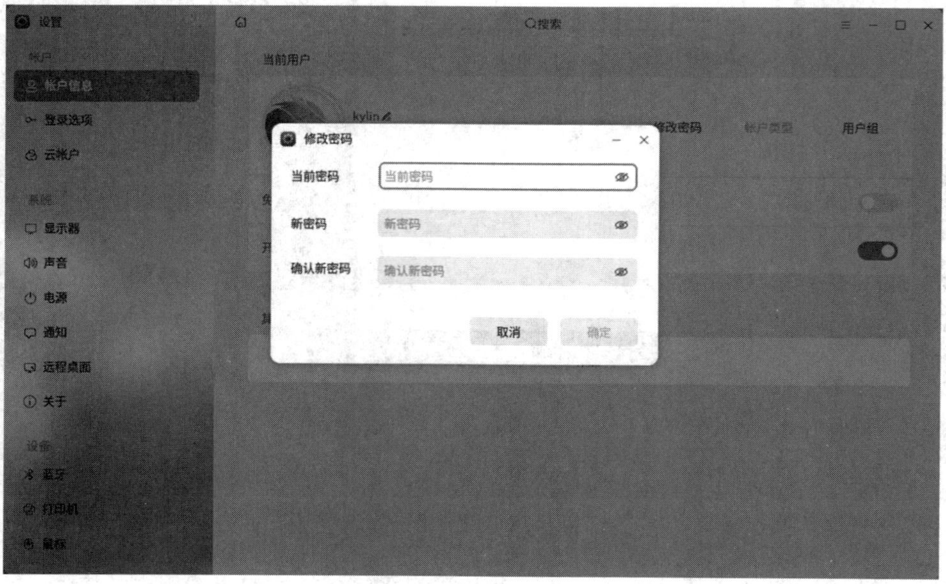

图 6-40　修改密码

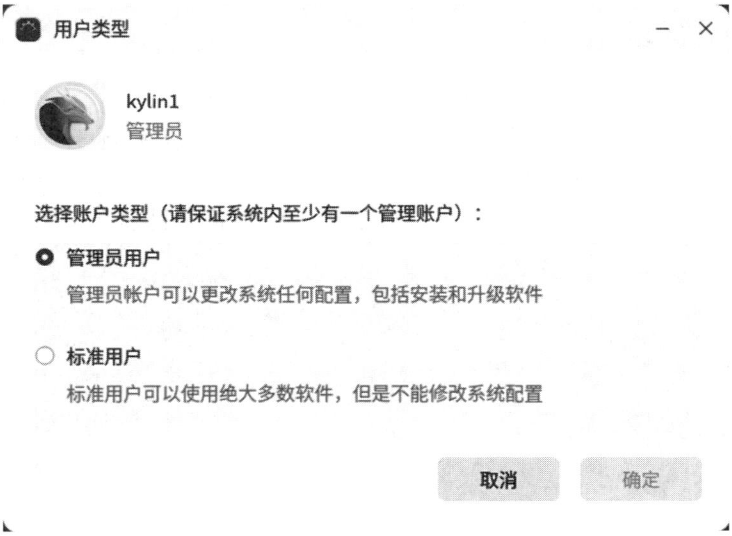

图6-41　账户类型修改

删除用户时可选择“保留该用户下所属的桌面、文件、收藏夹、音乐等数据”，“删除该用户所有数据”两个选项（图6-42）。

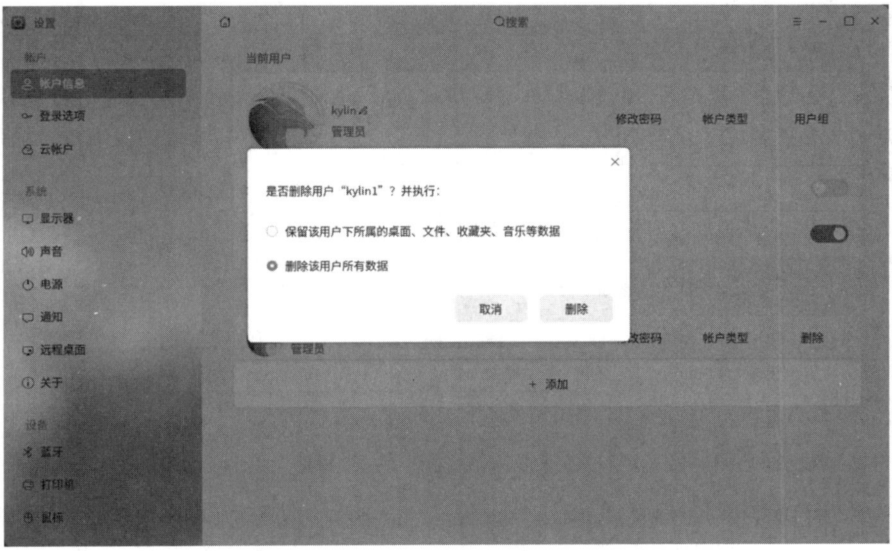

图6-42　用户删除

2. 账户锁定

账户锁定功能可以开启或关闭。开启状态时，系统账户需要遵循当前账户锁定策略要求；关闭状态时，系统账户无账户锁定限制。

账户锁定功能提供密码连续输错次数和账户锁定时间配置。密码连续输错次数设置范围为5至10次，默认为5次；账户锁定时间可设置为1分钟、3分钟、5分钟、10分钟、15分钟，默认为3分钟。

（三）密码管理

1. 登录验证

登录选项中可以修改登录密码、设置扫码登录、开启/关闭生物识别，生物识别栏可选择开启或禁用该功能和进行高级设置，高级设置可以打开生物特征管理工具进行相关设置。生物特征管理工具详细介绍请见手册中的生物特征管理工具部分内容。（图6-43～图6-45）

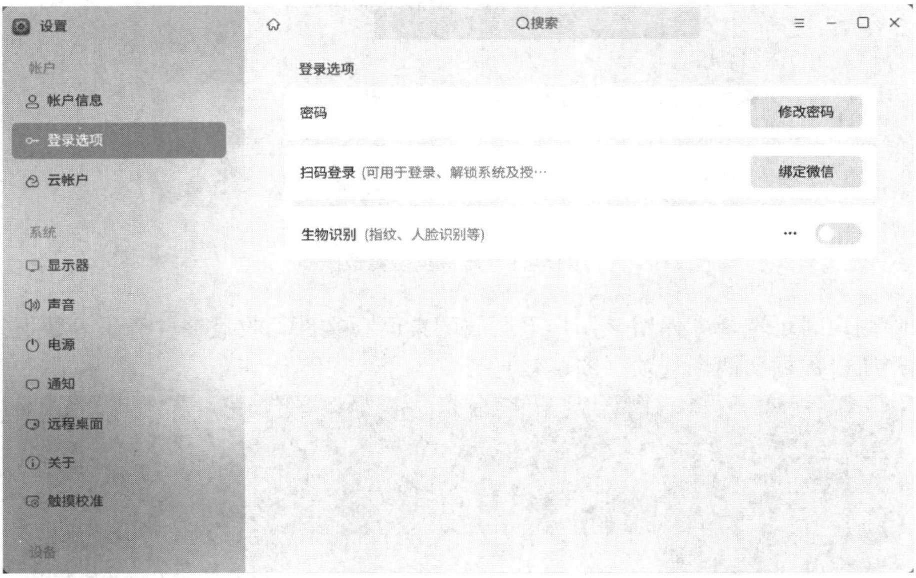

图6-43 登录选项

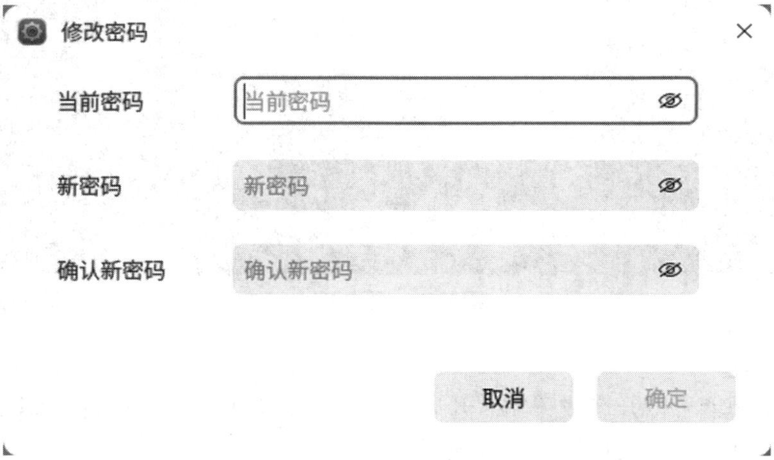

图6-44 修改密码操作

图6-45 扫码登录操作界面

2. 密码强度

密码强度功能可以开启或关闭。开启状态时，系统账户需要遵循当前密码强度策略要求；关闭状态时，系统账户无任何密码强度限制。

密码强度提供推荐、自定义两种配置模式。

推荐模式：至少8位，包含大写字母、小写字母、数字、特殊符号中的2种，以及密码禁止包含用户名等配置策略；

自定义模式：根据需要自定义相应的密码强度策略（图6-46）。

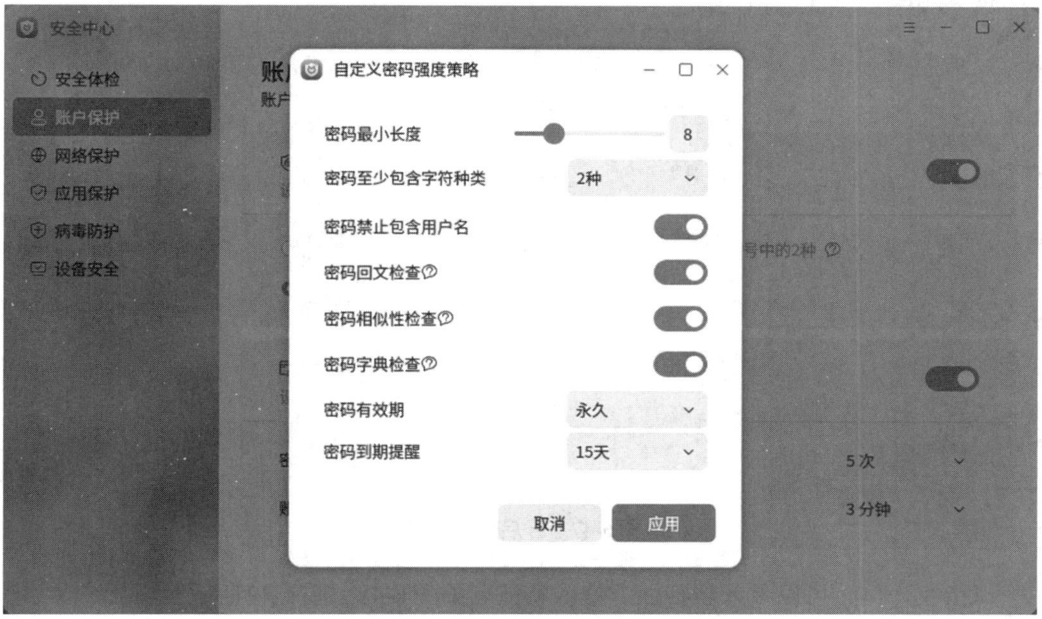

图6-46 自定义密码强度策略

自定义密码强度策略配置界面提供以下几种设置功能：

（1）密码最小长度，设置范围为1至32位；

（2）密码至少包含字符种类，设置范围为1至4种；

（3）密码禁止包含用户名，功能可启用或关闭；

（4）密码回文检查，正读反读均相同的密码将不能设置成功，功能可启用或关闭；

（5）密码相似性检查，与原密码相似度大的密码将不能设置成功，如只改变字母大小写，功能可启用或关闭；

（6）密码字典检查，密码字典中存储着用户常用密码，与字典内字符相同的密码将不能设置成功，功能可启用或关闭；

（7）密码有效时间，包含7天、30天、90天、180天和永久，默认为永久；

（8）密码到期提醒，包含3天、7天和15天，当设置密码有效时间为7天时，密码到期提醒只能选择3天；

（9）密码回文检查、密码相似性检查和密码字典检查提供功能说明提示，当鼠标悬停在提示图标时显示对应项的详细说明。

3. 修改登录验证

开启生物识别功能，登录时可以使用生物识别，支持录入、重命名、删除生物特征（图6-47）。

图6-47　开启生物识别

以指纹为例，可以录入新特征、修改特征名如图6-48、图6-49所示。

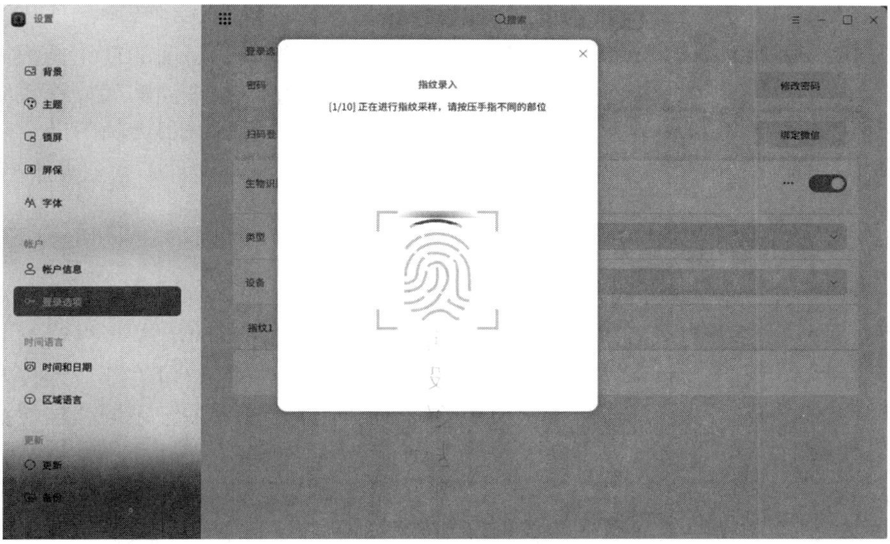

图6-48　录入新特征

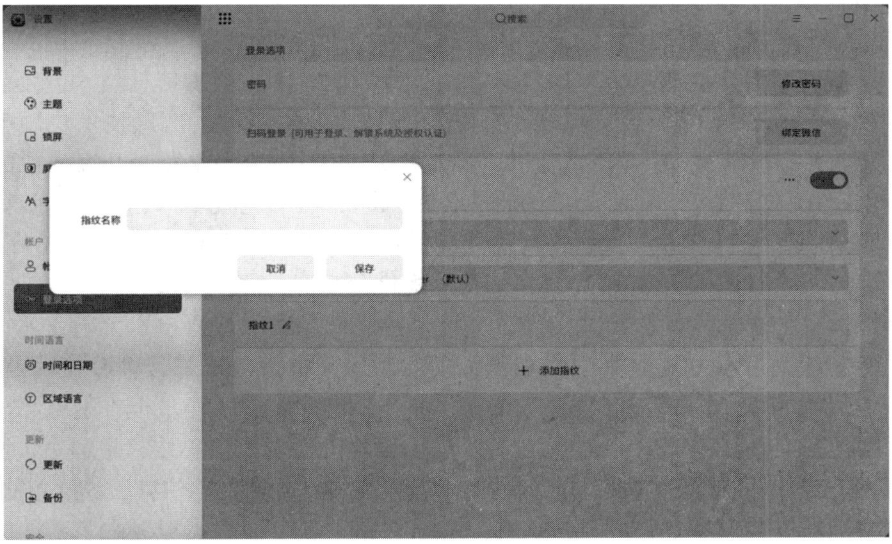

图6-49　修改特征名

项目总结

操作系统作为计算机的主要软件，在计算机系统中发挥着重要的作用，它相当于计算机系统的管理者，协调各个硬件及软件的运行。自操作系统诞生起，几乎大部分操作系统来源于国外，目前微软Windows系列操作系统的市场占有率仍在70%以上，这一垄断地位使美国拥有全球计算机领域的核心话语权。对我国相关技术的发展也造成了制约，因此，国产操作系统的不断崛起，对引领我国技术走向国际具有重大意义。

通过本项目实施，学生能够熟悉掌握操作系统在计算机工作过程中的作用，了解计算机操作系统的发展历程及我国自主研发的操作系统的发展和目前的使用情况；并且掌握操作系统的主要功能，从而可以熟练安装操作系统，主要是银河麒麟操作系统的操作方式，对于后期自主部署个人计算机操作环境及服务器平台具有很大的帮助。

拓展阅读

十三届全国人大四次会议2021年3月11日表决通过了关于《中华人民共和国国民经济和社会发展第十四个五年规划和2035年远景目标纲要》的决议，规划纲要共分为19篇，其中第5篇为“加快数字化发展 建设数字中国”。提出加强关键数字技术创新应用：聚焦高端芯片、操作系统、人工智能关键算法、传感器等关键领域，加快推进基础理论、基础算法、装备材料等研发突破与迭代应用。加强通用处理器、云计算系统和软件核心技术一体化研发。加快布局量子计算、量子通信、神经芯片、DNA存储等前沿技术，加强信息科学与生命科学、材料等基础学科的交叉创新，支持数字技术开源社区等创新联合体发展，完善开源知识产权和法律体系，鼓励企业开放软件源代码、硬件设计和应用服务。

信息技术应用创新产业发展已经成为经济数字化转型、提升产业链发展的关键，从技术体系引进、强化产业基础、加强保障能力等方面着手，促进信息技术应用创新产业落地生根，带动传统IT信息产业转型，构建新型产业聚集群。信息技术应用创新产业与“863计划”“973计划”“核高基”一脉相承，是我国IT产业发展升级采取的长久之计。信创建设从关键环节核心组件的自主创新入手，以“党政军”和关系国计民生的关键行业为试点，为国产IT厂商提供了实践创新的基础，从而逐步建立自主的IT底层架构和标准，实现全IT全产业链实力和结构的优化升级。

加快信息技术应用创新产业建设，关键是推动信息领域核心技术突破，习近平总书记在《努力成为世界主要科学中心和创新高地》一文中指出“关键核心技术是要不来、买不来、讨不来的。只有把关键核心技术掌握在自己手中，才能从根本上保障国家经济安全、国防安全和其他安全。”自主创新推进网络强国建设，核心技术是国之重器。这就要求新一代技术人才要下定决心、保持恒心、找准重心，加速推动信息领域核心技术突破。

自主创新是我们攀登世界科技高峰的必由之路。新一代青年要矢志不移地坚持自主创新，坚定创新信心，着力增强自主创新能力。

项目习题

一、单选题

1. 下列关于软件商店描述中，错误的是（　　）。

A. 为用户提供软件的下载、安装、卸载、升级等功能

B. 用户可以通过软件商店的搜索功能快速查找到自己需要的软件

C. 通过“开始菜单”→“设置”→“软件商店”打开软件商店主界面

D. 软件商店为用户推荐了在Linux环境下常用的Windows替代软件

2. 当前使用管理员用户登录银河麒麟桌面操作系统，在“设置”的“用户”选项中，对新创建的普通用户guest01不可以执行（　　）操作。

A. 删除用户　　B. 修改用户密码

C. 设置用户免密登录　　D. 修改用户类型

3. 若希望快速在软件商店中找到某款曾经安装过的软件，则应在（　　）中查找。

A. 类别　　B. 应用更新

C. 应用卸载　　D. 安装历史

4. 下列关于删除用户的描述中，错误的是（　　）。

A. 系统默认登录管理员用户可以删除普通用户

B. 系统默认登录管理员用户不可以删除普通管理员用户

C. 系统默认登录管理员可以修改普通用户的用户类型

D. 删除用户信息时可以保留部分用户信息

5. 银河麒麟桌面操作系统V10版安装完软件包之后可以在（　　）找到并打开。

A. 任务栏　　B. 开始菜单

C. 启动器　　D. 控制中心

二、多选题

1. 银河麒麟桌面操作系统创建用户时支持（　　）用户。

A. 试用用户　　B. 标准用户

C. 管理员用户　　D. 超级管理员

2.下列关于麒麟软件商店的描述中，正确的有（　　）。

A. 可以在线安装软件

B. 可以离线安装软件

C. 可以安装系统服务

D. 安装应用软件

3. 下列选项中，不属于银河麒麟桌面操作系统V10默认（推荐模式）密码强度要求的是（　　）。

A. 至少8位

B. 同时包含数字、字母及特殊符号

C. 可以包含用户名信息

D. 密码区分大小写

三、判断题

1. 银河麒麟操作系统在政府办公领域可以替代Windows。（　　）

2. 银河麒麟操作系统下，不同的账户可以使用相同的密码。（　　）

项目7
网络安全

经过小李和同事们共同努力，公司的内部网络正常运行，并成功连接上互联网，文件传输和视频会议也能正常进行。然而，最近有同事发现OA系统频繁收到来源不明的信息骚扰，小李意识到公司网络可能受到不明来源的网络攻击，所以必须排查公司网络安全隐患，并制定多层面的解决方案，包括硬件和软件等。为了创造更安全可靠的网络办公环境，让我们跟随小李一起学习网络安全相关知识吧！

项目导读

自从"互联网+"行动提出以来，我国的互联网应用技术无论在基础建设还是终端适配、软件开发等各方面都有了突飞猛进的发展。同时互联网也从过去传统的商务、办公等领域逐步渗透到了我们生活的方方面面。但是伴随着经济活动互联网化的加深，网络安全问题也越来越凸显。

网络有足够的安全性是我们使用网络的前提条件之一，用户在畅游网络之前就应该对网络风险有着基础性的认识，并且能够在硬件以及软件层面规避这些网络风险。

项目目标

网络安全问题主要涉及网络组成硬件、操作系统、应用软件以及网络用户的应用习惯等多个方面。本项目主要介绍常见的网络安全隐患以及网络破坏行为。

知识目标	能力目标	思政目标
1. 了解并掌握网络安全相关的基本概念； 2. 掌握什么是病毒，并可以说明木马病毒与普通病毒的区别； 3. 了解黑客攻击行为，及攻击的实施步骤	1. 能够识别和判断网络攻击行为； 2. 能够利用工具软件进行木马病毒的查杀与防范； 3. 可以进行防火墙的基础设置	1.系培养建立网络安全风险防范意识； 2. 能与成员精诚合作，能正确面对他人的成功或失败； 3. 具有一定的自学能力，以及分析问题、解决问题的创新能力

任务7-1 网络安全的基本概念

网络安全应考虑涵盖计算机网络所涉及的全部内容。参照ISO给出的定义，计算机网络安全是指："保护计算机网络系统中的硬件、软件和数据资源不因偶然或恶意的原因遭到破坏、更改和泄露，使网络系统连续可靠地正常运行，网络服务正常有序。"从本质上讲，网络安全就是网络上的信息的安全。

（一）计算机所面临的网络风险

1. 计算机面临的风险种类

计算机所面临的网络风险（图7-1）大体可分为两种：一是对网络中信息的威胁；二是对网络中设备的威胁。对计算机网络造成威胁的因素很多，有些因素可能是有意的，也可能是无意的；可能是人为的，也可能是非人为的；还可能是外来黑客对网络系统资源的非法使用。归结起来，针对网络安全的威胁主要有以下三个方面。

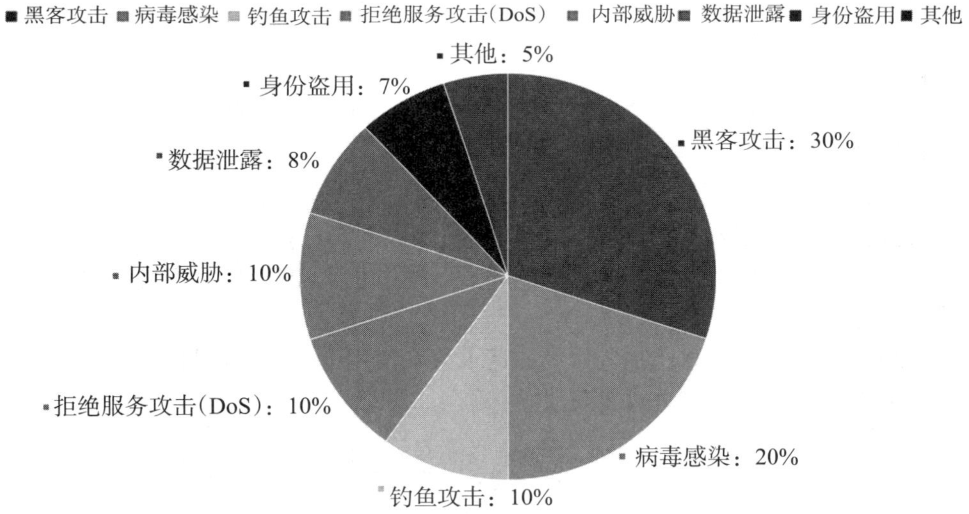

图7-1 计算机所面临的网络风险

（1）人为的无意操作。如操作员安全配置不当造成的安全漏洞、用户安全意识不强、用户口令选择不慎、用户将自己的账号随意转借他人或与别人共享等都会给网络安全带来威胁。

（2）人为的恶意攻击。这是计算机网络所面临的最大威胁，计算机犯罪就属于这一类。此类攻击又可以分为两种：一种是主动攻击，它以各种方式有选择地破坏信息的有效性和完整性；另一种是被动攻击，它是在不影响网络正常工作的情况下，进行截获、窃取、破译以获得重要机密信息。这两种攻击均可对计算机网络造成极大的危害，并导致机密数据的泄露。

（3）网络软件的漏洞和“后门”。网络软件不可能是百分之百的无缺陷和无漏洞，而这些漏洞和缺陷恰恰是黑客进行攻击的首选目标，曾经出现过的黑客攻入网络内部的事件，这些事件大部分就是因为安全措施不完善所导致的。另外，软件的“后门”都是软件公司的设计编程人员为了自己操作方便而设置的，一般不为外人所知，但一旦“后门”被打开，其造成的后果将不堪设想。

2. 常见的网络攻击

随着网络上经济活动的增加，网络攻击行为的危害性越来越大。网络攻击从早期的破坏性行为演变成当今以窃取网络用户的个人信息、软件及金融工具密码等为主的犯罪活动。主要攻击手段有以下几种。

（1）口令入侵：通过破解用户的账户密码、电子邮件或其他信息来访问他人的计算机系统。

（2）病毒和恶意软件：使用恶意代码或程序来感染他人的计算机系统，并导致数据丢失、隐私泄露等问题。

（3）钓鱼攻击：钓鱼攻击通过伪装成合法的网站或个人，诱使用户输入敏感信息，如用户名、密码、银行账号等。钓鱼攻击通常通过虚假的电子邮件、链接或网站来进行。

（4）网络钓鱼：利用虚假网站、电子邮件或社交媒体诱骗用户提供个人信息或进行转账等操作。

（5）木马：一种基于远程控制的黑客工具，可以远程操作受害人终端，具有隐蔽性和非授权性等特点。

（6）漏洞利用：利用操作系统或应用程序的漏洞来获取访问权限或者窃取敏感信息。2023年上半年国家安全漏洞库（CNNND）收录漏洞危害等级分布如图7-2所示。

（7）社交工程：利用人类社会活动的弱点，通过正常的社会活动诱骗用户犯下安全错误或泄露敏感信息。

（8）拒绝服务攻击：通过制造大量的请求或者使用大量无效流量堵塞受害者的网络通道，以使受害者的服务器过载或崩溃。

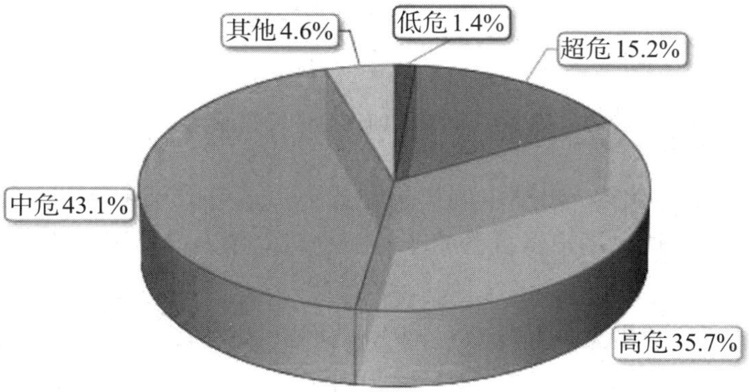

图7-2　2023年上半年CNNVD收录漏洞危害等级分布

（二）网络安全策略

网络安全策略是网络安全的重要组成部分，它规定了如何保护网络资源、如何防止恶意攻击，以及如何在发生安全事件时进行应对。常见的网络安全策略有以下几种。

（1）访问控制：访问控制是网络安全的基本策略之一，它规定了哪些用户或哪些设备可以访问网络资源，并且通过身份验证、授权等方式来实现访问控制。

（2）数据加密：数据加密是保护数据安全的重要手段，它可以将数据转化为密文，使得未经授权的用户无法读取。数据加密可以分为传输加密和存储加密。

（3）防火墙：防火墙（图7-3）是一种结合各类用于安全管理与筛选的软件和硬件设备，帮助计算机网络在其内、外网之间构建一道相对隔绝的保护屏障，以保护用户资料与信息安全性。防火墙通过链接管理与包过滤对网络访问进行审核。

图7-3　华为防火墙

（4）安全审计：安全审计是对网络安全的监控和评估，它可以帮助管理员发现安全漏洞并及时修复。

（5）安全管理：安全管理是网络安全的重要组成部分，它包括安全政策、安全培训、安全漏洞管理等。

任务7-2 计算机病毒及特点

随着互联网在生活中的应用场景越来越多，计算机病毒的威胁也日益严重，本项目主要介绍常见的计算机病毒以及主流的查杀方式。

计算机病毒是一种人为编制的程序或指令集合。这种程序能够潜伏在计算机系统中，并通过自我复制传播和扩散，在一定条件下被激活，并给计算机带来故障和破坏。这种程序具有类似于生物病毒的繁殖、传染和潜伏等特点，所以人们称之为“计算机病毒”，计算机病毒一般通过存储器和网络传播。根据国际上的统计分析表明，计算机病毒每天产生十多种，目前已达数万种，国内99%的计算机遭受过病毒的攻击。

（一）计算机病毒的发展

计算机病毒（computer vinus）在《中华人民共和国计算机信息系统安全保护条例》中被明确定义，主要指“编制者在计算机程序中插入的破坏计算机功能或者破坏数据，影响计算机正常使用并且能够自我复制的一组计算机指令或程序代码”。我们可以简单理解为：计算机病毒是利用计算机软件与硬件的缺陷或操作系统漏洞，由被感染机内部发出的破坏计算机数据并影响计算机正常工作的一组指令集或程序代码。

自从计算机大规模使用以来，计算机病毒就一直伴随着计算机的发展而发展。从以前炫耀式的单机破坏性病毒逐渐演变成了现在以非法获取经济利益为主要目的的网络木马病毒、蠕虫病毒等。计算机病毒的发展史可分为以下几个阶段。

1. DOS引导阶段

此时的计算机病毒主要以引导型病毒为主，具有代表性的是“小球”和“石头”病毒。当时的计算机硬件较少，功能简单，一般需要通过软盘启动后使用。引导型病毒利用软盘的启动原理工作，它们修改系统启动扇区，在计算机启动时首先取得控制权，减少系统内存，导致磁盘读写中断，影响系统工作效率，在系统存取磁盘时进行传播。1989年，引导型病毒发展为可以感染硬盘，典型的代表有“石头2”。

2. DOS可执行阶段

1989年，可执行文件型病毒出现，它们利用DOS系统加载执行文件的机制工作，代表为“耶路撒冷”“星期天”等病毒。病毒代码在系统执行文件时取得控制权，修改DOS中断，在系统调用时进行传染，并将自己附加在可执行文件中，使文件长度增加。1990年，发展出复合型病毒，可感染COM和EXE文件。

3. 伴随型阶段

1992年，伴随型病毒出现，它们利用DOS加载文件的优先顺序进行工作。具有代表性的是“金蝉”病毒，它感染EXE文件时生成一个和该文件同名的COM伴随体文件，在DOS加载文件时，病毒就取得控制权。

4. 网络、蠕虫阶段

1995年，随着网络的普及，病毒开始利用网络进行传播，“蠕虫”是其中的典型代表。最初的蠕虫病毒是因为在DOS环境下，病毒发作时会在屏幕上出现一条类似虫子的字符串，胡乱吞吃屏幕上的字母并将其改变形状而得名。蠕虫病毒是自包含的程序，它能传播自身功能的拷贝或复制自身的某些部分到其他的计算机系统中。2017年爆发的勒索病毒就是蠕虫病毒的变种（图7-4）。

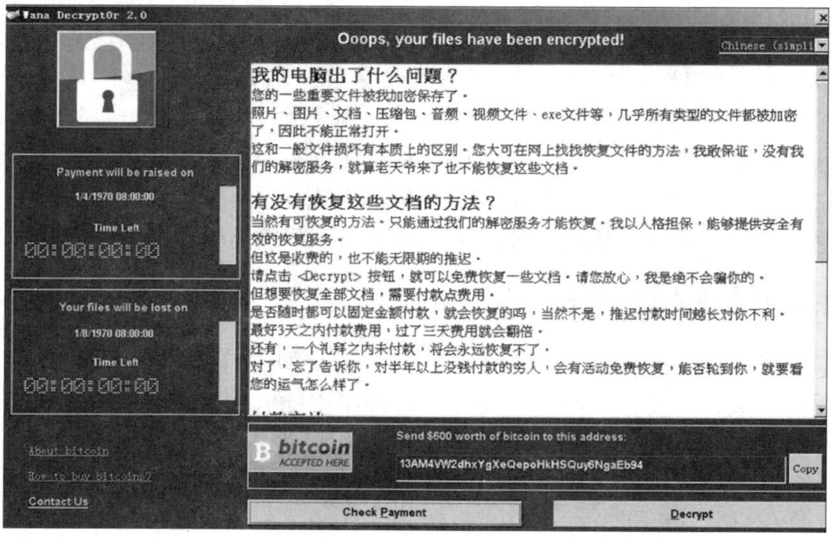

图7-4 勒索病毒

5. 宏病毒阶段

宏病毒是一种脚本病毒，利用系统的开放性专门制作的一个或多个具有病毒特点的宏集合，并能通过文档及模板进行自我复制及传播。宏病毒主要通过word文档以及电子邮件、恶意网络链接等进行传播。

6. 互联网阶段

随着互联网的发展，病毒逐渐从以破坏为主转向以窃取受害人关键信息为主，木马就是这类病毒的代表产物。木马病毒其实是一种具有隐蔽性和欺骗性的后门程序，寄生在宿主计算机中暗中收集卡号、密码等关键信息并通过网络发送到指定路径。

（二）计算机病毒的特性

本质上来说计算机病毒是计算机程序的一种，但是它的触发及运行原理又与生物学意义上的病毒有着一定的相似性，所以被称作病毒。计算机病毒通常具备非法性、隐藏性、潜伏性、可触发性、破坏性、传染性等特性。

1. 非法性

计算机病毒的操作一般都是在未取得计算机用户的授权下进行的，它们绝大部分都会损害用户利益。计算机病毒的非法性主要体现在以下几个方面。

（1）传播途径非法：计算机病毒通常通过电子邮件、网络共享、恶意软件等多种途径在用户不知情的情况下进行传播，整个传播过程并未获得用户许可，属于非法传播。

（2）目的非法：计算机病毒的目的往往是为了攻击或控制他人的计算机系统，对他人的计算机系统造成软硬件破坏，或者只是为了恶作剧或炫耀自己的技术。这种行为不仅违反了道德准则，而且也违反了法律法规。

（3）技术手段非法：计算机病毒利用各种技术手段来隐藏自己，并试图逃避杀毒软件的检测。这些技术手段包括修改代码、插入恶意代码、伪装成合法文件等。这些手段都不符合相关的法律法规，都是非法的。

2. 隐藏性

计算机病毒因为功能比较单一，又不需要与用户交互的UI界面，所以体积很小，甚至只有几KB。它可以非常迅速地附加在正常的可执行文件或者图片代码中，这个过程也就是“中毒”的过程。这使得它具有很强的隐藏性。又因为它的非法性，计算机病毒会想尽办法主动地隐藏自己，比如把自己的名字修改成正常的系统文件的名字、把自己隐藏在系统目录中等。

3. 潜伏性

计算机病毒的潜伏性是指病毒在感染宿主后，不会立即发作，而是潜伏在系统中，等待一定的触发条件出现后才会开始活动并破坏系统。而在潜伏过程中计算机病毒仍具备传染性，会不停地复制自己。比如有名的“黑色星期五”病毒的发作时间为同为13号和星期五。

4. 可触发性

计算机病毒的可触发性是指病毒通常在一定的触发条件下激活其传播机制进行传

染，或激活其破坏机制对系统造成破坏。触发条件可以是日期、时间、文件大小等，发展到互联网时代，木马病毒的触发条件变成了服务器端发送的指令信息。

5. 破坏性

计算机病毒的破坏性是指病毒对计算机系统或应用程序进行破坏的能力。这种破坏可以是对文件、内存、系统资源的占用和消耗，以及对程序和数据的破坏等。计算机病毒的破坏性也是其非法性的体现之一，因为病毒在传播和感染过程中会对计算机系统造成不同程度的影响和破坏。一些病毒可能会直接删除或重命名文件，或修改文件的内容和格式，导致文件无法正常使用。此外，一些病毒还可能会占用系统资源，导致计算机运行速度变慢或停止响应，甚至破坏计算机的硬件设备。还有一些病毒可能会破坏计算机的系统文件或注册表项，导致计算机无法正常启动或运行等。

有的病毒还可以损坏计算机硬件，比如世界上首个大规模爆发的破坏硬件的计算机病毒CIH会在每月的26号发作并烧毁主板的CMS存储器，造成主板无法工作。

6. 传染性

计算机病毒的传染性是指病毒通过复制自己，感染其他程序或系统的能力。这是计算机病毒的基本特征之一，也是它对计算机系统构成威胁的重要原因之一。计算机病毒的传播途径主要有：通过文件复制或网络共享进行传播，比如公共机房的计算机往往易感染病毒；通过电子邮件附件传播，比如大名鼎鼎的“I Love You”病毒，它通过Microsoft Outlook电子邮件系统传播，邮件的主题为“I LOVE YOU”，并包含一个附件，用户在Microsoft Outlook里打开这个邮件，系统就会自动复制并向地址簿中的所有邮件地址发送这个病毒。

对于计算机病毒的防治，防远大于治。合理正确地使用计算机、不访问非法网站、不点击不明链接、不下载使用不明软件、不使用不安全网络才是远离计算机病毒的最好方法。

（三）木马病毒

木马病毒是当今主流病毒之一，主要以远程控制、窃取信息为主，往往会给受害人带来严重的经济损失。随着网络访问方式的发展，木马病毒也逐步泛滥于计算机、手机等各种网络终端平台（图7-5）。

木马病毒这个词最初起源于古希腊神话传说中的特洛伊木马，故事讲述了古希腊军队围攻特洛伊九年后未能攻克，便假装撤退并将一尊巨大的木马留在城下。特洛伊人误以为是胜利的战利品并将其拖进城市，随后在夜晚庆祝时，藏在木马中的希腊士兵打开城门，使得希腊军队得以轻易进入并最终攻占特洛伊城。这个故事后来被用来比喻某种表面上无害但实际上含有恶意的程序或事物，尤其是那些能够悄无声息地在目标系统内部执行特定任务的恶意软件。因此，“木马”这一术语也被用作此类软件的别称。

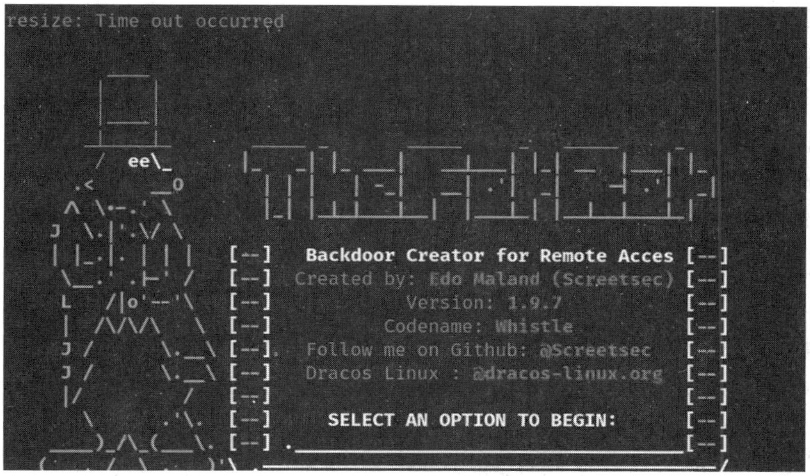

图7-5 自制木马病毒

1. 木马病毒的特征

木马病毒也是计算机病毒的一种，但是木马病毒已经不再片面追求破坏性，而是以窃取控制权以及对方重要信息为主。和普通的电脑病毒相比，木马病毒有以下几个特征。

（1）隐蔽性：木马病毒常常将自己伪装成合法应用程序，使得用户难以识别。木马病毒可以通过寄生在合法程序之中、修改为合法程序名或图标、不产生任何图标、不在进程中显示或伪装成系统进程和与其他合法文件关联起来等方法达到隐蔽的目的。如图7-6所示，木马病毒通过加壳软件进行隐藏。

（2）欺骗性：木马病毒经常使用伪装的手段将自己合法化。例如，使用合法的文件类型后缀名，使用已有的合法系统文件名并保存在其他文件目录中，或使用容易混淆的字符进行命名，例如字母“o”与数字“0”，数字“1”与字母“i”等。

（3）顽固性：木马病毒为了保障自己可以不断蔓延，往往像毒瘤一样驻留在被感染的计算机中，有多份备份文件存在，一旦主文件被删除，便可以马上恢复。

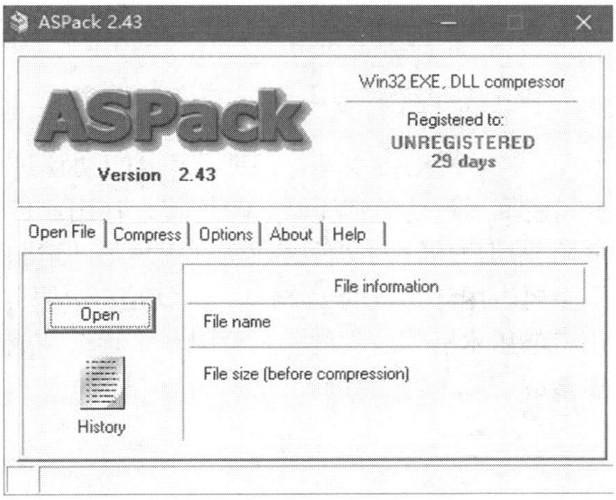

图7-6 木马加壳软件

2. 木马病毒的分类

根据木马病毒的危害行为，可以将木马病毒进行简单分类。

（1）远程控制木马：这是数量最多、危害最大、知名度最高的一种木马，它可以让攻击者完全控制被感染的计算机，可以访问任意文件、得到计算机主人的私密信息。

（2）键盘屏幕记录木马：这种类型的木马通过记录用户的各种键盘操作，或者对用户屏幕进行截屏，然后将记录下来的内容通过电子邮件等方式发送给黑客，比如针对固定软件的木马病毒可以盗取该软件账号密码信息。

（3）反弹端口型木马：由于防火墙对连入的链接会进行非常严格的检测，但是对于外出的链接却限制较少，所以反弹端口型木马的服务端（被控制端）使用主动端口，客户端（控制端）使用被动端口。木马实时监测控制端的存在，一旦发现控制端上线，立即弹出端口主动连接控制端以绕过防火墙监测。

（4）肉鸡控制型木马：比如DDoS木马、代理特洛伊木马等。这种木马平时潜伏在宿主计算机中，当控制端发出指令后，控制宿主计算机对指令目标网络进行破坏行为。一般一台控制主机可以控制多台“肉鸡”统一进行网络攻击，以扩大攻击效果。例如，2022年，Black Moon僵尸网络在国内大规模传播，感染数百万台终端计算机。2022年2月江苏省Black Moon僵尸网络“肉鸡”上线数如图7-7所示。

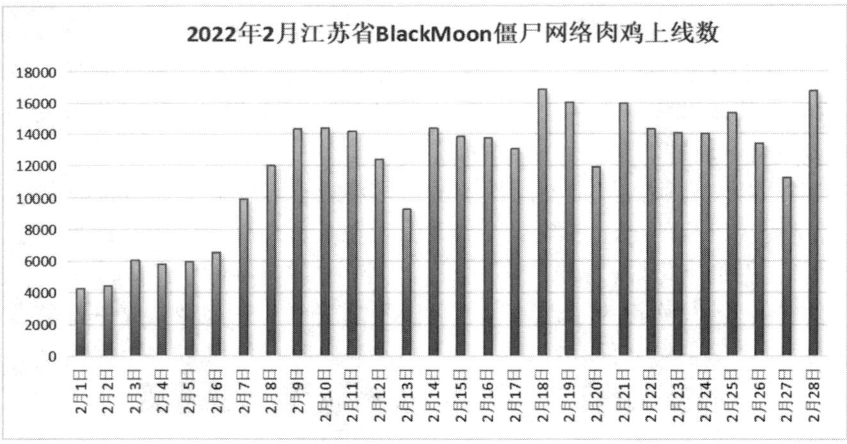

图7-7　2022年2月江苏省上线“肉鸡”数

（5）FTP特洛伊木马：FTP特洛伊木马是一种利用FTP协议进行非法文件传输的木马病毒。FTP特洛伊木马主要通过伪装成正常FTP连接，在用户传输文件时进行拦截和窃取。它可能会篡改或阻止用户传输的文件，或者在用户不知情的情况下将恶意代码植入到文件中。这种木马主要占用计算机的21端口，也就是FTP服务常用的端口。

（6）安全软件禁用特洛伊木马：这类的木马会阻止杀毒软件或者软件防火墙的正常工作，甚至阻止用户搜索或下载杀毒工具。

任务7-3 网络攻击与防范

现在的互联网把地球变成了一个大的虚拟社区，而黑客则通过各种手段入侵这个社区并获取非法利益。现在就让我们来了解一下黑客和他们入侵网络时的网络攻击行为。

长久以来，存在一个专家级程序员和网络高手的共享文化社群，其历史可以追溯到20世纪60年代第一台分时共享的小型机和最早的阿帕网实验时期。这个社群的参与者们创造了“黑客”这个词。

黑客这个词来源于英文单词“hacker”，而hacker最初曾指热心于计算机技术、水平高超的电脑高手，尤其是程序设计人员，当时的hacker多以分享技术为荣。然而随着互联网的发展，使用自身电脑技术从事非法入侵活动并严重损害他人利益的人也逐渐增多，部分黑客也从电脑高手变成了从事非法网络入侵行为的“骇客”（cracker）。骇客们利用网络漏洞、病毒程序等手段进行网络攻击、入侵其他人的电脑，他们造成的损失也越来越大。

也有一部分黑客，他们并不以破坏为目的，而是攻击自己的系统以进行安全漏洞排查的程序员。他们以黑客惯用的破坏攻击的方法，来进行系统安全维护。因此称其为“白帽黑客”，“白帽黑客”是高校培养的网络安全人才，是信息安全保卫者，是“互联网+”环境下不可或缺的中坚力量。

此外，还有一种黑客，他们不利用网络技术入侵自己国家的电脑，通常会利用自己掌握的技术去维护国内网络安全，并对外来的进攻进行还击，称之为“红客”，红客是一种热爱祖国、坚持正义、开拓进取的精神。所以只要具备这种精神并热爱计算机技术的都可称为红客。

（一） 网络攻击的目的

黑客们的网络入侵行为常常以网络攻击为主要手段，他们通过网络攻击寻找对方的网络漏洞、侵入网络系统、盗取重要信息。而他们进行网络攻击的目的主要有以下几种。

1. 窃取机密信息

黑客最直接的攻击目的就是窃取信息。他们可以通过各种手段攻入计算机系统，窃取机密信息，如用户密码、个人数据、商业机密等。历史上有多个大公司因黑客入侵而造成大规模数据泄露，2019年5月，美国保险公司First American Financials的8.85亿份文件在其官方网站上被泄露。这些记录可以追溯到2003年，包括银行账户信息、社会安全号码、抵押贷款记录、税务文件和驾照复印件等。此类案件层出不穷。

2. 破坏或摧毁系统

黑客可以通过破坏或摧毁对方系统来达到一些目的，比如给正规网页挂马（嵌入恶意代码）以盗取指定人群关键信息、修改对方数据库资料等。

3. 窃取特权或权限

黑客可以通过攻入计算机系统或网络，获取特权或权限，从而控制整个系统或网络。比如2018年美国的两名黑客因控制ATM机自动吐钱而被捕。

现在的黑客已经不以破坏为第一目的，而是通过窃取信息、获得企业机密而谋求进一步的非法利益，随着网络终端数量的上涨，很多不设防的电脑就成为了被黑客控制的"肉鸡"，变成了他们非法行为的跳板。

4. 进行恶意广告或垃圾信息攻击

黑客可以通过在网络上发布恶意广告或垃圾信息来攻击用户，从而获取非法利益，并且这些广告很多都指向非法服务器，访问它们有进一步中毒的可能。

5. 进行分布式拒绝服务攻击

黑客们经常组织人手或者统一部署被他们控制的肉鸡进行DDoS网络攻击，以瘫痪对方网络。

（二）网络攻击步骤

网络攻击不是简单行为，有着很强的技术性。一般网络攻击可以分为三个阶段：攻击准备阶段、攻击实施阶段、攻击善后阶段（图7-8）。

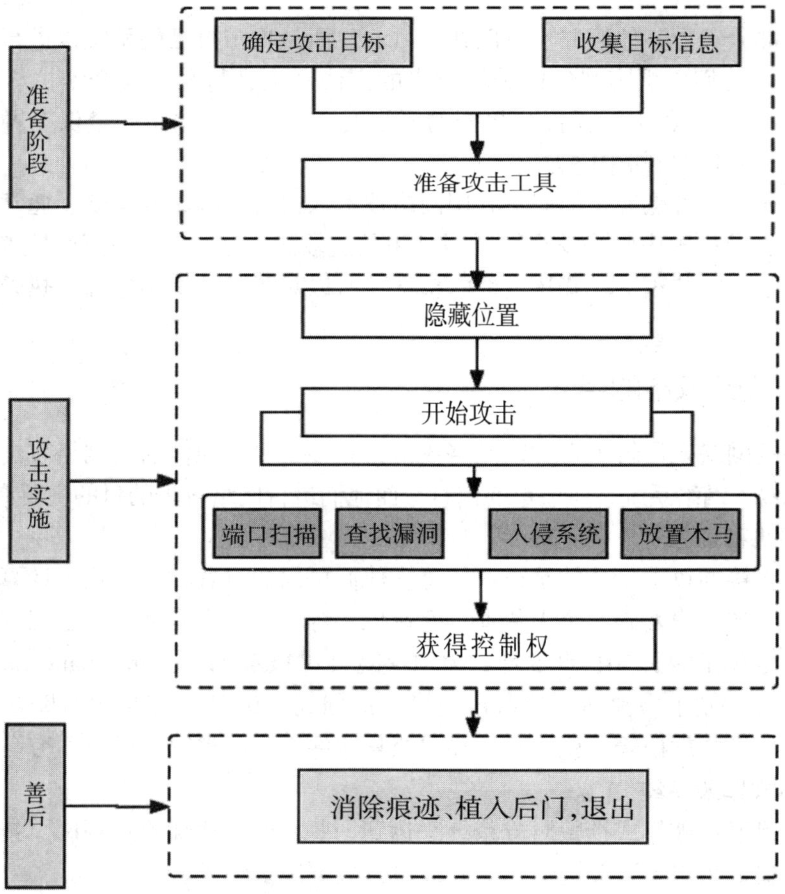

图7-8　网络攻击步骤

1. 攻击准备阶段

在进行网络攻击之前需要和小偷一样进行踩点，需要确定攻击的目的、收集目标信息以及准备攻击的软件工具。

（1）确定攻击目的。

除了一些还算不上黑客的初学者外，大部分黑客进行网络攻击都有着极强的目的性。比如商业间谍可能需要窃取企业的机密信息，或者某些黑客有针对性地窃取某个游戏账号相关信息。不一样的目的实施时选择的工具以及手段就会不同。

（2）收集目标信息。

在明确了攻击目的之后，需要有针对性地收集可用信息，包括目标的域名和IP地址、系统或软件的漏洞情况以及一些其他信息。

①目标的域名、IP地址。

了解目标的域名、IP地址、操作系统类型以及可能开放哪些端口等信息。

②系统或者软件的漏洞情况。

了解用户的系统漏洞、软件漏洞、管理漏洞、协议漏洞等。

③一些其他信息。

包括网络信息、设备信息等比如网络拓扑、防火墙类型、用户的个人爱好、用户的行动轨迹、常用软件等。

（3）准备攻击工具。

根据收集到的信息有针对性地准备适当的软件工具。比如漏洞扫描工具、木马病毒程序等。大部分攻击都是利用漏洞完成的，这些漏洞包括系统、软件、硬件漏洞，也包括日常管理漏洞，比如长期不修改密码，管理员密钥没有妥善保存等。

2. 攻击实施阶段

经过前期的准备工作就可以开始实施具体的网络攻击行动了。不同的攻击目的使用的攻击手段也不相同，比如只要瘫痪对方网络，那么组织一定规模的DDoS攻击即可；而如果要窃取数据库信息就需要扫描数据库或者系统漏洞，并通过漏洞入侵对方主机。网络攻击实施的一般流程如下。

（1）隐藏位置。

攻击者利用隐藏或编造IP地址欺骗对方，以保护自己不被追踪。

（2）寻找漏洞。

通过漏洞扫描查找对方系统、软件存在的漏洞。比如黑客在入侵某台主机时，事先必须侦察出该计算机的操作系统类型，这样才能根据需要采取相应的攻击手段，以达到自己的攻击目的。通常可以使用ping命令来判断操作系统类型，不同的操作系统对应的TTL返回值也不相同，Windows 7的TTL值一般为64。

漏洞扫描一般配合端口扫描同时使用，漏洞通常指的就是对应端口的利用，TCP常用端口号如表7-1所示。端口是由TCP/IP定义的系统软件接口，一个端口对应一个网络应用或服务。主机在网络中就好比一座城堡，互联网是通向城堡的道路，而端口则是道路进入城堡的城门。通过端口扫描可以探查到哪个端口可以被利用，易被黑客入侵。

表7-1　TCP常用端口号

服务名称	端口号	说明
FTP	21	文件传输服务
Telnet	23	远程登录服务
HTTP	80	网页浏览服务
POP3	110	邮件服务
SMTP	25	简单邮件传输服务
SOCK5	1080	代理服务

常见端口扫描技术有以下五种。

①TCP连接扫描：利用TCP的三次握手过程，直接连接到目标端口并完成一个完整的三次握手过程（SYN、SYN/ACK和ACK）。操作系统提供的"connect（）"函数完成系统调用，用来与目标计算机的端口进行连接。如果端口处于侦听状态，那么"connect（）"函数就能成功。否则，这个端口就是关闭的。TCP连接扫描技术的一个最大的优点是不需要任何权限，系统中的任何用户都有权利使用这个功能。另一个优点是速度快。如果对每个目标端口以线性的方式，使用单独的"connect（）"函数调用，那么将会花费相当长的时间。而在TCP连接扫描技术中，用户可以同时打开多个套接字，从而加速扫描。但这种方法的缺点是很容易被发觉，并且很容易被过滤掉。

②半连接扫描：在源主机和目标主机的三次握手连接过程中，只完成前两次握手，不建立完整的连接。

③SYN扫描：在SYN扫描中，恶意客户端通过向服务器的每个端口发送SYN（同步）数据包来与服务器建立TCP/IP连接，就像启动了三次握手一样。如果服务器使用来自特定端口的SYN/ACK（同步确认）包进行响应，则表示该端口已打开。

④SYN / ACK扫描：利用TCP的三次握手过程来检测目标主机的通信端口状态。与SYN扫描不同的是，SYN / ACK扫描在向目标主机发送SYN数据包后，会等待目标主机的ACK响应。如果目标主机返回ACK数据包，表示该端口处于开放状态；如果目标主机返回RST数据包，表示该端口没有开放。

⑤FIN扫描：源主机A向目标主机B发送FIN数据包，然后查看反馈信息。在FIN扫描中，攻击者向目标主机的特定端口发送一个FIN数据包，这是TCP的一种标志位。如果目标主机的该端口处于关闭状态，它将返回一个RST（重置）数据包；如果目标主机的该端口处于开放状态，则不会返回任何信息。通过这种方式，攻击者可以判断目标端口的开放状态。

御剑高速端口扫描工具的扫描结果界面如图7-9所示。

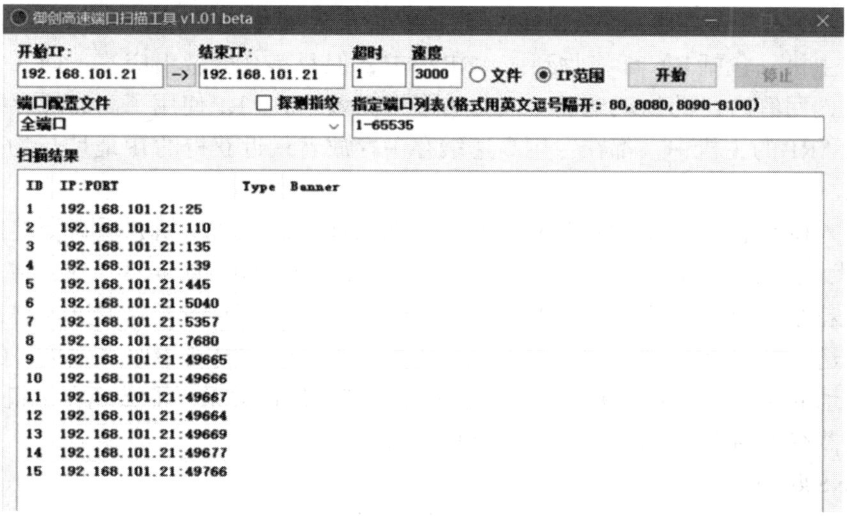

图7-9 端口扫描结果

（3）入侵系统。

经过前期准备、攻击行为实施后黑客已经找到了进入对方系统的漏洞或者方法，常见的网络攻击方法有以下几种。

①窃取机密攻击。

窃取机密攻击是指未经授权的攻击者非法访问网络、窃取信息的情形，一般可以通过在不安全的传输通道上截取正在传输的信息或利用协议和网络的弱点来实现，如窃听（键击记录、网络监听）等。

②电子欺骗。

电子欺骗是指攻击者伪造源于一个可信任地址的数据包以使机器信任另一台机器的攻击手段。电子欺骗攻击是网络入侵者经常使用的一种攻击手段，电子欺骗可发生在IP系统的所有层次上。它包含IP电子欺骗、ARP电子欺骗、DNS电子欺骗等几种常用的电子欺骗方法。

IP电子欺骗，就是伪造合法用户主机的IP地址与目标主机建立连接关系，以便能够蒙混过关而访问目标主机，而目标主机或者服务器原本禁止入侵者的主机访问，用户主机必须先与目标主机或服务器建立TCP连接才能得到服务。如果一个入侵者能够猜测出TCP的序号，他就能够发出伪造的、看起来是来自合法用户主机的数据包给目标主机或服务器。当然，入侵者要想成功地猜测出正确的TCP连接序号也是相当困难的。连接时往往一台主机会向另一台主机要求某种形式的认证，只有当认证有效时两者之间才能建立会话。在IP欺骗攻击中，入侵者试图控制机器之间的这种自动的认证会话而不需要输入用户账号和密码。

③ARP欺骗。

ARP欺骗是一种更改ARP Cache的技术。ARP（地址转换协议）用来将IP地址转换成物理地址，并保存在主机和网络设备中。假定在某广播型网络上，主机A欲解析主机

B的IP地址，A首先广播一个ARP请求报文，请求IP地址为B的主机回答其物理地址。网上所有主机（包括B）都将收到该ARP请求，但只有B会做出应答：向A发回一个ARP响应，回答自己的物理地址。同时为了提高效率，ARP使用了高速缓存技术。在每台使用ARP的主机中，都在专用高速缓存中存放着最近获得的IP地址与物理地址的映射关系。

假定入侵者想对主机B实施ARP欺骗，那么他可以先对主机A进行拒绝服务攻击（入侵者发送大量的ARP请求报文，且报文的IP地址与MAC地址不一致，造成响应主机不得不花很多时间处理这些请求）使其暂时挂起。然后入侵者用主机A的IP地址向主机B发送ARP请求报文，这样在主机B的高速缓存中就更新了原来主机A的IP地址和物理地址的映射。如果原来主机A和主机B有某种信任关系，那么现在主机B就和入侵者的机器有了同样的信任关系，危险可想而知。

④DNS欺骗。

DNS欺骗的机制比较简单：以一个假的IP地址来响应域名请求。但它的危害性却大于其他的电子欺骗方式。在多数情况下，实施DNS欺骗时，入侵者要取得DNS服务器的信任并改变主机的IP地址表，这些变化被写入DNS服务器的转换表数据库中。因此，当客户发出一个查询请求时，他会得到假的IP地址，这一地址会处于入侵者的完全控制之下。

例如，www.ccert.edu.cn的IP地址本来是202. 112. 57. 9，但入侵者可以以202. 205. 12. 29来响应，而用户却很少会察觉。若有商业行为，一旦输入密码、信用卡号等则会造成信息失窃。

⑤拒绝服务攻击（denial of service，DoS）。

拒绝服务攻击即攻击者想办法让目标机器停止提供服务，这是黑客常用的攻击手段之一。其实对网络带宽进行的消耗性攻击只是拒绝服务攻击的一小部分，只要能够对目标造成麻烦，使某些服务暂停甚至主机死机，都属于拒绝服务攻击。拒绝服务攻击问题也一直得不到合理的解决，究其原因是网络协议本身的安全缺陷造成的，因此拒绝服务攻击这种简单粗暴的攻击手段也是最难防御的网络攻击之一。

攻击者进行拒绝服务攻击，实际上是让服务器实现两种效果：一是迫使服务器的缓冲区溢出，不接收新的请求；二是使用IP欺骗，迫使服务器把非法用户的连接复位，影响合法用户的连接。

⑥社会工程学攻击。

社会工程学攻击是一种利用“社会工程学”来实施的网络攻击行为。在计算机科学中，社会工程学指的是通过与他人的合法交流，来使其心理受到影响，做出某些动作或者是透露一些机密信息的方式。这通常被认为是一种欺诈他人以收集信息、行骗和入侵计算机系统的行为。

在具体的社会工程学攻击中，黑客可能会通过各种手段混入目标公司内部，与公司员工建立熟悉关系，或者通过假装面试、入职等手段获取公司内部信息，最后骗取到后台的账号密码等信息。

3. 攻击善后阶段

黑客利用种种手段入侵到目标主机中后往往不会满足于一次入侵，为了以后入侵方便他们通常会抹除痕迹并留下后门。

一般的网络系统都会将对服务器的访问情况进行记录并写在日志（图7-10）中。计算机日志系统可以记录系统中硬件、软件和系统问题的信息，同时还可以监视系统中发生的事件。用户可以通过它来检查错误发生的原因，或者寻找受到攻击时攻击者留下的痕迹。系统日志包括系统日志、应用程序日志和安全日志。黑客为了隐藏自己的入侵行为往往会把相应的日志删除。

除此之外黑客为了躲避追查会使用已经被暗中控制的“肉鸡”或者使用代理服务作为跳板进行网络攻击，甚至使用多级跳板。

黑客在离开对方系统之前会通过在系统内添加管理员账号、放置木马、制造漏洞等方式留下后门，以便以后再次光临。

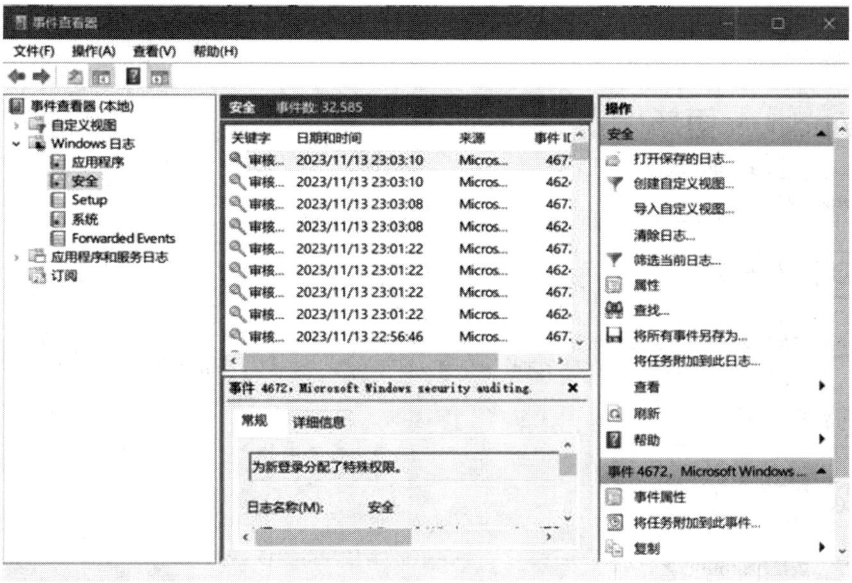

图7-10 Windows日志

（三）攻击防范方法

在这个信息化飞速发展的时代，互联网如同一条巨大的脉络，将全球各地的人们紧密地连接在一起。它为我们的生活、工作、学习带来了前所未有的便捷，与此同时，也让我们置身于一个充满变数的网络空间。在这个空间里，网络安全问题日益凸显，网络攻击手段不断翻新，给广大网民的信息安全和财产安全带来严重威胁。因此，提高网络安全意识，加强网络攻击防范，已成为我们在网络世界中生存的必备技能。

1. 增强网络安全意识

从个人角度出发，主动学习网络安全知识，了解网络攻击的类型、手段和危害。通过阅读相关书籍、文章和参加线上线下的网络安全培训课程，提高自己的网络安全素养。在家庭层面，家庭成员共同学习网络安全知识，尤其是家长要关注未成年子女的网络行为，教育他们识别网络风险，避免泄露个人信息。在企业层面，企业应定期组织网络安全培训，提高员工的安全意识，确保员工了解企业安全政策和操作规程，建立健全企业网络安全制度，明确各部门和员工的职责，确保网络安全工作的落实，如果是对网络安全要求比较高的企业还应该成立专门的网络安全部门负责网络安全相关事宜。

2. 养成良好的网络使用习惯

比如设置复杂且难以猜测的密码，避免使用生日、电话号码等容易被破解的信息，或者使用密钥产品；定期更换密码，并确保不同账户使用不同的密码；不点击来源不明的链接，不下载不可信的附件，不随意连接公共Wi-Fi；对敏感数据进行加密处理，确保数据传输和存储的安全，定期备份重要数据，以防数据丢失或被勒索软件加密；注意保护个人信息安全等。

3. 使用安全防护工具

个人用户应该使用比较新的操作系统以及定时更新系统安全包（图7-11），并安装相应的网络安全防护软件。

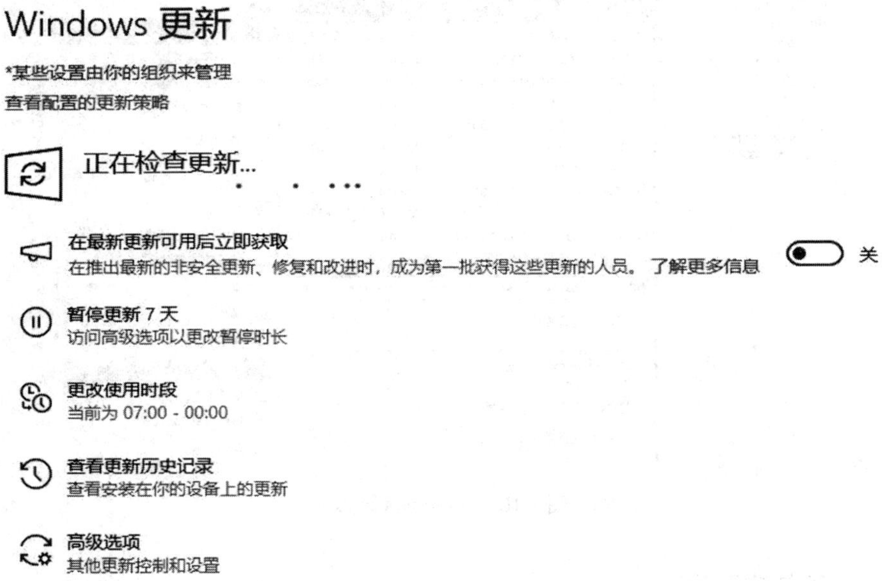

图7-11　Windows系统更新

对网络安全要求较高的企业用户应该使用防火墙等硬件产品进行网络防护，并且购买网络安全配套解决方案（图7-12）。

图7-12　华为网络安全解决方案

4. 增强法律意识

学习法律法规，了解国家网络安全法律法规，知道在网络空间中的权利和义务。合法维权，在遭受网络攻击时，依法维护自身权益，遭受损失时主动向有关部门报案并积极配合。

练习：使用杀毒软件

1.练习目标

熟练掌握杀毒软件的安装、使用方法。

2. 步骤

（1）选择杀毒软件。

（2）通过官网等正规方式下载杀毒软件，如图7-13所示。

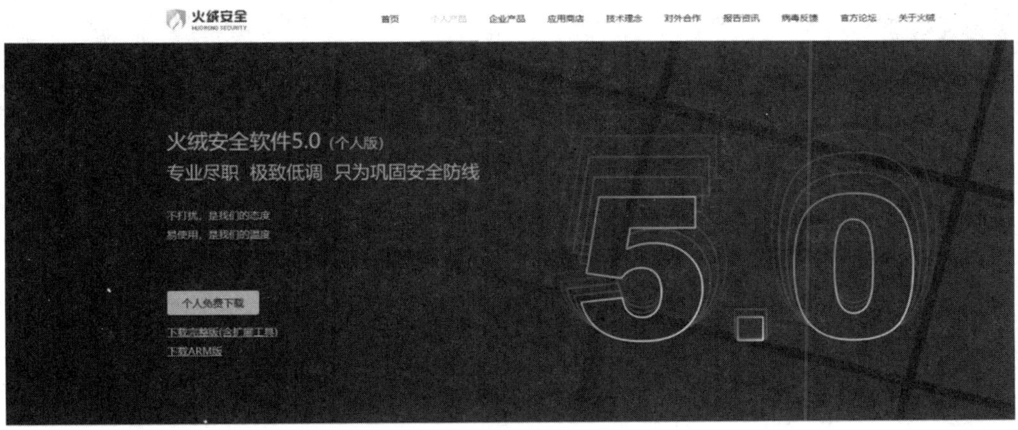

图7-13　杀毒软件的下载

（3）通过杀毒软件安全工具禁止启动项中的可疑进程，如图7-14所示。

图7-14　管理启动项

（4）监控进程网络使用情况，如图7-15所示。

图7-15　监控进程网络使用

项目总结

随着网络环境的普及，我们的生活与网络紧密相连，随之而来的网络风险接踵而至。在网络环境中我们必须对网络安全的概念有全面的认知，对病毒的隐蔽性、传染性、潜伏性等特点有全面的认识，对于木马病毒的伪装的特性，在日常使用过程中，要能够识别。还要掌握黑客攻击计算机网络的主要方式及步骤，对于我们防范攻击有很大的帮助，同时需要采取一定的防范措施，防止个人电脑及网络受到不明攻击，造成不必要的损失。

拓展阅读

“为世界进文明，为人类造幸福，以青春之我，创建青春之家庭，青春之国家，青春之民族，青春之人类，青春之地球，青春之宇宙，资以乐其无涯之生”这是伟大革命先驱李大钊先生《青春》中对青年人的一段寄语，这篇文章作于1916年，当时的中国处于黑暗与黎明之交，鼓励青年为建设蓬勃朝气的国家而奋斗，将爱国与救国高度统一。

在21世纪的今天，各国的抗争由机械化战争转变为信息化战争，各国在网络安全方面都投入了大量的人力、物力。习近平主席也多次强调：没有网络安全就没有国家安全。而现今在信息技术方面，我们还和世界强国存在一定差距，面临的网络安全形势依然十分严峻。安全领域有太多的未知数，不仅威胁着个人和企业的利益，也严重影响到国家的安全。网络安全威胁涉及政治、经济、社会和军事等多个领域，因此，加强网络安全防护，成为维护国家安全的当务之急。

政治影响：网络安全威胁会对国家政治稳定和国际形象产生巨大的影响。网络攻击者可以利用各种手段对政府网站进行恶意攻击，篡改和盗取重要信息，危及政府的权威和信息安全。网络安全威胁也可能导致国家之间的信息争夺和敌对行为，给国家的政治关系造成极大的不稳定性。

经济影响：网络安全威胁对国家经济运行和企业利益带来重大影响。各类经济交易、金融结算、工业控制等都依赖于网络进行。而网络攻击者往往利用技术手段窃取商业机密、破坏金融交易系统、干扰工业控制系统等，给国家经济带来巨大损失。此外，网络安全威胁还可能导致企业信息泄露，破坏公司声誉，影响国家的商业环境和投资安全。

军事影响：网络安全威胁对国家军事力量发展产生直接影响。现代战争已不再局限于传统的实体战场，网络空间已成为军事行动的重要组成部分。网络攻击者可以利用技术手段破坏军事指挥系统、窃取军事机密、瘫痪军事装备等，直接危及国家的军事安全。此外，军事信息的泄露和网络间谍活动也可能导致国家的军事领域受损，削弱国家在军事竞争中的优势。

社会影响：网络安全威胁对国家社会稳定和人民福祉造成负面影响。网络与人们生活愈发紧密，网络犯罪也愈发猖獗，如网络诈骗、网络色情、网络谣言等。这些犯罪行为不仅严重侵犯了个人权益，也动摇了公众对社会秩序的信任。同时，网络安全威胁还可能导致大规模的信息泄露，涉及个人隐私等重要信息被泄露，引发社会不安。

这些影响时刻威胁我国国际形象，干扰国家正常的经济建设。网络安全直接关系到国家的金融环境、意识形态、政治氛围等各个方面，信息安全问题无忧，国家安全和社会稳定才能有可靠的保障。

网络安全是一场没有硝烟的战争，国家也做好了充分的准备，但随着经济、技术的发展，网络安全威胁的方式出现了新的变化，攻击目标精准化，攻击人员团队化，所有这些变化需要更多的青年技术人才投入到这场新的网络战争中，为国家的兴盛做出自己的贡献。

项目习题

一、填空题

1. 计算机所面临的网络风险中危害最大的是________。
2. 通过________命令进入命令提示符。
3. iPConfig 命令是用来查看________。
4. 通过________命令查看连接端口情况。
5. 计算机病毒的结构主要分为______和________。
6. 我国计算机病毒的发作开始于______________年。
7. 木马病毒的特征是__________、___________、____________。
8. DoS 的中文名称是________________。

二、选择题

1. 网络安全涉及以下哪些学科？（　　）

A. 计算机科学　　B. 通信技术　　C. 信息安全技术

D. 经济数学　　E. 网络技术

2. 从特征上看，网络安全除包含机密性、可用性、可控性、可审查性之外，还有（　　）。

A. 可管理性　　B. 完整性

C. 可升级　　D. 以上都不对

3. PDR安全模型是指策略（poiy）、防护（protection）和响应（response）和（　　）。

A. 检测（detection）　　B. 破坏（destroy）

C. 升级（update）　　D. 加密（encryption）

4. 保障网络安全的基本目标就是要能够具备安全保护能力、应急反应能力、信息保护能力和（　　）。

A. 安全评估能力　　B. 威胁发现能力

C. 隐患发现能力　　D. 网络病毒防护能力

5. 网络安全的威胁和攻击，归纳起来可能来自以下哪几个方面？（　　）

A. 内部操作不当　　B. 内部管理缺失

C. 网络设备故障　　D. 外部的威胁和犯罪

6. 危害极大的计算机病毒CIH发作的典型日期是（　　）。

A. 6月4日　　B. 4月1日

C. 5月26日　　D. 4月26日

7. 计算机病毒可以使整个计算机瘫痪，危害极大，计算机病毒是（　　）

A. 一种芯片　　B. 一段特制的程序

C. 一种生物病毒　　D. 一条命令

8. 下列关于病毒的描述中，不正确的是（　　）。

A. 病毒具有传染性　　B. 病毒能损坏硬件

C. 病毒可加快运行速度　　D. 带毒文件长度可能不会增加

9. 计算机病毒是指（　　）。

A. 腐化的计算机程序　　B. 编制有错误的计算机程序

C. 计算机的程序已被破坏　　D. 以危害系统为目的的特殊的计算机程序

10. 下列网络攻击方式中，（　　）不属于网络钓鱼的常用手段。

A. 利用虚假的电子商务网站

B. 利用手机分享虚假网站

C. 利用密码破解技术盗取用户账户资金

D. 利用假冒的网银、支付网站

11. 下列哪个端口号是Web服务的知名端口号？（　　）

A. 80　　B. 25和110

C. 20和21　　D. 53

12. 下列哪种行为属于白帽黑客的行为范畴？（　　）

A. 发现漏洞并通知相关人员　　B. 盗取他人QQ账号

C. 传播计算机病毒　　D. 通过网络监听窃取敏感信息

参 考 文 献

[1] 谢希仁. 计算机网络[M]. 8版. 北京： 电子工业出版社，2021.

[2] 石鉴，肖观浜. 计算机网络基础[M]. 北京：高等教育出版社，2018.

[3] 韩法旺，葛杰，杨芳. 计算机网络技术教程[M]. 湖南： 湖南大学出版社，2023.

[4] 华为技术有限公司. HCIA-Datacom网络技术学习指南[M]. 北京：人民邮电出版社，2022.

[5] 孙秀英. 路由交换技术及应用[M]. 4版. 北京： 人民邮电出版社， 2024.

[6] 王公儒. 网络综合布线系统工程技术实训教程[M]. 北京：机械工业出版社，2018.

[7] 张勇，吴捷，杨芳. 国产操作系统[M]. 北京：清华大学出版社，2024.

[8] 钱慎一，徐明明. 网络安全技术标准教程（实战微课版）[M]. 北京：清华大学出版社，2023.

[9] 王晓卓. 麒麟操作系统应用活页式教程[M]. 北京：电子工业出版社，2019.

[10] 郭乐深. 信息安全工程技术[M]. 北京：北京邮电大学出版社，2011.

[11] 周俊杰. 计算机网络系统集成与工程设计案例教程[M]. 北京：北京大学出版社，2013.